MySQL 数据库应用

郭文明　主编

国家开放大学出版社·北京

图书在版编目（CIP）数据

MySQL 数据库应用 / 郭文明主编 . --北京：中央广播电视大学出版社，2016.1（2020.12 重印）

ISBN 978-7-304-07676-4

Ⅰ.①M… Ⅱ.①郭… Ⅲ.①关系数据库系统—开放大学—教材 Ⅳ.①TP311.138

中国版本图书馆 CIP 数据核字（2015）第 314991 号

MySQL 数据库应用

MySQL SHUJUKU YINGYONG

郭文明　主编

出版·发行：国家开放大学出版社（原中央广播电视大学出版社）

电话：营销中心 010-68180820　　　　总编室：010-68182524

网址：http://www.crtvup.com.cn

地址：北京市海淀区西四环中路 45 号　　邮编：100039

经销：新华书店北京发行所

策划编辑：王　可	版式设计：赵　洋
责任编辑：王　可	责任校对：赵　洋
责任印制：赵连生	

印刷：廊坊十环印刷有限公司	印数：19001~23000
版本：2016 年 1 月第 1 版	2020 年 12 月第 7 次印刷
开本：787mm×1092mm　1/16	印张：19.25　字数：428 千字

书号：ISBN 978-7-304-07676-4

定价：29.00 元

意见及建议：OUCP_KFJY@ouchn.edu.cn

讲授"数据库原理与技术"这门课程将近20年，其间也开发过许多基于数据库的应用系统，对数据库技术和数据库设计有很多感受，几年前就有意写数据库方面的书，也一直在积累素材。恰逢国家开放大学计划编写出版"MySQL数据库应用"课程的统编教材，于是主动承担编写了本书。本书的目的是教授读者MySQL数据库的原理、技术和应用，使读者能够掌握数据库的概念和技能，具备利用MySQL数据库技术开发实际应用系统的能力。本书分10章，按照以下思路安排篇章结构：

开篇前两章是MySQL的理论基础。第1章阐述了数据库技术的服务对象、产生背景，给出了数据库、数据库管理系统、数据库应用系统的概念，以及数据模型的组成、数据库体系结构的含义、数据库应用系统的开发过程。通过第1章的学习，读者能够了解数据库技术的常规术语，理解MySQL是众多商业化数据库产品中的一款关系数据库管理系统。第2章重点说明关系数据库管理系统的理论依据、关系数据库标准操纵语言SQL的发展历程和内容，阐明了SQL是关系模型中数据操纵的标准语法语言，MySQL是实现关系模型的一个系统软件，MySQL支持SQL，关系模型中关系代数的逻辑思维训练是读者掌握MySQL应用的良好借鉴。

第3章给出了一个MySQL的应用实例——"汽车用品网上商城"。首先，根据第1章数据库应用系统的开发过程，重点介绍了系统开发中关系数据库设计的方法——E-R方法，然后分析了网上购物的业务流程，利用E-R方法对"汽车用品网上商城"进行了关系数据库设计，描述了"汽车用品网上商城"的数据库概念模型和数据库逻辑结构。在后续各章中会结合该实例，详细讲述如何使用MySQL完成该应用系统，直到第10章完整展现"汽车用品网上商城"的前后台功能界面。

第4章讲述在MySQL中如何建库建表。第5章讲述MySQL中的数据查询。第6章讲述MySQL中的数据更新。第7章讲述MySQL中的视图与索引。第8章介绍MySQL中的存储过程与存储函数。第9章介绍MySQL数据库维护。第4~9章既给出了MySQL中主要数据库对象的概念和作用，又说明了MySQL中数据操纵的语法和注意事项，同时还结合第3章的实例，说明了这些数据库对象、数据操纵在"汽车用品网上商城"的具体使用方法。

第10章的大结局完整展现了一个MySQL数据库的应用实例，全面总结了该实例下对应的数据库操纵。

按照以上思路，形成了本书的如下特点：

1. 面向应用的、比较完整的 MySQL 知识点

本书面向 MySQL 的使用者，从利用 MySQL 开发应用系统的角度，讲述了 MySQL 服务器的创建与配置、客户端工具的使用，MySQL 中数据库对象（表、视图、索引、存储过程、存储函数）的概念与作用、创建与使用，以及 MySQL 数据的增加、删除、修改、查询语句语法，基本覆盖了数据库应用系统开发中用到的 MySQL 数据库技术（限于篇幅，MySQL 事务管理技术没有包含在本书中）。同时，还对 MySQL 数据库的后台维护（用户管理、权限管理、备份与恢复、数据的导出与导入）做了比较详细的讲解，完整叙述了一个应用系统中所用到的数据库前、后台知识点，使读者学会使用 MySQL 开发应用系统或者 MySQL 数据库管理的基本技能。

另外，MySQL 与标准 SQL 也有一些不同，如数据类型、内置函数、SELECT 语句中的 LIMIT 子句、内连接、左连接、右连接、聚合函数、集合运算等，本书也给出了完整的语句语法展现以及应用示例。

2. 理论与实践相结合

目前，关于数据库方面的教材、参考书很多，大体分为两大类：数据库原理与技术类（不专门介绍某一数据库管理系统）、MySQL 教程类（专门讲述 MySQL），它们各有特点，纯粹的数据库原理与技术太过抽象，而 MySQL 教程又过于侧重操作。事实上，MySQL 作为一个关系数据库管理系统，不仅遵循了关系数据库的基本原理，而且基本支持关系数据库的标准操纵语言 SQL。本书不仅讲述了数据库原理中与 MySQL 高度相关的数据库体系结构、关系模型和 SQL，使读者理解关系数据库中的常规术语和逻辑，而且在讲述 MySQL 基本操作的同时，说明了 MySQL 操作中相关的关系数据库原理。理论与实践的结合，使读者明白 MySQL 在本质上是实现了关系模型的一个系统软件，达到知其然，且知其所以然。

另外，计算机类课程的学习少不了实践环节。本书每一章后面均有"习题与思考"，从第 4 章开始，每一章后面还增加了"实验训练"。每一章还包括"本章导读""学习目标""本章小结"，方便读者自学，使读者在学习章节内容的同时，通过习题和上机实验的动手实践训练，充分理解章节内容，将书本知识转换为技能。

3. 贯穿全书的实例呼应

在本书中，有三个实例贯穿全书：简化的销售管理 CP 数据库、简化的教务管理 SC 数据库、"汽车用品网上商城"Shopping 数据库。CP 数据库包括客户 C 表、商品 P 表、订单 O 表，第 2~9 章，为了解释和说明 MySQL 中数据库操作、数据库设计的知识点，在每一个知识点或者操作技能讲解之后，均以 CP 数据库为例，给出了相应的例子。"习题与思考"中采用了简化的教务管理 SC 数据库，包括学生 S 表、课程 C 表、学生选课 SC 表，各章操作类习题基本都针对该数据库，目的是使读者将书中的例子举一反三，通过模仿改进的方式，达到学以致用的效果。实验中采用了"汽车用品网上商城"Shopping 数据库，包括汽车配件、用户、订单等 8 个表，该实例既是书中实例 CP 数据库的扩展，又是一个可以用于汽车

用品销售实际应用的网上商城数据库。

这样的实例安排，目的是通过多角度的融合，使讲解中有实例（第 2～9 章以 CP 数据库实例解释）、习题中有实例（以 SC 数据库实例进行模仿学习）、实验中有实例操作（第 10 章的大实例又回溯前面章节的操作内容），进而从多个角度讲述知识点，进一步加强能力锻炼，从而达到学习效果。

4. 标准的软件工程训练

第 1 章按照软件工程的思想说明了数据库应用系统的开发过程，遵循此开发过程，第 3 章详细分析了简化的教务管理 SC 数据库和销售管理 CP 数据库的改进，说明了数据库设计的关注点、采用的方法、形成的结果，同时也说明了"汽车用品网上商城"数据库设计成 8 个表的原因，通过实例分析，形象、生动地讲述了数据库的设计方法。在这些系统分析与设计过程中，采用了统一建模语言 UML 进行表达（书中给出了实例的用例图、活动图、E－R 图，均遵循 UML 标准），特别是完整地给出了 E－R 图的 UML 标准画法，使读者不仅学会数据库的知识与技能，而且学会与软件开发相关的标准工程图的制作。

本书由北京邮电大学郭文明、国家开放大学王然总体设计。第 1～3 章由郭文明编写，第 4～10 章由郭文明、王然共同编写，全书由郭文明统稿。同时，聘请教育教学专家陈明教授、李环高级工程师进行了多次研讨审定，各位专家认真审阅了全部书稿，提出了许多宝贵的修改意见。北京邮电大学研究生李冬月、王雨、董骞、陈宇亮、孙印凤参与了本书资料的收集和部分源代码的调试验证。对于各位专家、同人给予的大力支持和帮助，在此一并表示深深的谢意。

本教材的编写凝聚了编者多年的教学经验，力图在体系和内容设计上有所创新，以加强学生的能力培养，但由于水平有限，不足之处在所难免，若能起到抛砖引玉的作用，编者将深感欣慰。

欢迎广大师生批评指正。编者 E-mail 地址：guowenming@ bupt. edu. cn。

编　者

2015 年 12 月于北京邮电大学

CONTENTS 目 录

第1章　数据库概述

本章导读

在我们周围的任何地方，如超市、银行、图书馆等的各种商业活动中，都能找到数据库；在各种各样的网络浏览器中，后台也是由数据库在支撑。

本章通过描述数据库的应用，明确数据库的目标就是数据管理。完成数据管理可以采用文件系统的方式和数据库系统的方式，文件系统在带来一些优势的同时也有不少局限，为此，数据库技术成为数据管理的主流技术。1.3节给出了数据库的基本概念和术语，同时，还明确了数据库是建立在数据模型基础上的；1.4节描述了三种数据模型和数据库体系结构，其中，关系模型最为重要，建立在关系模型基础上的关系数据库管理系统的市场占有率最大。一个叫作MySQL的关系数据库管理系统拥有超过400万的装机量，应用十分广泛；1.5节是对MySQL的一个概述，后续章节中还会详细讲解；1.6节介绍了数据库应用系统的开发过程，其中，数据库的设计是应用系统开发的基础，数据库设计不合理，不仅可能无法实现应用系统的功能，而且会严重影响应用系统的性能。本章是后续各章的一个铺垫。

学习目标

1. 了解数据库的用途、文件系统和数据库系统的区别。
2. 理解数据库的基本概念和术语、MySQL数据库的本质。
3. 掌握数据模型、数据库体系结构和数据库应用系统的开发过程。

1.1　数据库的用途

1.1.1　数据库应用举例

数据库（Database，DB）的应用领域非常广泛，不管家庭、公司或大型企业，还是政府部门，都需要使用数据库来存储数据信息。证券公司的交易信息、超市的销售信息、银行的存取款信息、医院的诊断治疗信息等，都需要用到数据库技术来存取。

1. 超市 POS 系统

POS（Point Of Sale）系统，直译即为销售点终端，是在早期的电子收款机基础上发展而来的。现在的 POS 系统遍布各个领域，在售票厅、商场、药店、餐厅、超市、银行、书店甚至小餐馆都可见。POS 系统在销售商品时通过自动读取设备（如条码扫描仪），直接获得商品标识，传送至数据处理中心的部门（数据库）进行加工分析（如查找该商品标识的商品名、单价，计算应收账款等），以提高经营效率。POS 系统最早从零售业开始，然后逐渐扩展至其他服务行业（如金融、售票等），以至从企业内部扩展到整个供应链。

图 1-1 一款超市 POS 收银机

如图 1-1 所示为一款超市 POS 收银机。当客户在超市购买商品时，收银员使用图 1-1 中左侧的一个条形码阅读器，扫描客户想要购买的商品，条形码阅读器将扫描到的条形码传递给一个应用程序，该应用程序根据条形码从商品数据库中找出商品的价格，收银员输入商品的购买数量，该应用程序计算出应收金额。客户确认结账后，从库存中减去这种商品的数量。这一系列业务活动都是操纵数据库的过程。

2. 银行 ATM

如图 1-2 所示为一款银行自动取款机（Automatic Teller Machine，ATM），通过 ATM 系统，客户可以进行存款、取款、查询、转账、修改密码等一系列操作，ATM 只是帮助客户与后台数据库进行交互的设备，后台数据库中存放了客户的账号、姓名、账号余额等信息。

存款功能即更新数据库中客户账号的余额，记录客户操作；取款功能即判断后台数据库中客户账号的余额是否大于取款金额（避免出现透支溢出现象），如果大于，则修改余额，记录客户操作；查询功能即查询客户余额、账号信息、操作记录等；转账功

图 1-2 一款银行 ATM

能的实质是核对客户的转出账号和转入账号信息，判断转出账号的余额是否大于转出金额（避免出现透支溢出现象），如果大于，则修改转出账号和转入账号的余额，并记录转出账号和转入账号的操作；修改密码功能即客户修改银行卡的原始密码。

3. 数字图书馆

随着信息技术的发展，图书馆日趋自动化与数字化，数据库技术在图书馆也得到了广泛的应用。如图 1-3 所示为移动数字图书馆，建立图书书目数据库是数字图书馆的一个重要基础，书目数据库将图书馆的采购、编目、流通、连续出版物管理和目录查询等连为一体，以书目数据库为核心，各种业务共享一个数据库。书目数据库有采购数据、编目数据、流通数据、连续出版物数据以及各种管理、统计数据等。用户不仅可以通过个人计算机（Personal Computer，PC）完成书籍的检索、借阅和下载（针对已经数字化的电子书籍），而且可以通过手机 App 完成书籍的检索、借阅和下载（针对已经数字化的电子书籍）。图书馆职员也可以通过 PC 或者手持终端完成书籍的采购、编目、上架下架、流通等各项业务。

图 1-3　移动数字图书馆

1.1.2　数据库的研究目标——数据管理

前面的各种应用，无论商店销售商品业务、银行存款贷款业务，还是图书馆书籍编目流通业务，在数据库技术出现之前都已经存在。在数据库技术出现之前，商店销售商品数据、银行存款贷款数据、图书馆书籍编目数据都保存在纸上，商店商品采购销售、银行存取款、图书馆借还书等各种业务，均需要人工完成多种纸质数据的查找（在已有的纸张上查找数据）、比对（和已有纸张上的数据进行比对）、修正（修改或者删除已有纸张上的数据）和记录（在纸张上增加新的数据）。因此，可以说，业务的处理过程实际上是对数据的管理过程（只不过是对纸张上记录的数据的管理）。

随着计算机技术的发展，大量的数据信息被保存在计算机中，许多应用系统都采用了数据库技术，用户通过应用系统，完成对一个有组织的、根据某种标准分类的数据集合的管理。

数据库技术的目标就是完成对大量电子数据的管理，即对数据的分类组织、存储、查询、比对和更新。

☞　　　　　　　　　　　**抽屉与纸质文件的比喻**

一个通俗的比喻是把大量纸质文件装入抽屉，每个抽屉保存一些文件，这时用户可能根据一套特殊的标准（如字母顺序、颜色、数字代码等）对纸质文件进行分类，不同抽屉存放不同类别的文件，每个抽屉可能又做进一步的区分，根据存放文件的抽屉中资料的组织结构和文件，用户能够比较容易地迅速获得特殊的信息，即只需把手放在某个拉手上，拉开适当的抽屉，选择与标准相匹配的单个或多个文件即可。

电子形式的数据库有助于用户组织信息，并且为快速、有效地访问数据库中的特殊信息提供了必需的工具。在数据库中，装有文件的抽屉称为表，文件本身称为记录，取出信息的行为称为查询，结果数据称为结果集合。

数据库可以保存少量的信息，也可以保存稍多的信息，但是当需要处理大量的数据时，数据库的真正能力就体现出来了。例如，如果只有少量的数据需要处理时，手工就可以很容易地检索和操纵它们。然而，当数据量增加时，执行一个手工检索就变得单调乏味且代价昂贵。在这样的情形下，电子化的数据库系统可以简化用户的工作，这样的系统不仅占据的物理空间比传统以纸质文件为基础的系统要少，而且在组织数据、简化信息检索和修改方面为用户提供了辅助工具。例如，索引使迅速而有效地找到信息成为可能，而自动处理程序保证数据总以一致、无错的方式来存储和相互交叉引用。数据库还提供了可移植性和兼容性（一旦数据被组织和存储在数据库中，用户就可以选择任意方式来提取和显示它们），并且为重要的信息提供了集中存储的方式。

1.2　基于文件的数据管理

1.2.1　数据管理的历程

数据库技术是应数据管理任务的需求而产生的，随着计算机技术的发展，对数据管理技术也不断提出更高的要求。数据管理大体经历了人工管理、文件系统和数据库系统三个阶段。

1. 人工管理阶段

20 世纪 50 年代中期以前，计算机主要用于科学计算。当时的硬件和软件设备都很落后，数据基本依赖人工管理，人工管理数据的主要特点是使用应用程序加工和管理数据，一个应用程序对应一组数据，数据存储在容量很小的软磁盘上，没有数据共享、数据独立的概念。

2. 文件系统阶段

20 世纪 50 年代后期，硬件和软件有了进一步发展。在硬件方面，外存储器有了硬盘、磁鼓等直接存取的存储设备；在软件方面，主要标志是计算机中有了专门管理数据的软件——操作系统（文件管理）。采用文件系统管理数据的主要特点是数据可以长期保存在文件中，但是数据冗余大，数据共享性、独立性差（详见 1.2.2 小节和 1.2.3 小节）。

3. 数据库系统阶段

20 世纪 60 年代后期，数据量急剧增长，对共享功能的要求越来越强烈，使用文件系统管理数据已经不能满足要求。为了解决一系列问题，出现了数据库系统来统一管理数据。数据库系统的出现满足了多用户、多应用共享数据的需求，比文件系统具有明显的优点，这标志着数据管理技术的飞跃。

1.2.2 基于文件系统的数据管理方法

数据库技术出现的背景是试图避免基于文件的数据管理方法的局限，为了使读者更深刻地理解数据库技术的特点，本小节通过例子讲述基于文件的数据管理方法。需要说明的是，基于文件的数据管理方法并没有被绝对废除，目前医疗器械、通信设备中的数据管理还在采用这种方法。之所以出现这种现象，有历史的延续原因，也有采用基于文件的数据管理方法具有处理灵活、对资源要求不高等特点，以及采用基于数据库的数据管理方法会对处理器和硬件条件要求更高的原因。

【例 1-1】假设一个小型超市在一名总经理和三名经理的组织架构下运营，下设有采购库管部（一名经理）、销售部（一名经理）、财务部（一名经理），目的是开发超市应用系统，以支撑他们各自的管理需求。

（1）总经理。总经理的主要职责是规划超市年度/季度/月份的销售指标和工作目标；制定各项规章制度，将超市目标落实到三名经理头上，并监督执行；查看每月报表、销售额、成本、利润等数据，实时、动态地控制超市的运营。

（2）采购库管部经理。采购库管部经理主要负责建立和采购部门有关的作业流程与制度，根据总经理制订的销售计划，完成供应商的开发、商品采购、滞销商品的淘汰等工作，同时对门店销售经营提出建议或意见，及时处理有关商品方面的问题。采购库管部经理通过商品采购、入库、出库、移动和盘点等操作对企业的物流进行全面的控制与管理，以降低库存，减少资金占用，杜绝商品积压与短缺现象，提高客户服务水平，保证生产经营活动顺利进行。采购库管部采购员具体负责采购商品以及商品采购、退货信息的登记；采购库管部库存管理员具体负责商品的入库、出库、盘点，以及相关信息的登记。

采购库管部涉及纸质表 1-1～表 1-4 的登记和保存。基于商品采购单，可以统计各种商品的采购数量与各个供应商的进货情况；基于商品入库单、出库单，可以统计各种商品的入出库数量；各种商品的采购数量应该与入库数量相等，商品的入库数量与出库数量相减就是商品的当前库存。

表 1-1 超市商品采购单

超市商品采购单				
供货商名称：天坛商贸公司		采购员：孙云飞		时间：2015 年 11 月 10 日
商品编码	商品名称	商品进价	采购数量	备注
6942820302053	山楂球	11.00	10	
6903252019872	老坛酸菜方便面	8.00	20	

表 1-2 超市商品入库单

超市商品入库单				
采购员：孙云飞		库管员：张柯南		时间：2015 年 11 月 12 日
商品编码	商品名称	商品进价	入库数量	备注
6942820302053	山楂球	11.00	10	
6903252019872	老坛酸菜方便面	8.00	20	

表 1-3 超市商品出库单

超市商品出库单				
库管员：张柯南		销售员：李晓静		时间：2015 年 11 月 15 日
商品编码	商品名称	商品售价	出库数量	备注
6942820302053	山楂球	16.00	8	
6903252019872	老坛酸菜方便面	12.00	16	

表 1-4 超市商品库存一览表

商品编码	商品名称	商品进价	商品售价	库存数量	备注
6942820302053	山楂球	11.00	16.00	2	
6903252019872	老坛酸菜方便面	8.00	12.00	4	

（3）销售部经理。销售部经理主要负责各项商品的促销活动以及促销赠品的管理、异动商品的处理。售前根据不同类型的顾客，采取不同的接待技巧；售后针对客户提出的疑问、投诉等进行解答，注意对客户的情绪进行观察。销售员负责销售商品以及对商品销售、退货的信息登记，销售部经理对售出的商品进行按条件统计的管理，主要分为按时间统计和按品牌统计等。

销售部涉及纸质表 1-5 中信息的登记和保存。基于商品销售单，可以统计各种商品的销售数量，各种商品的销售数量应该与出库数量相等。

表 1-5 超市商品销售单

超市商品销售单				
客户：王台民		销售员：李晓静		时间：2015 年 12 月 02 日
商品编码	商品名称	商品售价	数量	备注
6942820302053	山楂球	16.00	1	
6903252019872	老坛酸菜方便面	12.00	2	

（4）财务部经理。财务部经理主要负责整个超市的资金筹措、划拨、支付，还包括对所有商品信息的管理、所有商品类别信息的管理、所有客户信息的管理、所有供应商信息的管理、超市各种账款往来支付管理，以及应收、应付、成本核算、利润报表等财务状况的统计。财务部登记纸质表格如表 1－6 所示。

表 1－6　超市资金往来单

超市资金往来单		
财务员：赵框银	供应商（销售员）名称：天坛商贸公司	时间：2015 年 11 月 20 日
付款	金额：270 元	备注：

为了支撑各个部门的运营，可以针对各个部门使用的纸质表格建立相应的文件，用来记录数据，保存在操作系统中，各个部门应用程序可以采用 C、Java 等语言开发，应用程序提供文件管理功能和访问文件的存取方法，程序通过文件名和数据打交道。数据的存取基本上以记录为单位，文件是由数据和属性构成的，文件的结构和意义完全由它的应用程序决定，文件系统中的数据和应用程序紧密相连，文件是自定义的格式。

基于文件系统的数据管理方式，针对采购库管部、销售部、财务部开发的应用系统可以通过图 1－4 表达。采购库管部需要保存供应商信息、商品信息、员工信息，还有采购单、入库单、出库单等信息，这些信息保存在采购库管应用系统对应的数据文件 2 中，采购库管应用系统可以通过访问数据文件 2 来完成表 1－1～表 1－4 的登记、存取、打印。销售部也需要保存客户信息、商品信息、员工信息和销售信息，这些信息保存在销售应用系统对应的数据文件 1 中，销售应用系统可以通过访问数据文件 1 来完成表 1－5 的登记、存取、打印。财务部需要保存供应商信息、客户信息、商品信息以及员工信息，还有自己部门使用的资金往来相关信息，这些信息保存在财务应用系统对应的数据文件 3 中，财务应用系统可以通过访问数据文件 3 来完成表 1－6 的登记、存取、打印。每一个应用系统都对应自己的数据文件。

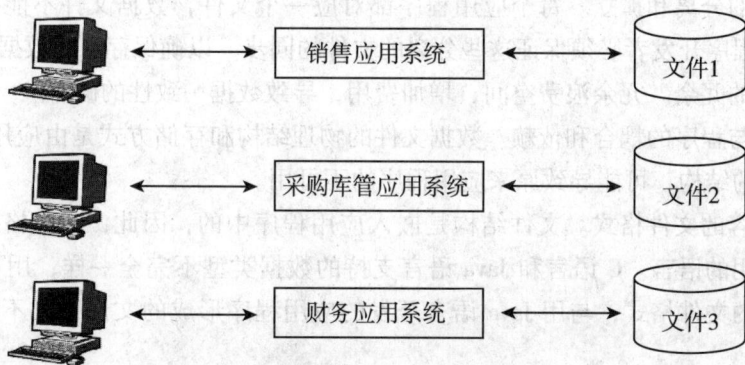

图 1－4　基于文件系统的数据管理方式

从图 1-4 中可以看到，由于各个部门之间存在许多重复的信息，数据文件 1、数据文件 2、数据文件 3 之间存在大量数据冗余。如果修改一个部门数据，其他部门数据不一定相应修改，带来数据的不一致。当多个应用系统同时访问某一个文件（如销售商品时，销售应用系统要修改数据文件 2 中的商品库存信息）时，如果采用锁定文件方式，则会带来并发性能（多个用户相互等待的情形，影响系统处理速度）严重下降；如果不采用锁定文件方式，则可能存在前一个用户对文件的修改被后一个用户的修改覆盖的问题。

文件作为存储的最基本形式，具有概念简单、操作简单和处理清楚的特点。概念简单是指开发者很清楚地理解文件的格式含义，使用文件存储数据感觉比较自然、亲切。操作简单是指对开发者而言，文件的创建、改写和删除都是比较容易实现的；对操作者来讲，系统中使用的文件操作就是打开、存盘（另存）和关闭。处理清楚是指开发者和用户都清楚地知道数据的来龙去脉。使用文件系统，只是文件的创建、修改和删除，在开发过程中不需要考虑额外的工作，如备份和恢复，只要告诉用户什么文件是数据文件，用户就会很清楚应该备份文件并在出现问题时恢复它，而且处理的速度快。

由于数据的组织仍然是面向程序的，所以存在大量的数据冗余，而且数据的逻辑结构不能方便地修改和扩充，数据逻辑结构的每一点微小改变都会影响应用程序。由于文件之间互相独立，因而它们不能反映现实世界中事物之间的联系，操作系统不负责维护文件之间的联系信息。如果文件之间有内容上的联系，那也只能由应用程序处理。

1.2.3 基于文件系统的数据管理局限

通过例 1-1 可以看出，基于文件的数据不能共享，冗余量大，存在数据不一致、并发操作难以控制等风险。这是文件系统的主要问题，也是数据库系统从文件系统进化以后解决的主要问题。如果是多个文件的信息需要共享，由于文件系统的格式是开发者（或者和用户一起）定义的，文件中不附带格式信息，文件的共享和重用就是问题。文件系统的局限可以总结为以下几点：

（1）数据的分离和孤立。每个应用程序都对应一个文件，数据文件不能被多个应用程序共享，应用程序开发者必须保证这些分离的文件的同步，以确保存取的数据是正确的。

（2）数据的冗余。冗余浪费空间，增加费用，导致数据一致性的破坏。

（3）数据与程序的耦合和依赖。数据文件的物理结构和存储方式是由应用程序定义的，改变已经存在的结构，可能导致原来应用程序的不可用。

（4）不相容的文件格式。文件结构是嵌入应用程序中的，因此，文件格式取决于应用程序开发所使用的语言。C 语言和 Java 语言支持的数据类型不完全一样，用 C 语言开发的应用程序形成的文件格式，与用 Java 语言开发的应用程序形成的文件格式不相容，使它们很难结合运行。

1.3　数据库的基本概念

1.3.1　数据库的历程

数据库系统的萌芽出现于 20 世纪 60 年代，当时计算机开始广泛地应用于数据管理，对数据的共享提出了越来越高的要求。传统的文件系统已经不能满足人们的需要，能够统一管理和共享数据的数据库管理系统（Database Management System，DBMS）应运而生。各种 DBMS 都是基于某种数据模型的，数据模型是 DBMS 的核心和基础，所以通常也按照数据模型的特点，将传统 DBMS 分成基于网状模型的网状 DBMS、基于层次模型的层次 DBMS 和基于关系模型的关系 DBMS 三类。

最早出现的网状 DBMS，是美国通用电气公司查尔斯·巴赫曼（Charles Bachman）等在 1964 年开发的集中数据存储（Integrated Data Store，IDS）。这是世界上第一个网状 DBMS，即第一个 DBMS，奠定了网状 DBMS 的基础，并在当时得到了广泛的发行和应用。之后，该系统经过重写，命名为集成数据库管理系统（Integrated Database Management System，IDMS）。

层次 DBMS 是紧随网状 DBMS 出现的，最著名的层次 DBMS 是 IBM 公司在 1968 年开发的信息管理系统（Information Management System，IMS）。这是 IBM 公司研制的最早的大型 DBMS 产品，这个具有近半个世纪历史的数据库产品在如今的 WWW 应用连接、商务智能应用中扮演着新的角色。

网状 DBMS 和层次 DBMS 已经很好地解决了数据的集中与共享问题，但是在数据独立性和抽象级别上仍有很大欠缺。用户在对这两种数据库进行存取时，仍然需要明确数据的存储结构，指出存取路径。而后来出现的关系 DBMS 较好地解决了这些问题。

1970 年，IBM 的研究员埃德加·弗兰克·科德（Edgar Frank Codd）博士在刊物 *Communication of the ACM* 上发表了一篇名为 "A relational model of data for large shared data banks" 的论文，提出了关系模型的概念，奠定了关系模型的理论基础，这篇论文被普遍认为是数据库系统历史上具有划时代意义的里程碑。

1970 年关系模型建立之后，IBM 公司在圣何赛（San Jose）实验室增加了更多的研究人员研究这个项目，这个项目就是著名的 System R。该项目结束于 1979 年，完成了第一个实现结构化查询语言（Structured Query Language，SQL）的 DBMS。然而，IBM 内部已经有层次 DBMS 产品 IMS，所以 System R 并没有马上投产。直到 1980 年，System R 才作为一个产品正式推向市场。

1973 年，加利福尼亚大学伯克利分校的迈克尔·斯通布雷克（Michael Stonebraker）和尤金黄（Eugene Wong）利用 System R 已发布的信息开始开发自己的关系 DBMS——Ingres。他们开发的 Ingres 项目最后由美国 Oracle 公司、Ingres 公司以及硅谷的其他厂商进行了商品化。后来，System R 和 Ingres 系统双双获得美国计算机学会（Association for Computing Machinery，ACM）1988 年的"软件系统奖"。

关系数据库管理系统以关系代数为坚实的理论基础，经过几十年的发展和实际应用，技术越来越成熟和完善。其代表产品有 Oracle 公司的 Oracle 数据库管理系统、IBM 公司的 DB2 数据库管理系统、微软公司的 SQL Server 和 Sun 公司的 Sybase，以及本书要详细讲述的 MySQL 等。

1.3.2 数据库与数据库管理系统

1. 数据库

数据库是指以一定方式储存在一起、能为多个用户共享、具有尽可能小的冗余度、与应用程序彼此独立的数据集合。从广义上讲，数据不仅包括数字，还包括文本、图像、音频、视频等。

根据数据库的定义，数据库的特点如下：

（1）实现数据共享。数据库是一个含有大量的、可以被许多部门和用户同时使用的数据集合，数据共享包括所有用户可同时存取数据库中的数据，也包括用户可以用各种方式通过接口使用数据库，并提供数据共享。

（2）减小数据的冗余度。与文件系统相比，由于数据库实现了数据共享，从而避免了用户各自建立数据文件，减少了大量重复数据和数据冗余，维护了数据的一致性。

（3）数据的独立性。数据库中不仅含有各个部门和用户运行的数据，而且含有对这些数据的描述（可以称为元数据或者数据字典）。正是数据库的自我描述功能提供了程序 – 数据的独立性。

数据的独立性包括逻辑独立性（数据库中数据的逻辑结构和应用程序相互独立）和物理独立性（数据物理结构的变化不影响数据的逻辑结构）。

（4）数据实现集中控制。在文件管理方式中，数据处于一种分散的状态，不同的用户或同一用户在不同处理中，其文件之间毫无关系。利用数据库可以对数据进行集中控制和管理，并通过数据模型表示各种数据的组织以及数据之间的联系。

集中控制主要包括以下几方面：

① 安全性控制，以防止数据丢失、错误更新和越权使用。

② 完整性控制，保证数据的正确性、有效性和相容性。

③ 并发控制，使在同一时间周期内，允许对数据实现多路存取，又能防止用户之间的数据冲突。

☞ ### 数据库可以视为电子化的文件柜

数据库，简单来说，可视为电子化的文件柜——存储电子文件的处所，不仅有文件本身，还有文件的目录（有哪些文件存放在文件柜中、分别放在哪个文件柜中），这样使得用户对文件中的数据进行新增、截取、更新、删除等操作十分方便。

在日常工作中，常常需要把某些相关的数据放进这样的"仓库"，并根据管理需要进行相应的处理。例如，企业或事业单位的人事部门常常要把本单位职工的基本情况（如职工号、姓名、年龄、性别、籍贯、工资、简历等）存放在表中，这个表就可以看作一个数据库。有了这个数据库，就可以根据需要随时查询某职工的基本情况，也可以查询工资在某个范围内的职工人数等。这些工作如果都能在计算机上自动进行，那么人事管理就可以达到极高的水平。此外，在财务管理、仓库管理、生产管理中也需要建立众多的这种"数据库"，使其可以利用计算机实现财务、仓库、生产的自动化管理。

2. 数据库管理系统

数据库管理系统（DBMS）是指能够对数据库进行有效管理的一个计算机软件，它建立在操作系统的基础上，对数据库进行统一管理和控制。

DBMS 是位于用户与操作系统之间的一层数据管理软件，为了避免文件系统的局限，DBMS 的主要功能包括以下几方面：

（1）数据定义功能。DBMS 提供数据定义语言（Data Definition Language，DDL），用户通过它可以方便地对数据库中的数据进行定义，即它是用来创建和修改数据库结构的一种语句。

（2）数据操纵功能。DBMS 还提供数据操纵语言（Data Manipulation Language，DML），用户可以使用 DML 操纵数据，实现对数据库的基本操作，如查询、插入、删除、修改等。其中，数据更新所造成的风险比较大，DBMS 必须在更改期内保护所存储的数据的一致性，确保有效的数据进入数据库，数据库必须保持一致性。DBMS 还必须协调多用户的并行更新，以确保用户和他们所做的更改不致影响其他用户的作业。

（3）数据库的运行管理。数据库在建立、运用和维护时由 DBMS 统一管理、统一控制，以保证数据的完整性、安全性、多用户对数据的并发使用及发生故障后的系统恢复。

① 数据的完整性检查功能保证用户输入的数据应满足相应的约束条件。

② 数据库的安全保护功能保证只有赋予权限的用户才能访问数据库中的数据。

③ 数据库的并发控制功能使多个应用程序可在同一时刻并发地访问数据库中的数据。

④ 数据库系统的故障恢复功能使数据库在运行出现故障时进行数据库恢复，以保证数据库可靠运行。

（4）数据库的建立和维护功能。它包括数据库初始数据的输入和转换功能、数据库的转储和恢复功能、数据库的重组织功能及性能监视分析功能等，这些功能通常是由一些实用程序完成的。DBMS 是数据库系统的核心组成部分，通常由语言处理、系统运行控制和系统维护三大部分组成，给用户提供了一个软件环境，允许用户快速、方便地建立、维护、检索、存取和处理数据库中的信息。

目前，常用的 DBMS 有微软公司的 Access、SQL Server、Visual FoxPro，IBM 公司的 DB2，Oracle 公司的 Oracle，以及开源的 MySQL 等。

1.3.3　基于数据库的数据管理方法

由于有了 DBMS 统一对数据进行管理，基于数据库的技术，例 1 – 1 中包括采购库管部、销售部、财务部三个部门的超市管理应用系统可以表示为如图 1 – 5 所示的形式。

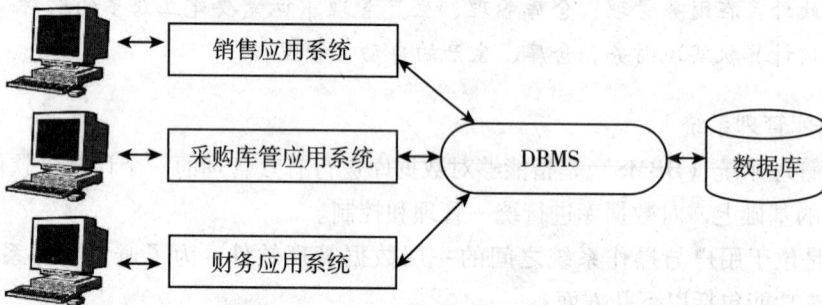

图 1 – 5　基于 DBMS 的数据管理方法

与图 1 – 4 形成鲜明的对比，各个应用系统不再是直接完成数据文件的存取，而是将所有的数据处理请求都交给 DBMS 完成。数据库设计初期，在仔细分析各个部门业务需求的基础上，既要提炼抽象各个部门共同的数据属性，又要考虑各个部门自己的专有数据，同时将各个部门数据之间的相互关联约束也一并记录到数据库中。数据库变成了面向整个超市各个部门的所有数据的集合，在这个集合中，将各个部门都要使用的员工信息、供应商信息、客户信息、商品信息等做统一整理，只存放一份，同时针对各个部门又有单独的采购、入库、出库、销售、资金往来信息。DBMS 在接到各个部门不同的数据请求后，不仅可以完成各部门的数据操纵请求，而且可以做到统一解决数据完整、数据安全、数据一致、数据并发等问题。

1.3.4　数据库系统的组成

数据库应用系统，简称数据库系统，是指在计算机应用系统中引入数据库后的系统。图 1 – 5 就可以理解为一个数据库应用系统。数据库应用系统一般由数据库、DBMS（及其开发工具）、应用系统、数据库管理员（DataBase Administrator，DBA）和最终用户构成，应用系统由专门的应用程序开发人员完成，如图 1-6 所示。

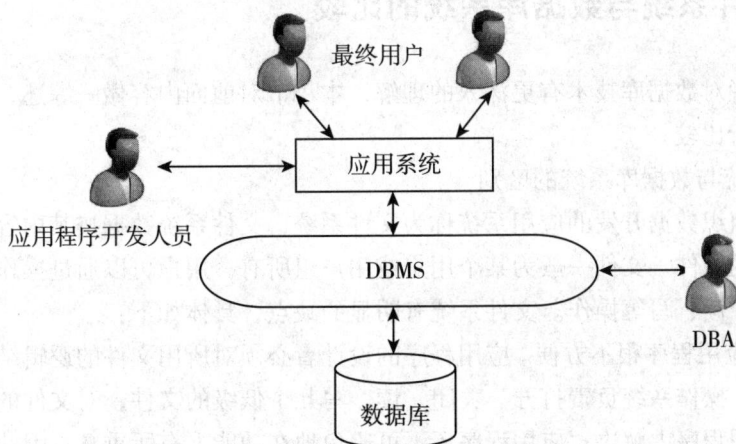

图 1-6　数据库系统的组成

（1）数据库。数据库就是一系列数据的集合，存储在磁盘上，以文件形式出现在操作系统中。一个数据库可以是一个文件，也可以是多个文件。

（2）DBMS。DBMS 往往需要借助软件厂商的现成系统，如 MySQL、微软公司的 SQL Server 等。

（3）应用系统。应用系统是指开发人员采用某一种开发平台（如 Visual Studio 或者 Eclipse）开发的应用程序，基于数据库来编写应用程序。目前，我们身边许多的应用系统都是基于数据库的，如 12306 火车订票系统、超市 POS 系统、银行 ATM 系统、电信计费系统等。也可以说，企业信息化中的大量工作就是开发各类数据库应用系统。

（4）DBA。DBA 负责数据库的全面管理和控制。应当指出的是，数据库的建立、使用和维护等工作只靠一个 DBMS 远远不够，还要有专门的人员来完成，这些人称为 DBA。DBA 对数据库进行规划、设计、维护和监视等，在数据库系统中起非常重要的作用。其主要职责概括如下：

① 建库方面。确定数据库的模式（如关系数据库中的 Table）、外模式（如关系数据库中的 View）、存储结构（如关系数据库中的 Index、Cluster 等）、存取策略（如磁盘空间扩展方案等），负责数据的整理和装入。

② 用库方面。定义完整性约束，规定数据的保密级别、用户权限，监督和控制数据库的运行情况，制定后援和恢复策略，负责故障恢复。

③ 改进方面。监督分析系统的性能（空间利用率、处理效率）；数据库重组织，物理上重组织，以提高性能；数据库重构造，设计上较大改动，模式和内模式修改。

（5）最终用户。最终用户就是应用系统的使用者，他们通过应用系统的用户接口（菜单、界面等）使用数据库。

1.3.5　文件系统与数据库系统的比较

为了使读者对数据库技术有更深入的理解，本小节对前面内容做一综述，对文件系统与数据库系统进行比较。

1. 文件系统与数据库系统的区别

采用文件组织数据开发的应用系统称为文件系统，文件系统数据按其内容、结构和用途组成若干命名的文件。文件一般为某个用户或用户组所有，用户可以通过操作系统对文件进行打开、关闭、读、写等操作。文件系统有明显的缺点，具体如下：

（1）编写应用程序很不方便。应用程序的设计者必须对所用文件的逻辑结构及物理结构有清楚的了解；操作系统负责打开、关闭、读、写几个低级的文件，对文件的查询、修改等处理都须在应用程序内解决；应用程序还不可避免地在功能上有所重复。因此，采用文件系统编写应用程序的效率不高。

（2）文件的设计很难满足多种应用程序的不同要求，数据冗余经常是不可避免的。为了兼顾各种应用程序的要求，在设计文件系统时，往往不得不增加冗余的数据。数据冗余不仅浪费空间，而且会带来数据的不一致性。在文件系统中没有维护数据一致性的监控机制，数据的一致性完全由用户负责维护。

（3）文件结构的修改将导致应用程序的修改，应用程序的维护量将很大。

（4）不支持对文件的并发访问。

（5）数据缺少统一管理，在数据的结构、编码、表示格式、命名以及输出格式等方面不容易做到规范化、标准化；在数据安全和保密方面，也难以采取有效的办法。

针对文件系统的缺点，人们发展了以统一管理和共享数据为主要特征的数据库技术。建立在 DBMS 之上的应用系统称为数据库系统，在数据库系统中，数据不再仅仅服务于某个程序或用户，而是看作一个整体的共享资源，由一个 DBMS 统一管理。由于有 DBMS 的统一管理，应用程序不必直接介入（如打开、关闭、读、写文件等）低级的操作，而由 DBMS 代办，开发人员也不必关心底层数据存储方式和其他实现细节，可在更高的抽象级别上观察和访问数据。文件结构的一些修改也可以由 DBMS 屏蔽，使开发人员看不到这些修改，从而减少应用程序的维护工作量，提高数据的独立性。由于数据的统一管理，设计人员可以从大局着眼，合理组织数据，减少数据冗余，还可以更好地贯彻规范化和标准化，从而有利于数据的转移和更大范围的共享。

数据库系统适合多种用户界面，保证并发访问时数据的一致性、完整性，增进了数据安全性的访问控制，在出现故障的情况下保证数据一致性的恢复功能等。

2. 实际开发中文件系统和数据库系统的选择策略实例

随着计算机应用的发展，DBMS 的功能越来越强，规模越来越大，复杂性和开销也随之增加。在一些功能非常明确且无数据共享的简单应用系统中，为减少开销、提高性能，有时仍采用文件系统；不过，在数据密集型应用系统中，基本上都使用数据库系统。

（1）某军区油料供应管理系统。该系统要完成军区、军、师、团等各个单位油料指标的分配和签发卡的管理、油料的收入和支出、库存的清点、油料的决算等工作，这样的系统应当使用数据库。

（2）公路监理计量支付系统。该系统要完成公路监理中合同等基本情况的录入、按月对合同进展情况进行计量、形成本合同的汇总报表或对多个合同进行汇总。该系统涉及多个数据源，而且它们互相之间存在约束关系，这种系统也应当使用数据库系统。

（3）公路设计系统。该系统要完成公路平面、纵断面、横断面的设计，并产生设计图纸和报表。使用多个相关的文件，使用数据库系统应该说也是合适的选择，但是现在流行的公路设计系统都没有使用数据库系统，其原因如下：公路设计系统从早期的系统程序发展而来，保留了使用文本文件作为存储的特点，而且这种系统是在绘图平台上开发的，使用文件不仅承袭历史，而且效率高。

（4）混凝土路面厚度辅助计算系统。该系统是根据一些参数及用户的输入情况查表或计算出一些数据。对于这种单层简单关系，使用文件或许是更好的选择，参数可以用文本文件存储，提供界面进行修改即可。用户只要建立一个该项目的数据文件，系统根据参数进行计算，结果可以存成一个文件，用户可以酌情采用。

实际上，对开发者来讲，应用程序的开发主要是区分系统数据的复杂性。当应用系统中有大量的信息处理（事务处理）或者要对数据进行复杂的查询（信息管理系统）时，一定要用数据库系统。如果应该使用数据库系统而使用了文件系统，开发者就要付出很多的额外劳动；对于比较简单的问题而使用数据库系统，有时可能是一种浪费。

1.4　数据模型与数据库体系结构

1.4.1　数据模型的组成

模型（Model）是现实世界特征的模拟与抽象，如一组建筑规划沙盘、精致逼真的飞机航模，都是对现实生活中事物的描述和抽象。数据模型（Data Model）也是一种模型，它是现实世界数据特征的抽象，是数据库系统中用以提供信息表示和操作手段的形式构架。数据库的数据模型包括数据结构、数据操作和完整性约束三个部分。

1. 数据结构

数据结构是刻画一个数据模型性质最重要的方面，在数据库系统中，人们通常按照其数据结构的类型来命名数据模型。例如，网状结构、层次结构和关系结构的数据模型分别命名为网状模型、层次模型和关系模型。

数据结构的描述一般可分为数据类型的描述、数据之间的联系的描述。在数据类型方面，如网状模型中的记录型、数据项，关系模型中的关系、域等；数据之间的联系有网状模型中的系、关系模型中的外键等。数据结构是对系统静态特性的描述。

2. 数据操作

数据操作部分是操作运算符的集合，包括若干操作和推理规则，用以对数据库中的数据进行操作。数据库主要有查询和更新（包括插入、修改、删除）两大类操作。数据模型必须定义这些操作的确切含义、操作符号、操作规则（如优先级）以及实现操作的语言。数据操作是对系统动态特性的描述。

3. 完整性约束

完整性约束是一组完整性规则，也可以理解为数据库中的数据应该满足的一组条件。完整性规则是给定的数据模型中的数据及其联系所具有的制约和依存规则，用以限定数据模型的数据状态以及状态的变化，以保证数据的正确、有效和一致性。完整性约束可以按不同的原则划分为数据值的约束和数据间联系的约束；静态约束和动态约束；实体约束和实体间的参照约束；等等。

1.4.2　数据模型的类型

DBMS 根据数据模型对数据进行存储和管理，数据模型主要有网状模型、层次模型和关系模型。

1. 网状模型

每一个数据记录用一个节点表示，每个节点与其他节点都有联系，这样数据库中的所有数据节点就构成了一个复杂的网络，是具有多对多联系的数据组织方式。用连接指令或指针来确定数据之间的显式关联关系。

网状模型的数据结构主要有以下两个特征：

（1）允许一个以上的节点无父节点。

（2）一个节点可以有多于一个的父节点。

【例 1 - 2】以工厂加工零件为例，讨论网状模型如何组织数据。一个零件可以被一个工厂加工，也可以被多个工厂加工，一个工厂加工多种零件，因此，工厂和零件之间是多对多联系，如图 1 - 7 所示。

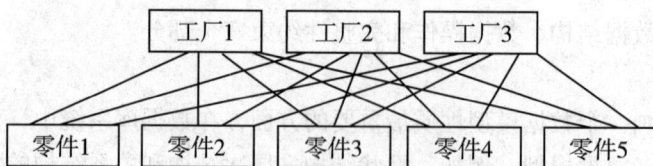

图 1 - 7　网状模型组织数据示例

网状模型的数据操作主要包括查询、插入、删除和更新。进行插入操作时，允许插入尚未确定父节点的子节点；进行删除操作时，只允许删除子节点；进行更新操作时，指定记录即可。

网状模型能明确而方便地表示数据间的复杂联系，数据冗余小。但网状模型结构的复杂性，增加了用户查询和定位的困难；需要存储数据间联系的指针，使得数据量增大；数据的修改不方便（指针必须修改）。

2. 层次模型

层次模型用树状结构表示数据及其之间的联系，树中每一个节点代表一个记录型，树状结构表示记录之间的联系。

在现实世界中，很多事物是按层次组织起来的，层次模型就是为了模拟这种按层次组织起来的事物。层次模型中最基本的数据关系是基本层次关系，它代表两个记录型之间的一对多联系，数据库中有且仅有一个记录型无双亲，称为根节点，其他记录型有且仅有一个父节点。在层次模型中，从一个节点到父节点的映射是唯一的，所以对每一个记录型（除根节点以外）只需要指出它的父节点，就可以表示出层次模型的整体结构。最典型的层次 DBMS 是于 1968 年由 IBM 公司研制的 IMS，如今已经发展到 IMSV6。

层次模型中记录之间的联系通过指针实现，对任一节点的所有子树都规定了先后次序，这一限制隐含了对数据库存取路径的控制。树中父子节点之间只存在一种联系，因此，对树中的任一节点，只有一条自根节点到达它的路径。

【例 1 - 3】 要描述一个学校的学院、系、教研室的信息可以在节点表达，学校、学院、系、教研室之间的联系可以表达成如图 1 - 8 所示的树状层次。

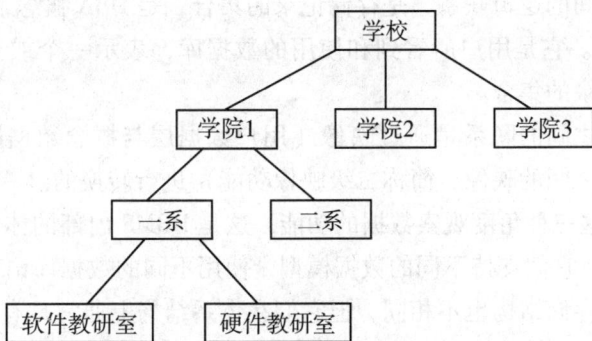

图 1 - 8 层次模型组织数据示例

3. 关系模型

关系模型以二维表（关系表）的形式组织数据库中的数据。表中的一行称为一条记录，一列称为一个字段，每一列的标题称为字段名。如果给关系表取一个名字，则有 n 个字段的关系表的结构可表示为关系表名(字段名 1,..., 字段名 n)，通常把关系表的结构称为关系模式。

【例 1-4】以学生成绩管理系统涉及的学生、课程和成绩三个表为例，"学生"表的字段有学号、姓名、专业名、性别、出生日期、总学分和备注；"课程"表的字段有课程号、课程名、类别、开课学期、学时和学分；"成绩"表的字段有学号、课程号和成绩。

在关系表中，如果一个字段或几个字段组合的值可以唯一标识其对应记录，则称该字段或字段组合为码。例如，"学生"表中的学号可以唯一标识每一个学生，"课程"表的课程号可以唯一标识每一门课程，"成绩"表的学号和课程号可以唯一标识每一个学生每一门课程的成绩。

按关系模型组织的数据表达方式简洁、直观，插入、删除、修改操作方便（关系模型查询操作通过关系代数和 SQL 完成，SQL 目前已经是关系 DBMS 的标准操纵语言），而按网状模型和层次模型组织的数据表达方式复杂，插入、删除、修改操作复杂（相对于关系模型，网状模型和层次模型的查询操作没有标准，不同的 DBMS 有不同的语法）。因此，关系模型得到了广泛应用，MySQL 是支持关系模型的 DBMS。第 2 章会从数据结构、数据操纵、数据完整性规则几方面详细讲述关系模型。

1.4.3 数据库体系结构

数据库的基本结构分为三个层次，反映了观察数据库的三种不同角度。

（1）物理数据层。它是数据库的最内层，是物理存储设备上实际存储的数据的集合。这些数据是原始数据，是用户加工的对象。

（2）概念数据层。它是数据库的中间一层，是数据库的整体逻辑表示，指出了每个数据的逻辑定义及数据间的逻辑联系，是存储记录的集合，是 DBA 概念下的数据库。

（3）用户数据层。它是用户所看到和使用的数据库，表示一个或一些特定用户使用的数据集合，即逻辑记录的集合。

数据库不同层次之间的联系是通过映像（用户数据层与概念数据层之间的映像、概念数据层与物理数据层之间的映像，简称二级映像功能）进行转换的。

DBMS 提供了从这三种角度观察数据的功能，这是 DBMS 内部的体系结构。虽然实际的 DBMS 产品种类很多，它们支持不同的数据模型，使用不同的数据库语言，建立在不同的操作系统之上，数据的存储结构也不相同，但它们在体系结构上通常具有相同的特征，即采用三级模式结构，并提供二级映像功能。

1. 数据库的三级模式结构

数据库的三级模式结构是指数据库系统由外模式、模式、内模式三级构成，如图 1-9 所示。

（1）外模式。外模式也称为子模式或用户模式，服务于用户数据层的观察，它是数据库用户（包括应用程序开发人员、最终用户）能够看见和使用的局部数据的逻辑结构与特征的描述，是数据库用户的数据视图，是与某一应用有关的数据的逻辑表示。

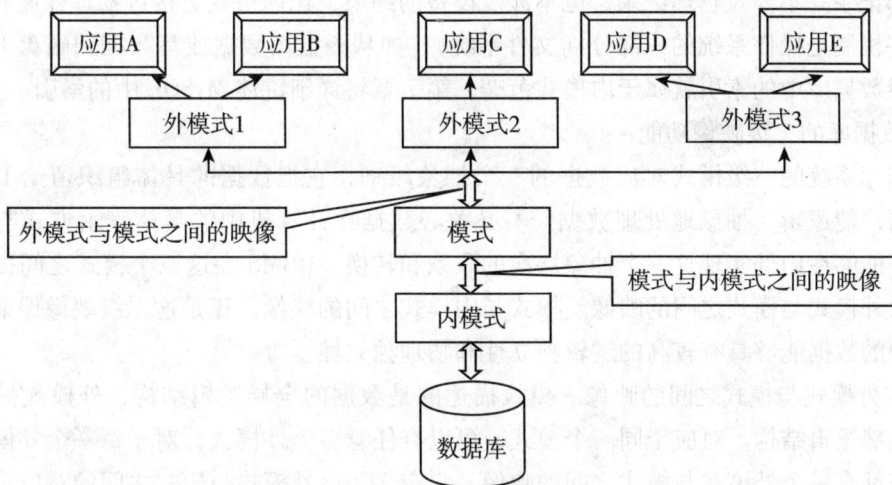

图 1-9 数据库的三级模式结构和二级映像功能

外模式通常是模式的子集。一个数据库可以有多个外模式。由于它是各个用户的数据视图，如果不同的用户在应用需求、看待数据的方式、对数据保密的要求等方面存在差异，则其外模式描述就是不同的。即使对模式中的同一数据，在外模式中的结构、类型、长度、保密级别等都可以不同。另外，同一外模式也可以为某一用户的多个应用系统所使用。

外模式是保证数据库安全性的一个有力措施。每个用户只能看见和访问所对应的外模式中的数据，数据库中的其余数据是不可见的。关系数据库中的视图就是外模式的具体体现，第 7 章将详细讲述 MySQL 中的视图。

（2）模式。模式也称为逻辑模式、概念模式，服务于概念数据层的观察，是数据库中全体数据的逻辑结构和特征的描述，是所有用户的公共数据视图。它是数据库系统模式结构的中间层，既不涉及数据的物理存储细节和硬件环境，也与具体的应用程序、所使用的应用开发工具及高级程序设计语言（如 C、Java）无关。

一个数据库只有一个模式，数据库模式以某一种数据模型为基础，统一综合地考虑了所有用户的需求，并将这些需求有机地结合成一个逻辑整体。

定义模式时，不仅要定义数据的逻辑结构，如数据记录由哪些数据项构成，数据项的名字、类型、取值范围等，而且要定义数据之间的联系，定义与数据有关的安全性、完整性的要求。关系数据库中的表就是模式的典型代表，第 4 章会详细讲述 MySQL 中表的创建、维护等。

（3）内模式。内模式也称为存储模式，服务于物理数据层的观察。一个数据库只有一个内模式。它是对数据物理结构和存储方式的描述，是数据在数据库内部的表示方式。例如，记录按什么方式存储，索引按照什么方式组织，数据是否压缩存储、是否加密，数据的存储记录结构有何规定等。

内部记录并不涉及物理记录，也不涉及设备的约束，比内模式更接近物理存储和访问的那些软件机制是操作系统的一部分（文件系统），如从磁盘读数据或写数据到磁盘上的操作等。关系数据库中的索引就属于内模式范畴，第 7 章将详细讲述 MySQL 中的索引。

2. 数据库的二级映像功能

数据库系统的三级模式对应数据的三个抽象级别，它把数据的具体组织留给 DBMS 管理，使用户能逻辑、抽象地处理数据，不必关心数据在计算机中的具体表示方式与存储方式。为了能够在内部实现这三个抽象层次的联系和转换，DBMS 在这三个模式之间提供了二级映像：外模式与模式之间的映像、模式与内模式之间的映像。正是这二级映像保证了数据库系统中的数据能够具有较高的逻辑独立性和物理独立性。

（1）外模式与模式之间的映像。模式描述的是数据的全局逻辑结构，外模式描述的是数据的局部逻辑结构。对应于同一个模式，可以有任意多个外模式，对于每一个外模式，数据库系统都有一个外模式与模式之间的映像，它定义了该外模式与模式之间的对应关系。这些映像通常包含在各自外模式的描述中。

如果当模式改变（如增加新的关系、新的属性、改变属性的数据类型等）时，就要由 DBA 对各个外模式与模式之间的映像做相应改变，也可以使外模式保持不变，应用程序是依据数据的外模式编写的，因此，应用程序也不必修改，从而保证了数据与程序的逻辑独立性，简称数据的逻辑独立性。

（2）模式与内模式之间的映像。数据库中只有一个模式，也只有一个内模式，所以模式与内模式之间的映像是唯一的，它定义了数据全局逻辑结构与存储结构之间的对应关系。例如，说明逻辑记录和字段在内部是如何表示的，该映像定义通常包含在模式描述中。

当数据库的存储结构改变（如采用了另外一种存储结构）时，由 DBA 对模式与内模式之间的映像做相应改变，可以使模式保持不变，因此，应用程序也不必改变。这就保证了数据与程序的物理独立性，简称数据的物理独立性。

在数据库的三级模式结构中，数据库的模式，即全局逻辑结构是数据库的中心与关键，它独立于数据库的其他层次。因此，设计数据库模式结构时，应首先确定数据库的逻辑模式。

数据库的内模式依赖于它的全局逻辑结构，但独立于具体的存储设备，它将全局逻辑结构中所定义的数据结构及其联系按照一定的物理存储策略进行组织，以实现达到较好的时间与空间效率的目的。

数据库的外模式面向具体的应用程序，它定义在逻辑模式之上，当应用需求发生较大变化，相应的外模式不能满足其要求时，该外模式就得做相应变动，所以设计外模式时，应充分考虑到应用的扩充性。

特定的应用程序是在外模式描述的数据结构上编制的，不同的应用程序有时可以共用同一外模式。数据库的二级映像保证了数据库外模式的稳定性，从而从底层保证了应用程序的稳定性。除非应用需求本身发生变化，否则应用程序一般不需要修改。

数据与程序之间的独立性，使得数据的定义和描述可以从应用程序中分离出去。另外，由于数据的存取由 DBMS 管理，用户不必考虑存取路径等细节，从而简化了应用程序的编制，大大减少了应用程序的维护和修改工作。

1.5　MySQL 概述

1.5.1　MySQL 的由来

MySQL 是目前很流行的开放源码的数据库，MySQL 是一个关系数据库管理系统（Relational Database Management System，RDBMS），它是由瑞典的 MySQL AB 公司开发、发布并支持的，由 MySQL 的初始开发人员戴维·艾克马克（David Axmark，如图 1 - 10 所示）和迈克尔·蒙蒂·维德纽斯（Michael Monty Widenius）于 1995 年建立。它的象征符号是一只名为 Sakila 的海豚，代表着 MySQL 数据库和团队的速度、能力、精确和优秀木质。

图 1 - 10　戴维·艾克马克

目前，MySQL 被广泛地应用在互联网上的中小型网站中。由于其体积小、速度快、总体拥有成本低，尤其是开放源码这一特点，许多中小型网站为了降低网站总体成本而选择了 MySQL 作为网站数据库。

与其他的大型数据库相比，尽管 MySQL 还有一些不足之处，但是这丝毫没有减少它受欢迎的程度。对于一般的个人使用者和中小型企业来说，MySQL 提供的功能已经绰绰有余，而且由于 MySQL 是开放源码软件，可以大大降低总体成本。

目前，互联网上流行的网站构架方式是 LAMP（Linux + Apache + MySQL + PHP），即使用 Linux 作为操作系统、Apache 作为 Web 服务器、MySQL 作为数据库、PHP 作为服务器端脚本解释器。由于这四个软件都是遵循 GNU 通用公共许可证（General Public License，GPL）的开放源码软件，因此，使用这种方式不用花一分钱就可以建立一个稳定、免费的网站系统。

1.5.2　MySQL 的特性

MySQL 数据库是一款自由软件，任何人都可以从 MySQL 的官方网站上下载该软件。MySQL 是一个多用户、多线程的 SQL 数据库服务器，它采用客户机/服务器结构，由一个服务器守护程序 mysqld 和很多不同的客户程序和库组成，能够快捷、有效和安全地处理大量的数据。MySQL 始终围绕三个基本原则进行设计，即性能、可靠性和容易使用。严格按照这三个原则产生了一个价格便宜而富有特色、适应标准而容易扩展、速度快而效率高的关系型 DBMS，使 MySQL 成为开发者与管理者建立、维护和配置复杂应用程序的完美工具。下面将讨论 MySQL 具有竞争性的一些特性。

1. 高性能

在关系数据库管理系统中，速度（执行一个查询和返回结果给查询者的时间）就是一切。MySQL 网站上的基准程序显示了 MySQL 比当前几款数据库产品都要优越，甚至 MySQL 的最激烈的批评家都会承认 MySQL 非常迅速。

☞   **MySQL 速度快的原因**

MySQL 性能显著的部分原因是它的允许多个并发数据库访问的完全多线程体系结构。这个多线程的体系结构是 MySQL 引擎的核心，允许多个客户同时读取一个数据库，并且提供了大量的性能改进。MySQL 代码也以模块化、多层次方式构建，为连接和索引这样复杂的任务提供了最小的冗余与特殊的优化。

MySQL 设计者最初省去了很多导致性能降低的特性，包括事务、参照完整性和存储过程（这些特性增加了服务器和复杂性，并且导致了性能碰撞）。尽管 MySQL 后期版本包括对事务的支持，但允许用户选择使用（失去一些性能权衡）还是不使用（继续高效率地运作），这种选择甚至可以在表的基础上使用，为性能达到最大化提供了细微的优化。

从 MySQL 4.0 开始，MySQL 扩展了一个新特性，即查询高速缓冲存储器，它快速缓存常用查询的结果，并且把这些存储数据返回给调用者，而不必每次重新执行这个查询，这样就显著地改进了系统的性能（如 Oracle，仅仅存储缓存执行计划，而不存储结果。它们仍然需要执行查询，包括所有的连接，并且在每次运行时都要重新获得查询结果）。MySQL 基准程序声称这个特性以 200 多个百分点改进了系统的性能，而且在客户端不要求特别的程序设计。

2. 高可靠性

MySQL 的每一个新版本都必须经过 MySQL 的一系列内部测试和 MySQL 的 crash - me 工具测试。此外，MySQL 巨大的用户群有助于快速查找和解决存在的缺陷，并且能在各种环境中测试软件，这种方法造就了几乎没有缺陷的软件，MySQL 提供了最大的可靠性和正常运行时间。

3. 易使用

MySQL 易使用，初学者在几小时内就可以领会它的基本知识，并且能得到很好的支持，如一本详细的手册、大量的免费在线指南、一个知识渊博的开发者社区以及大量的书籍（本书就是其中之一）。同时，许多基于浏览器和其他方式的图形工具能够简化用于控制与管理 MySQL 数据库服务器的任务。

4. 易移植

MySQL 对 UNIX 和非 UNIX 操作系统都适用，包括 Linux、FreeBSD、OS/2、Mac OS 以

及 Windows95/98/Me/2000/XP 和 NT，它可以在一系列体系结构上运行，包括 Intel x86、Alpha、SP ARC、PowerPC 和 IA64，它还支持从低档的 386 系列到高档的 Pentium 机器和 IBM zSeries 大型机等很多的硬件配置。MySQL 应用程序编程接口（Application Programming Interface，API）面向很多编程语言，因此，用自己的语言写出数据库驱动的应用程序是可能的。当前，MySQL 与 C、C++、ODBC（Open DataBase Connectivity，开放数据库互联）、Java、PHP、Perl、Python 和 Tel（工具命令语言）有接口。

5. 开源性

用户可以免费下载和修改符合自己需要的应用程序的源代码，并且可以免费使用它来增强自己的应用程序，这个公开许可政策促进了 MySQL 的普及，成就了一个积极而又富有热情的 MySQL 开发者和使用者全球化社区。

1.6　数据库应用系统的开发过程

从软件工程的角度看，任何一个应用系统的开发，大体都分为需求分析、系统设计、系统实现、系统测试、系统维护五个阶段，如图 1-11 所示。

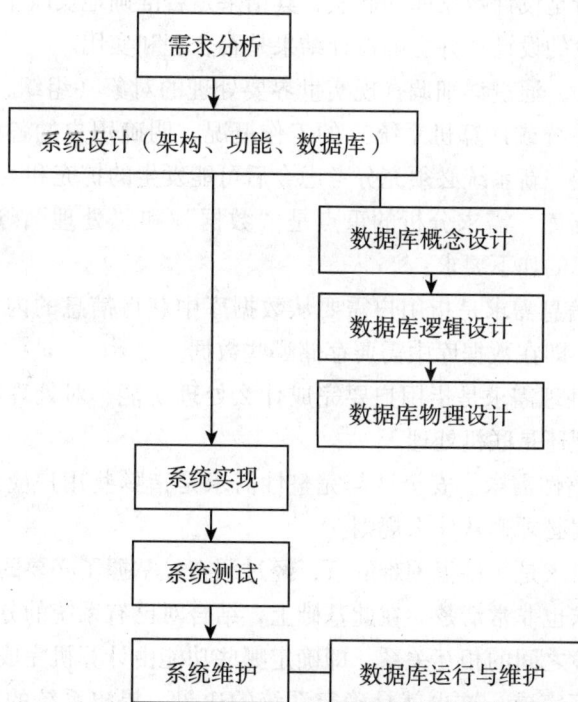

图 1-11　软件工程中的系统开发过程

1.6.1 需求分析

需求分析阶段的目的是得到待解决问题的完整描述、了解环境对系统的需求和系统对环境的要求。环境对系统的要求可能包括硬件要求、支撑软件要求以及待开发软件的预期用户数量的要求。需求分析阶段解决的问题包括以下内容：

（1）所要开发的软件的功能。

（2）系统将来可能进行的扩展。

（3）需求的文档数量和种类。

（4）系统的反应时间和其他性能需要。

在需求分析阶段越仔细，最终的系统就越有可能符合期望。为了达到这个目的，需要各种人员（包括客户、预期用户、设计者和编程人员等其他人员）参与其中并进行广泛合作，而这些人员通常有非常不同的背景，这也使得沟通工作并不容易。

数据库应用系统是建立在数据库基础上的，因此，数据库的需求是非常重要的内容，进行数据库设计，首先必须准确地了解与分析用户需求（包括数据和处理）。需求分析是整个设计过程的基础，是最困难、最耗时的一步，需求分析做得不好，甚至会导致整个数据库设计返工重做。需求分析是设计数据库的起点，其结果是否准确地反映了用户的实际要求，将直接影响后面各个阶段的设计，并影响设计结果是否合理和实用。

在需求分析过程中，通过详细调查现实世界要处理的对象（组织、部门、企业等），充分了解原系统（手工系统或计算机系统）的工作概况，明确用户的各种需求，然后在此基础上确定新系统的功能，新系统必须充分考虑今后可能发生的扩充和改变，不能仅仅按当前的应用需求来设计数据库。需求分析的重点是"数据"和"处理"，通过调查、收集与分析，获得用户对数据库的如下要求：

（1）信息需求。信息需求是指用户需要从数据库中获得信息的内容与性质，由信息要求可以导出数据要求，即在数据库中需要存储哪些数据。

（2）处理需求。处理需求是指用户要完成什么处理功能、对处理的响应时间有什么要求、处理方式是批处理还是联机处理。

（3）安全性与完整性需求。安全性与完整性需求是指哪些用户应当具备哪些相应的权限、进入数据库的数据必须遵从什么规则。

确定用户的最终需求是一件很困难的事，经过调查，掌握了必要的数据和资料，对数据的基本规律和用户要求也非常清楚。在此基础上，结合对已有系统的分析结果，要确定系统的范围及其与外部环境之间的相互关系，即确定哪些功能由计算机完成或将来准备由计算机完成、哪些功能由人工完成。这也就是确定系统的边界，提出系统的功能。需求分析完成后，应撰写"需求分析报告"，作为后续开发的基础性文档。

1.6.2　系统设计

系统设计阶段的主要问题是建立整个系统的模型，该模型可以用某种编程语言描述，并可以帮助用户解决问题。为此，把需要解决的问题分解成一些可以管理的模块或者组件，对这些模块或者组件的功能和相互之间的接口有极其精确的说明。

系统设计是数据库应用系统开发非常关键的工作，前期设计结果对最终系统的质量有重大影响，前期设计可以在系统的总体描述或者系统的架构描述中体现，这些系统架构可以被评估，成为一系列相似系统开发的模板，或者作为可重新利用组件开发的架构。系统的架构描述在当今软件开发项目中是一个重要的内容，可以采用目前的成熟架构，也可以自行设计框架。

在系统设计阶段，应该努力地将"是什么"和"怎样做"分离开来，要把精力集中在问题是什么上，而不是被怎样实现分散精力。

数据库应用系统的开发与普通应用程序的开发有所不同。数据库应用系统的设计突出数据设计的过程，应用系统的数据模型建立是应用系统的基础，如果这部分没有设计好，再好、再多的程序也会变得劳而无功。换句话说，数据库设计的优劣将直接影响数据库应用系统的质量和运行效果。因此，设计一个结构优化的数据库是对数据进行有效管理的前提和产生正确信息的保证。

数据库设计是将现实世界中的信息，根据数据库的组织结构约束，表现在计算机中。根据数据库休系结构，数据库分为用户级、概念级和物理级，分别对应外模式、模式和内模式。因此，数据库的设计可以分为三大部分：第一部分是数据库的概念设计，通过分析业务，提炼数据实体，建立概念模型；第二部分是逻辑设计，按照概念模型，转换为 DBMS 要处理的数据库全局逻辑结构，也包括对应用户级的外模式；第三部分是数据库的物理设计，它是在逻辑结构已确定的前提下设计数据库的存储结构，即对应物理级的内模式。

1. 概念设计

概念设计是整个数据库设计的关键，它通过对用户需求精心综合、归纳与抽象，形成一个独立于具体 DBMS 的概念模型，概念设计的结果就是实体 – 联系模型（第 3 章中会详细讲述）。

2. 逻辑设计

逻辑设计是将概念结构转换为某个 DBMS 所支持的数据模型（关系模型），并对其进行优化，逻辑设计的结果就是一系列的表和表中包含的字段定义（逻辑设计与概念设计相辅相成、一一对应，确定什么样的概念结构，就会对应产生什么样的逻辑结构，第 3 章中会详细讲述）。

3. 物理设计

物理设计是为逻辑数据模型选取一个最适合应用环境的物理结构（包括存储结构和存

储方法），不同的 DBMS 所支持的物理结构不完全一样，但是几乎所有的 DBMS 均支持索引，数据库物理设计的结果可以理解为在哪些表上创建什么样的索引，以及数据库文件的存储路径、占用磁盘分配方案等。

系统设计阶段的结果——设计说明（技术规范），是系统实现阶段的起点。如果可能，设计说明最好形成正式的印刷版，以备各开发人员使用。在设计说明中，应包括设计工具和系统支撑环境的选择，选择哪种数据库、哪几种开发工具、支撑目标系统运行的软硬件及网络环境等；怎样组织数据，即数据库的设计，包括设计的表的表名、表的结构、字段名称、字段类型、字段长度、约束关系、字段间的约束关系、表间的约束关系、表的索引等；系统界面的设计、菜单、表单等；系统功能模块的设计，对一些较为复杂的功能，还应该进行算法设计。

1.6.3　系统实现

在系统设计阶段，模块或者组件及其界面的描述给整个设计定下了一个大体结构。在系统实现阶段，把精力集中于单个模块或者组件，因为从模块或者组件设计到可执行代码常常跨度太大，在这种情况下，可以利用一些高级的、类似于编程语言的标记，如伪代码，在一个更高、更抽象的层次上进行。在伪代码中，每一条指令占一行，书写上的"缩进"表示程序中的分支或者循环程序结构，伪代码只是像流程图一样用在程序设计的初期，帮助写出程序流程。简单的程序一般都不用写流程、写思路，但是对于复杂的代码，最好还是把流程写下来，从总体上考虑整个功能如何实现。写完后，不仅可以用来作为以后测试、维护的基础，还可用来与他人交流。但是，如果把全部的东西都写下来必定可能会浪费很多时间，这时可以采用伪代码方式。程序员的第一目标应该是开发一个有充分依据的、可靠的、易读的、灵活的正确程序，而不是开发一个有效的但不易操作的程序。

针对数据库应用系统，系统实现阶段要运用 DBMS 提供的数据语言及其宿主语言，根据逻辑设计和物理设计的结果，建立数据库和数据表，定义各种约束，组织数据入库，制作系统菜单、系统表单、定义表单上的各种控制对象和编写对象对不同事件的响应代码，编写报表和查询等。

系统实现阶段的最终结果是生成了一个可以执行的程序。

1.6.4　系统测试

实际上，说系统测试阶段在系统实现阶段之后是不严谨的，这种说法暗示了在系统实现之前是不需要测试的，而事实并非如此，甚至可以说，这是人们所容易犯的最大错误之一。

即使在需求分析阶段，也要注意测试问题。在之后的阶段中，测试工作要继续并进行改进，越早发现错误，改正错误所花费的费用就越低。

系统测试阶段的任务就是验证系统设计与系统实现阶段所完成的功能能否稳定、准确地运行［验证（Verification）］、这些功能是否全面地覆盖并正确地完成了委托方的需求［确认（Validation）］，从而确认系统是否可以交付运行。系统测试工作一般由项目委托方或由项目委托方指定第三方进行。

在系统实现阶段，一般来说，设计人员会进行一些测试工作，但这是由设计人员自己进行的一种局部的验证工作，重点是检测程序有无逻辑错误，与这里所讲的系统测试在测试目的、方法及全面性方面还是有很大差别的。

1.6.5 系统维护

软件发布以后，仍旧可能发现一些错误。另外，系统的实际应用会产生变化和升级系统的需求，而所有这些变化都只用一个词"维护"来表示。因此，维护是指在软件发布以后，与保持系统的运作需要有关的所有活动。

这一阶段的工作主要有两方面：一是全部文档的整理交付；二是对所完成的软件数据、程序等打包并形成发行版本，使用户在满足系统所要求的支撑环境的任一台计算机上按照安装说明就可以安装运行。

数据库应用系统经过试运行之后，即可投入正式运行。在数据库系统运行过程中，必须不断地对其进行评价、调整和修改，这也是 DBA 的主要工作内容（见 1.3.4 小节）。关于建立在 MySQL 基础上的数据库应用系统的数据库维护参见第 9 章。

〖本章小结〗

本章从人们身边常用的数据库应用系统开始，明确了数据库技术的研究目标——数据管理。在数据管理方法上，可以采用文件系统的方式，也可以采用数据库系统的方式。通过文件系统和数据库方式的比较，理解了数据库技术的优势。本章给出了数据库、数据库管理系统、数据库应用系统的概念，以及数据库的特点、数据库管理系统的功能、数据库系统的组成。

本章系统地学习了数据模型的三个部分，即数据结构、数据操纵和数据完整性规则。根据三个部分的区别，数据模型分为网状模型、层次模型和关系模型，建立在三种不同数据模型上，相应地有网状数据库管理系统、层次数据库管理系统和关系数据库管理系统，目前，关系数据库管理系统占市场主导地位。MySQL 就是一种应用十分广泛的关系数据库管理系统，MySQL 是由瑞典的 MySQL AB 公司开发、发布并支持的开放源码的小型关系数据库管理系统，具有高性能、高可靠性、易使用、易移植、开源性等特性。

无论哪一种数据库管理系统，都遵循数据库体系结构，即外模式、模式和内模式。正是由于遵循三级模式、二级映像的体系结构，才从逻辑独立性和物理独立性两方面保证了数据库的数据独立性。MySQL 中的视图属于外模式，基本表属于模式，索引属于内模式。

学习数据库，最终是要在理解数据库技术的内容后，开发应用系统。本章简要说明了数据库应用系统的开发过程，即需求分析、系统设计（架构、功能、数据库）、系统实现、系统测试、系统维护。其中，关于数据库设计的部分将在第3章结合"汽车用品网上商城"的实例详细讲解。

关系模型作为常用的一种数据模型，同样也可以从数据结构、数据操纵、数据完整性规则的角度来理解，第2章将详细讲述关系模型的内容和操纵关系数据库的标准化语言 SQL。

〔习题与思考〕

1. 数据库研究的目标是什么？
2. 名词解释：数据库、数据库管理系统、数据库系统。
3. 试述文件系统与数据库系统的区别和联系。
4. 试述数据库的特点。
5. 试述数据库管理系统的功能。
6. 试述数据库系统的组成。
7. 数据模型的组成有哪些？
8. 数据模型的类型有哪三种？
9. 结合数据库体系结构，论述数据库的数据独立性。
10. MySQL 的特点有哪些？
11. 数据库应用系统的开发过程包括哪些阶段？
12. 数据库的设计分为哪三个步骤？

第 2 章 关系模型与关系数据库

本章导读

　　从第 1 章可以看出，在当前数据库领域中，使用最广泛的是关系数据库，即使非关系数据库系统，也大都提供关系操纵接口。关系数据库建立在关系模型的基础上，本章重点介绍关系模型与关系数据库。关系模型包括关系数据结构、关系数据操纵、关系数据完整性规则三个部分。在关系模型中，以关系为单位存放数据，关系数据操纵通过关系代数来说明关系和关系之间的运算规则。关系代数运算又分为传统的集合运算（并、交、差、笛卡儿积）、专门的关系运算（选择、投影、连接、除）。SQL 是常用的关系数据库标准操纵语言，所有的关系数据库均支持 SQL。SQL 建立在关系代数运算的基础上，本章简单介绍 SQL 语言。

　　正如学会了数值上的加、减、乘、除四则运算，可以十分自如地处理日常生活中的计算（操纵计算器）一样，学会了关系上的关系代数运算，也可以十分自如地操纵关系数据库中的关系（操纵 MySQL）。因此，关系代数的基本运算和关系数据库的概念是本章的重中之重，是今后 MySQL 数据库学习的重要基础。

学习目标

1. 理解关系模型要素。
2. 掌握传统的集合运算。
3. 掌握专门的关系运算。
4. 理解关系数据库与 SQL。

2.1 关系模型

　　第 1 章介绍了数据库的出现是为了解决文件系统管理数据的局限。在关系数据库出现之前，已经有了层次数据库和网状数据库的商业化软件，因此，可以说，数据库的前辈是文件系统，而关系数据库的前辈是网状数据库和层次数据库。网状数据库和层次数据库已经很好地解决了数据的集中与共享问题，但是在数据的独立性和抽象级别上仍有很大欠缺，用户在对这两种数据库进行存取时，仍然需要明确数据的存储结构，指出存取路径，而后来出现的关系数据库较好地解决了这些问题。关系模型是目前最重要的一种数据模型，是关系数据库的理论基础。MySQL 作为一种关系数据库管理系统，是关系数据库理论的具体实践。

关系数据库理论出现于 20 世纪 60 年代末到 70 年代初，代表人物是 IBM 的研究员 Codd 博士，他以其对关系数据库的卓越贡献获得了 1981 年的 ACM 图灵奖，他被称为"关系数据库之父"。关系模型有严格的数学基础，抽象级别较高，而且简单、清晰，便于理解和使用，关系模型提供了关系操作的特点和功能要求，但不对 DBMS 的语言给出具体的语法要求。对关系数据库的操作是高度非过程化的，用户不需要指出特殊的存取路径，路径的选择由 DBMS 的优化机制来完成。

关系模型是以集合论中的关系概念为基础发展起来的。在关系模型中，无论实体还是实体间的联系，均由单一的结构类型——关系来表示。实际的关系数据库中的关系也称为表，一个关系数据库就是由若干个表组成的。

作为数据模型的一种，关系模型同样包括三个部分，即关系数据结构、关系数据操纵、关系数据完整性规则，下面详细讲述。

👉 **埃德加·弗兰克·科德**

如图 2-1 所示，埃德加·弗兰克·科德（Edgar Frank Codd，1923—2003）是美国密歇根大学哲学博士、IBM 公司研究员，被誉为"关系数据库之父"，并因为在 DBMS 的理论和实践方面的杰出贡献于 1981 年获得 ACM 图灵奖。1970 年，Codd 发表题为"大型共享数据库的关系模型"的论文，文中首次提出了数据库的关系模型。由于关系模型简单明了、具有坚实的数学理论基础，所以一经推出就受到了学术界与产业界的高度重视和广泛响应，并很快成为数据库市场的主流。20 世纪 80 年代以来，计算机厂商推出的 DBMS 几乎都支持关系模型，数据库领域中当前的研究工作大都以关系模型为基础。

图 2-1 埃德加·弗兰克·科德

【**例 2-1**】Codd 当年设想了一个关系数据库系统的雏形（也称为 Codd 模型），数据库中的数据保存在表中，每个表由一个或多个信息列组成，系统中以标准方法和函数的形式内置了对数据库中的数据进行添加、修改、提取的常用功能，用户可以通过调用函数完成对表中数据的操纵，具体做法如下：

如表 2-1 所示，该表中存放了所有船的信息，有两列，分别为 ShipID 和 ShipName，每一行数据中均有唯一标识符。在本例中为 ShipID 列，如第一行的唯一标识符为 1，第二行的唯一标识符为 2，依此类推，这个唯一标识符称为键（Key），用来标识特定的船的记录，这一列称为主键（Primary Key）列。

表 2-1　Codd 船表

ShipID	ShipName
1	Crystal
2	Elegance
3	Champion
4	Victorious

如表 2-2 所示为雇员的数据库表。该表由三列组成，分别是 EmployeeID、Name、ShipID。唯一标识符是 EmployeeID。

表 2-2　Codd 雇员表

EmployeeID	Name	ShipID
1	Smith	3
2	Mike	4
3	Alice	3

如果需要确定 Mike 在哪条船上工作，你该如何做呢？

自然地，你将会说是 Victorious。为此，首先要查看 Codd 雇员表，找到 Mike 的记录，然后将该记录的 ShipID 值与 Codd 船表"关联"，找出 ShipID 为 4 的记录，"关联"到名为 Victorious 的船。

例 2-1 显示了关系数据库管理系统中可能包含什么样的数据，以及将一个表中的数据"关联"到另一个表需要进行怎样的处理。

典型的关系数据库包含多个表，每个表包含了唯一标识，其中，很多表包含关键信息，用来将一个表中的行关联到另一个表中的行。例 2-1 中，在理论上，每条船的记录可以关联雇员表中的多条记录。换句话说，对于每一条船，可能会有多名雇员，这两个表之间具有一对多联系。

2.1.1　关系数据结构

关系模型中的"关系"一词是来源于数学的术语，与日常见到的二维表相似，但是如果在二维表中存在一行和一列的交点上的值多于一个，则不能称为关系。因此，只从二维表的角度很难准确表达关系的含义，只有通过严格的数学定义，才能准确表达关系模型中关系的含义。通过对表 2-1 和表 2-2 的理解，在二维表中，为了存放数据，往往一行表达一条记录，对应现实世界中的一个实体，如船只或者雇员。一条记录又包括若干属性的描述，如雇员可以通过 EmployeeID、Name 两个属性描述。对这些日常常见的现象，人们早已十分熟悉，但是如何更加准确地表达，还得理解以下一些术语：

1. 关系与二维表

从用户的观点看，关系模型采用关系表达数据，一个关系数据库就是若干个关系的集合，每个关系的数据结构是一个规范化的二维表。所谓规范化，是指每一行和每一列的交点上只能有一个值，或者说，每一列都是不可再分的原子项。

【例 2-2】表 2-3 展现了一个商品信息的二维表。下面以此为例，介绍关系模型中的一些术语。

表 2-3　商品信息表

商品编号	商品名称	商品价格	商品数量	生产日期	商品类别
P001	键盘	102	1 114	20140105	计算机设备
P002	打印纸	66	2 030	20141222	计算机耗材
P003	鼠标	20	1 056	20130206	计算机设备
P004	墨盒	305	1 253	20131008	计算机耗材
P005	刀片	2	214	20150123	文具
P006	钢笔	15	123	20150326	文具

（1）关系。一个关系对应实际应用中的一个二维表，如表 2-3 所示的商品信息表就是一个关系［在关系数据库 MySQL 中就是一个表（Table）］。

（2）元组。表中的一行或者一条记录即为一个元组。例如，表 2-3 中有 6 个元组或者 6 条记录（在关系数据库 MySQL 中就是一个表的一行）。

（3）属性。表中的一列即为一个属性，给每个属性起一个名称即为属性名（在关系数据库 MySQL 中就是一个表的一列）。例如，表 2-3 中有 6 列，对应 6 个属性（商品编号、商品名称、商品价格、商品数量、生产日期、商品类别）。

（4）键。表中可以唯一标识每一个元组的最小属性组称为候选键。候选键可能是一个属性，也可能是多个属性。一个表可能有一个候选键，那么该候选键就是表的主键；也可能有多个候选键，主键是候选键中的一个。一个表只能有一个主键（在关系数据库 MySQL 中就是一个表的主键或者唯一性约束，参见 4.4 节）。例如，表 2-3 中的"商品编号"，可以唯一标识一个商品，即为这个关系的候选键。只有一个候选键，所以"商品编号"也是该表的主键。

（5）域。域是指属性的取值范围，是一组具有相同数据类型的值的集合，可以是自然数、实数、字符串集合、日期等（在关系数据库 MySQL 中可以理解为数据类型，参见 4.3 节，也可以进一步理解为每个字段的取值范围约束）。例如，人的年龄一般都为 1～150，性别的属性的域是（男，女），商品价格、商品数量一般都不小于 0，商品类别的域是所有商品类别的一个集合。

（6）分量。分量是元组中的一个属性值，如表 2-3 中的"打印纸"是属性"商品名称"的一个值，也称为分量。分量一般说在哪个属性上的分量。

（7）关系模式。关系模式是对关系的描述，包括关系名和关系中的属性，一般表示为

关系名(属性 1,属性 2,...,属性 n)

例如，表 2-3 中的关系可以表示为

商品(商品编号,商品名称,商品价格,商品数量,生产日期,商品类别)

在 MySQL 中创建的一个表形成一个关系模式，在 MySQL 中创建的若干个表或者若干个关系模式组成 MySQL 的数据库模式。

（8）关系模型要求关系必须是规范化的。关系必须满足一定的规范条件，其中最基本的一个就是，每一个分量都必须是一个不可分的数据项，也就是说，不允许表中还有表的情况。在图 2-2 中，"数学"和"语文"两个属性不是原子的，是可分的数据项，都可以再分为"平均分""标准差"两项，因此，图 2-2 中的这个表格不符合关系模型的要求，也就是说，这个表格不是一个关系。

班级	数学		语文		人数
	平均分	标准差	平均分	标准差	
2011121	87.3	5.443	77.9	7.122	33
...	...	...	...	...	...

图 2-2 一个班级成绩表格（表中有表）实例

关系中的术语与日常表格中的术语对比可以描述成表 2-4。

表 2-4 关系术语和表格术语

关系术语	表格术语
关系名	表名
关系模式	表头（表的描述）
关系	（一个）二维表
元组	记录或行

关系术语	表格术语
属性	列
属性名	列名
属性值	列值
分量	一条记录中的一个列值
非规范关系	表中有表（数据项非原子，可再分）

2. 关系的概念

前面从表的结构上来非形式化地介绍关系的概念。关系模型是建立在严格的数学概念基础上的。接下来，从数学角度上介绍关系的结构、定义以及关系模式。

从本质上来讲，关系是一个数学概念，关系操作就是集合操作，操作的对象是集合，操作的结果也是集合。因此，从集合论的角度给出关系数据结构的形式化定义是一件十分自然的事情，可以将关系模型置于严格的数学基础之上。

（1）笛卡儿积（Cartesian Product）。笛卡儿积是域上的一种集合运算。给定一组域 D_1，D_2，$\cdots$，D_n，这些域中可以有相同的元素。D_1，D_2，$\cdots$，D_n 的笛卡儿积为

$$D_1 \times D_2 \times \cdots \times D_n = \{(d_1, d_2, \cdots, d_n) \mid d_i \in D_i, i = 1, 2, \cdots, n\}$$

其中，每一个元素 $(d_1, d_2, \cdots, d_n)$ 称为一个元组，元素中每一个值 d_i 称为元组分量。

若 D_i（$i = 1, 2, \cdots, n$）为有限集，分别包含 m_i（$i = 1, 2, \cdots, n$）个元素，则 $D_1 \times D_2 \times \cdots \times D_n$ 包含的元组个数为

$$M = \prod_{i=1}^{n} m_i = m_1 \times m_2 \times \cdots \times m_n$$

笛卡儿积实际上就是一个二维表。表中每一行对应一个元组，每一列对应一个域。

【例 2-3】给出以下 3 个域：

$$D_1 = 用户名集合\ Name = \{李广，王开基，安利德\}$$

$$D_2 = 城市集合\ City = \{北京，上海\}$$

$$D_3 = 性别集合\ Sex = \{男，女\}$$

则 D_1、D_2、D_3 的笛卡儿积为

$$
\begin{aligned}
D_1 \times D_2 \times D_3 = \{ &（李广，北京，男），（李广，北京，女），（李广，上海，男），\\
&（李广，上海，女），（王开基，北京，男），（王开基，北京，女），\\
&（王开基，上海，男），（王开基，上海，女），（安利德，北京，男），\\
&（安利德，北京，女），（安利德，上海，男），（安利德，上海，女）\}
\end{aligned}
$$

其中，（李广，北京，男）、（李广，北京，女）等都是元组，李广、王开基、北京、男等都是分量。

该笛卡儿积包含的元组个数为 $3 \times 2 \times 2 = 12$，也就是说，$D_1 \times D_2 \times D_3$ 一共有 12 个元组，这 12 个元组可以列成一个二维表，如表 2-5 所示。

表 2-5 $D_1 \times D_2 \times D_3$ 的元组表

Name	City	Sex
李广	北京	男
李广	北京	女
李广	上海	男
李广	上海	女
王开基	北京	男
王开基	北京	女
王开基	上海	男
王开基	上海	女
安利德	北京	男
安利德	北京	女
安利德	上海	男
安利德	上海	女

（2）关系的数学定义。域 $D_1, D_2, \cdots, D_n$ 上的笛卡儿积 $D_1 \times D_2 \times \cdots \times D_n$ 的子集称为在域 $D_1, D_2, \cdots, D_n$ 上的关系，表示为

$$R(D_1, D_2, \cdots, D_n)$$

其中，R 表示关系的名字，n 为关系中属性的个数或者这个关系对应域的个数。

关系中的每个元素是关系中的元组，即笛卡儿积的子集的元素 $(d_1, d_2, \cdots, d_n)$，值 d_i 为元组的第 i 个分量，通常用 t 表示元组。

关系的数学定义可以理解如下：关系是建立在一组域基础上的笛卡儿积的有限子集，所以关系也是一个二维表，表的每一行对应一个元组，每一列对应一个域。因为域可以相同，所以为了区分每一列，必须给它们分别起名，称为属性。

（3）$D_1, D_2, \cdots, D_n$ 上的笛卡儿积的某个子集才有实际意义。不难看出，在表 2-5 中，许多元组是没有意义的，因为一个人的性别不可能既是男，又是女（假设没有重名，一个名字只代表一个人）。因此，表 2-5 中的一个子集才是有意义的，才可以表示一个人的某些基本信息，这里把该关系取名为 Client。如表 2-6 所示，李广和王开基都在北京，李广为女，王开基为男；安利德在上海，是个女性。

表 2-6 Client 关系

Name	City	Sex
李广	北京	女
王开基	北京	男
安利德	上海	女

直接把域名作为 Client 关系的属性名，即 Name、City、Sex，则这个关系可以表示为
Client(Name,City,Sex)

（4）键。键是关系模型的一个重要概念，分为主键和外键（Foreign Key）。通常键由一个或几个属性组成。

① 主键。在一个关系中，如果一个属性组能唯一标识元组，且不含有多余的属性，那么这个属性组可以称为关系的主键。也就是说，主键是没有多余属性的能够唯一识别元组的属性组，包含在主键中的各个属性称为主属性，不包含在主键中的属性称为非主属性。

在最简单的情况下，主键只包含一个属性，但是主键不一定只包含一个属性。例如，在表 2-7 所对应的关系中，"商品名称"不能唯一地区分不同的商品，不是关系的主键；"商品号"能区分不同的商品，是关系的主键。在实际使用中，表的主键作为标识表中不同行的标志。

表 2-7 商品关系

商品号	商品名称	商品价格	商品数量	商品描述	商品图片	类别号
1	《高等数学》	25	322	本科高等数学教材……	gaodengshuxue. img	3
2	充电台灯	65	563	可充电台灯……	chongdiantaideng. img	4
3	羊毛围巾	199	115	纯羊毛……	yangmaoweijin. img	1
…	…	…	…	…	…	…

② 外键。若一个关系 R 中包含另一个关系 S 的主键所对应的属性组 F，则称 F 为 R 的外键。也就是说，在关系 R 中有属性组 F，但 F 又是关系 S 的主键，这时，称关系 R 为参照关系或者子关系，称关系 S 为被参照关系或者父关系。

在关系模型中，一个关系往往表达一个现实中的实体，关系的属性表达实体的属性。例如，商品实体、商品类别实体、客户实体分别对应一个关系，关系中的属性描述了商品、商品类别、客户的属性。实体与实体之间的联系通过外键（公共的属性）来表达。

【例 2-4】表 2-7 和表 2-8 组成一个关系数据库，商品关系和类别关系分别为
商品(商品号,商品名称,商品价格,商品数量,商品描述,商品图片,类别号)
类别(类别号,类别名称,类别描述)

表 2 - 8 类别关系

类别号	类别名称	类别描述
1	服饰类	服装、围巾、帽子饰品……
2	鞋包类	男鞋、女鞋、各类箱包……
3	书籍类	各种专业书籍、教材、漫画、文学著作……
4	电器类	各种家用电器、电子产品……
…	…	…

商品关系的主键为"商品号",类别关系的主键为"类别号"。在商品关系中,"类别号"是外键。更确切地说,"类别号"是类别关系的主键,将它作为外键放在商品关系中,实现两个表之间的联系。在关系数据库中,表与表之间的联系就是通过公共属性实现的,这个公共属性是一个表的主键和另一个表的外键。

2.1.2 关系数据操纵

关系模型的第一部分关系数据结构说明了关系模型中以关系为单位组织存放数据,关系模型的第二部分是关系数据操纵,关系数据操纵能力通过关系代数来表达,关系代数只是从逻辑上说明了关系模型下对数据的操作过程,但不对关系型 DBMS 语言给出具体的语法要求。也就是说,不同的关系型 DBMS 可以定义和开发不同的语言来实现这些操作。

在关系模型中,常用的关系操作有查询(Query)、插入(Insert)、删除(Delete)和修改(Update)几项,其中,关系的查询表达能力很强,是关系操作中最主要的部分。

查询操作可以分为选择(Select)、投影(Project)、连接(Join)、除(Divide)、并(Union)、差(Except)、交(Intersection)、笛卡儿积(Cartesian Product)等,这几项查询操作组成关系代数。关系代数作为关系模型中的重要组成部分,将在 2.2 节中详细讲述。

关系代数的操作对象和结果都是关系,关系是集合,这种操作方式也称为一次一集合的方式。形成鲜明对比的是,非关系模型(如网状模型或者层次模型)的数据操作方式则为一次一记录的方式。

2.1.3 关系数据完整性规则

关系模型的完整性规则是对关系的一些约束。也就是说,关系中的值随着时间变化时应该满足一些约束条件,而这些约束实际上都是现实世界中的一些要求,并且任何关系在任何时刻都要满足这些语义约束。

关系模型提供了三类完整性约束:实体完整性约束、参照完整性约束和用户定义的完整性约束。其中，实体完整性和参照完整性是关系模型必须满足的完整性的约束条件，称为关系完整性规则，是关系的两个不变特性，应该由关系数据库管理系统自动支持；用户定义的完整性是应用领域需要遵守的约束条件，体现了具体领域中的语义约束。

1. 实体完整性规则

如表 2-7 和表 2-8 所示，商品关系的主键是"商品号"，类别关系的主键是"类别号"，这两个主键的值在表中是唯一的和确定的，只有这样，才能有效地标识每一个商品和每一类别。主键不能取空值（语法中采用 NOT Null 表达），空值（Null）不是 0，也不是空字符串，是没有值，或者是不确定的值，所以空值无法标识表中的一行。为了保证每一个实体都有唯一的标识符，主键不能取空值。

对于实体完整性规则的说明如下：

（1）实体完整性规则是针对基本关系而言的，一个基本表通常对应现实世界的一个实体集。例如，商品关系对应商品集合。

（2）现实世界中的实体是可区分的，即它们具有某种唯一标识。例如，每一种商品都是一个个体，是不一样的。

（3）关系模型中以主键作为唯一标识。

（4）主键中的属性，即主属性不能为空值。如果主属性取空值，则说明存在某个不可标识的实体，即存在不可区分的实体，这与第（2）点相矛盾，所以一定要有它的属性标识，这个规则称为实体完整性。

【例 2-5】如表 2-7 所示商品关系的主键是"商品号"，不包含空的数据项；如表 2-7 所示类别关系的主键是"类别号"，也不包含空的数据项。因此，这两个表都满足实体完整性规则。

2. 参照完整性规则

现实世界中的实体之间往往存在某种联系，在关系模型中，实体用关系描述，实体与实体之间的联系也是用关系来描述的，这样就自然存在关系与关系之间的引用。

在关系数据库中，关系与关系之间的联系是通过公共属性来实现的。这个公共属性是一个表的主键和另一个表的外键。

一个关系（子关系）的外键上的取值必须是另一个关系（父关系）的主键的有效值，或者是一个"空值"，这十分符合现实中的参照关系。例如，北京邮电大学所有学生组成一个关系（学号、姓名、所学专业），其中，一个学生的专业是"建筑工程"，显然是错误的，因为北京邮电大学没有"建筑工程"这个专业，也就是说，每一个北京邮电大学的学生的所学专业都应该是北京邮电大学开设的专业。

【例 2-6】继续参看表 2-7 与表 2-8，它们之间的联系是通过"类别号"实现的，"类别号"是表 2-7 的外键、表 2-8 的主键。两个表的具体联系可以用如下关系表示：

商品(商品号,商品名称,商品价格,商品数量,商品描述,商品图片,类别号)

类别(类别号,类别名称,类别描述)

其中，下划线标记的属性为主属性，即主键。这两个关系之间存在属性的引用，即商品关系引用了类别关系的主键"类别号"。显然，商品关系中的"类别号"必须是实际有意义的、存在的类别的类别号，即类别关系中有相关类别的记录。也就是说，商品关系中的这个"类别号"属性的取值需要参照类别关系的属性取值，或者"空值"；否则，就是非法的、没有现实意义的数据。

此外，在同一关系内部的属性之间也可能存在引用关系。也就是说，在一个关系中，一个属性值的集合可能是另一个属性值的子集。

【例 2-7】在如表 2-9 所示的类别（类别号,类别名称,类别描述,父类别号）关系中，"类别号"属性是这个关系的主属性，即主键，而"父类别号"属性是该类别所对应的更高一等级的类别号，它引用了这个关系中的"类别号"属性，即"父类别号"必须是确实存在的分类的类别号，或者是空值（该类别本身就是最大的分类）。

表 2-9　参照完整性实例

类别关系

类别号	类别名称	类别描述	父类别号
1	服饰类	服装、围巾、帽子饰品……	
2	鞋包类	男鞋、女鞋、各类箱包……	
…	…	…	…
12	女鞋	高跟鞋、平底鞋、长靴、短靴……	2
13	男装	皮夹克、衬衫、牛仔裤……	1

【例 2-8】生活中的类别与父类别。例如，在超市中，会有生鲜区、生活用品区等，而生鲜区又分为果蔬和肉类两部分，果蔬还可以分为水果和蔬菜，……在这样的分类结构中，生鲜就是果蔬和肉类的父类别，而果蔬又是水果和蔬菜的父类别。

例 2-6～例 2-8 说明，关系与关系之间、某些关系的属性与属性之间存在相互引用、相互约束的情况，下面从概念的角度，用形式定义的方式来讲述参照完整性规则。

参照完整性规则的形式定义如下：如果属性集 K 是关系模式 $R1$ 的主键，K 也是关系模式 $R2$ 的外键，那么，在 $R2$ 的关系中，K 的取值只允许两种可能：或者为空值，或者等于 $R1$ 关系中的某个主键值。

在使用这条规则时，有以下三点需要注意：

（1）外键和相应的主键可以不同名，只要定义在相同的值域上即可。

（2）$R1$ 和 $R2$ 也可以是同一个关系模式，表示同一个关系中不同属性之间的联系。例如，前面所说的表示类别与父类别之间的联系。

类别关系（类别号,类别名称,类别描述,父类别号）

R 的主键是"类别号"，而"父类别号"就是一个外键，表示"父类别号"的值一定要在这个类别关系中存在（某个"类别号"的值）。

（3）外键值是否允许为空值，应视具体问题而定。

3. 用户定义的完整性规则

任何关系数据库系统都应该支持实体完整性和参照完整性，这是关系模型所要求的。除此之外，不同的关系数据库系统根据其不同的应用环境，往往还需要一些特殊的约束条件。用户定义的完整性就是针对某一具体关系数据库的约束条件。

用户定义的完整性约束反映某一具体应用所涉及的数据必须满足的语义要求，系统应提供定义和检验这类完整性的机制，以便用统一的系统方法处理它们，不再由应用程序承担这项工作。例如，商品价格和商品数量应该大于或等于零、用户的性别不是男就是女等。

MySQL 中支持以上三种完整性约束，具体语句语法参见 4.4 节。

2.1.4 关系模型的优缺点

关系模型与非关系模型不同，它的数据结构简单、清晰，让用户觉得易懂、易用，所以关系模型诞生以后发展迅速，建立在关系模型基础上的关系型 DBMS 深受用户的喜爱。

1. 关系模型的优点

关系模型或者关系数据库的优点可以概括如下：

（1）关系模型是建立在严格的数学概念基础上的。

（2）无论实体还是实体与实体之间的联系，都用关系来表示，对数据的检索结果也是关系，因此，概念单一，其数据结构简单、清晰。

（3）在关系模型中，用户只需要提出查询要求，不需要关心查询如何执行，从而具有更高的数据独立性、更好的安全保密性，简化了程序员的工作。

2. 关系模型的缺点

当然，关系数据库也是有缺点的。其中，最主要的缺点就是关系与关系之间的连接运算消耗不小的计算机资源（空间和时间），所以它的查询率往往不如非关系模型。因此，为了提高性能，DBMS 增加了对用户的查询请求进行优化，这就增加了开发 DBMS 的难度。不过，对普通用户而言，这些 DBMS 系统内部的优化技术是不需要特别关注的。

关系型 DBMS 提供了对二维表格进行操作的通用程序包，使用关系型 DBMS，应用程序开发人员可以把主要的精力集中在如何编写程序实现最终用户的业务需求上。当需要存取数据时，可以使用（调用）关系型 DBMS 提供的相关功能。

在关系数据库中，"关系"对应"表"，表的列包含域属性，表的行包含对应业务中的实体记录。数据库设计者在设计关系时，不应把现实中的表格直接转换成关系，因为现实中的表格可能是不规范的，数据项可能是不原子的。另外，现实中的表格可能没有考虑主、外键之间的参照关系，数据库设计者应该充分理解关系模型的本质，考虑让关系尽可能结构化一些。

【例 2 − 9】 为了对比结构差的关系和结构好的关系之间的差别,以图书管理系统中的图书和图书借阅者关系为例来说明。假若设计关系为

$R1$(借阅者的图书证号,学号,姓名,性别,出生年月,民族,系别,图书编号,入库时间,图书名称,作者,出版社,出版日期,价格,数量)

这个关系的问题在于,它有关于两个不同主题的数据,即图书借阅者和图书。用这种方式构成的关系在进行修改时会出现问题,因为一个图书借阅者可能借阅多本书,如果某个图书借阅者的某个字段(如"系别")出现变化,它所借阅的图书记录(可能有多个)也必须变化,这在同一个关系中是不好的,因此,两个不同主题的实体数据分别表示,用两个关系:

$R1$(借阅者的图书证号,学号,姓名,性别,出生年月,民族,系别)

$R2$(图书编号,入库时间,图书名称,作者,出版社,出版日期,价格,数量)

$R1$ 中的主键是"借阅者的图书证号",$R2$ 中的主键是"图书编号"。这样如果某个图书借阅者改变了他的系别,只有关系 $R1$ 的对应行需要改变。

为了进一步表达这两个实体之间的借阅联系,可以再用一个关系表达:

$R3$(借阅者的图书证号,图书编号,借阅日期)

$R3$ 中的"借阅者的图书证号"和"图书编号"都是外键,分别参照 $R1$、$R2$ 中的主键。

以上结果表明,将关系分别存储,在显示借阅者借阅情况时将它们结合起来,比把它们存储在一个合成的表中更好。

【例 2 − 10】 为了方便后续对关系运算以及 MySQL 中的数据操纵能力的讲解,下面给出一个包含三个表的、简化的销售管理关系数据库 CP,用来记录客户信息(如表 2 − 10 所示)、商品信息(如表 2 − 11 所示)、订单信息(如表 2 − 12 所示)。客户表中包含客户 ID(Cid)、客户姓名(CName)、客户性别(CSex)、客户出生日期(CBrith)、客户所在城市(CCity),每一条记录表示一个客户,"客户 ID"为客户表的主键;商品表中包含商品 ID(Pid)、商品名称(PName)、商品价格(PPrice)、商品数量(PQuantity)、商品生产日期(PDate)、商品类别(PCategory),每一条记录表示一个商品,"商品 ID"为商品表的主键;订单表中包含订单 ID(Oid)、订单中客户 ID(Cid)、订单中商品 ID(Pid)、商品数量(Oqty)、订单日期(Odate)、订单金额(Dollars),每一条记录表示一个订单,"订单 ID"为订单表的主键,"客户 ID""商品 ID"为订单表的外键。

表 2 − 10　客户 Clients 信息表 C

Cid	CName	CSex	CBrith	CCity
C01	李广	女	2001 − 02 − 04	北京
C02	王开基	男	2002 − 05 − 26	北京
C03	安利德	女	2001 − 10 − 19	上海
C04	李士雄	男	2002 − 11 − 28	天津

表 2-11　商品 Products 信息表 P

Pid	PName	PPrice	PQuantity	PDate	PCategory
P001	键盘	102	14	2014 - 01 - 05	计算机设备
P002	打印纸	66	30	2014 - 12 - 22	计算机耗材
P003	鼠标	20	56	2013 - 02 - 06	计算机设备
P004	墨盒	305	53	2013 - 10 - 08	计算机耗材
P005	刀片	2	14	2015 - 01 - 23	文具
P006	钢笔	15	23	2015 - 03 - 26	文具

表 2-12　订单 Orders 信息表 O

Oid	Cid	Pid	Oqty	Odate	Dollars
D0001	C01	P001	1	2015 - 01 - 07	102
D0002	C01	P005	5	2015 - 02 - 21	10
D0003	C01	P006	2	2015 - 04 - 09	30
D0004	C02	P002	1	2015 - 03 - 08	66
D0005	C02	P001	2	2015 - 04 - 20	204
D0006	C03	P003	3	2015 - 01 - 19	60

2.2　关系代数

关系代数是一种抽象的查询语言，是关系模型中对于关系操纵的具体呈现，目的在于演示一个查询语言从关系数据库系统中检索信息的能力。从 2.1 节已经知道，在关系数据库系统中用表的形式存储信息，关系代数就是演示一个表上或者多个表之间的运算能力。关系代数可以看作根据已有表如何生成新表的方法的集合，这些方法统称为关系代数运算，这些关系代数运算对于理解后面章节中 SQL 查询是如何被执行的非常有用。

☞　　　　**关系代数运算的对象是关系，运算的结果也是关系**

任何一种运算都是将一定的运算符作用于一定的运算对象上，得到预期的运算结果，所以运算对象、运算符、运算结果是运算的三大要素。关系代数运算的对象是关系，运算的结果也是关系。

广义的关系代数的运算符包括四类：集合运算符、专门的关系运算符、比较运算符和逻辑运算符，如表 2-13 所示。

表 2-13 关系代数的运算符

运算符		含义	运算符	含义
集合运算符	∪	并	比较运算符	> 大于
	∩	交		≥ 大于等于
	-	差		< 小于
	×	笛卡儿积		≤ 小于等于
				= 等于
				≠ 不等于
专门的关系运算符	σ	选择	逻辑运算符	⌐ 非
	Π	投影		∧ 与
	∞	连接		∨ 或
	÷	除		

比较运算符和逻辑运算符在其他课程中已经讲到，或者说，在其他的编程语言中也十分常用，这两种运算符是用来辅助前两种运算符进行操作的，在此不再专门讲述，MySQL 中的运算符参见 5.2 节。

狭义的关系代数的运算可按运算符的不同，分为传统的集合运算和专门的关系运算两类。本书中的关系代数主要讲述这两类。

2.2.1 传统的集合运算

传统的集合运算是二目运算，包括并（Union）、交（Intersection）、差（Difference）、笛卡儿积（Cartesian Product）四种运算。传统的集合运算将关系看作元组的集合，其运算是从关系的"水平"方向，即行的角度来进行的，如图 2-3 所示，并、交、差、笛卡儿积是"水平"方向的运算。

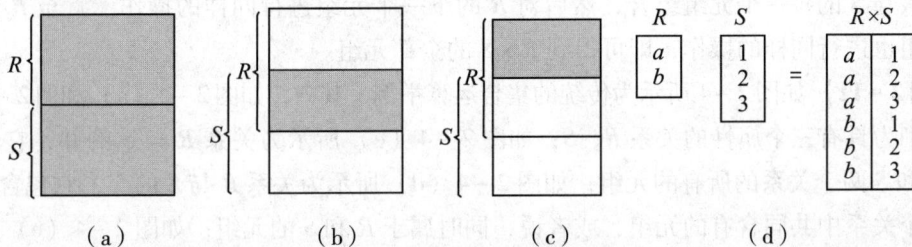

图 2-3 传统的集合运算示意图

(a) 并；(b) 交；(c) 差；(d) 笛卡儿积

设关系 R 和 S 都有 n 个属性,且相应的属性取自同一域,t 是元组变量,$t \in R$ 表示 t 是 R 的一个元组。

1. 并运算

R 和 S 的并为

$$R \cup S = \{t \mid t \in R \lor t \in S\}$$

含义:任取元组 t,当 t 属于 R 或 t 属于 S 时,t 属于 $R \cup S$。$R \cup S$ 是一个 n 目关系。

并运算的结果是由属于 R 的元组或属于 S 的元组共同组成的关系。

2. 交运算

R 和 S 的交为

$$R \cap S = \{t \mid t \in R \land t \in S\}$$

含义:当且仅当 t 属于 R 又属于 S 时,$t \in R \cap S$。

交运算的结果是由既属于 R 又属于 S 的元组组成的关系。

3. 差运算

R 和 S 的差为

$$R - S = \{t \mid t \in R \land t \notin S\}$$

含义:当且仅当 t 属于 R 并且不属于 S 时,t 属于 $R - S$。$R - S$ 也是一个 n 目关系。

差运算的结果是将 R 的元组中去掉属于 S 的元组剩余的元组组成的关系。

4. 笛卡儿积运算

设 R 包含 n 个列,S 包含 m 个列,则 R 和 S 的广义笛卡儿积为

$$R \times S = \{t_r \hat{} t_s \mid t_r \in R \land t_s \in S\}$$

其中,$t_r \hat{} t_s$ 表示由两个元组 t_r 和 t_s 前后有序连接而成的一个元组。

R 和 S 的笛卡儿积包含 $n + m$ 个列,其中,任何一个元组的前 n 列是关系 R 的一个元组,后 m 列是关系 S 的一个元组。若 R 有 K_1 个元组,S 有 K_2 个元组,则 $R \times S$ 有 $K_1 \times K_2$ 个元组。

关系的笛卡儿积运算非常类似于域上的笛卡儿积(参见 2.1.1 小节)。R 与 S 的笛卡儿积的结果是 R 中的元组和 S 中的元组的所有组合。在实际操作时,可从 R 的第一个元组开始,依次与 S 的每一个元组组合,然后对 R 的下一个元组进行同样的操作,直至 R 的最后一个元组也进行同样的操作,即可得到 $R \times S$ 的全部元组。

【例 2 – 11】如图 2 – 4 所示为传统的集合运算举例。其中,如图 2 – 4(a)和图 2 – 4(b)所示分别为具有三个属性的关系 R、S;如图 2 – 4(c)所示为关系 R 与 S 的并,它包含了属于 R 和 S 两个关系的所有的元组;如图 2 – 4(d)所示为关系 R 与 S 的交,它包含的是 R 和 S 两个关系中共同含有的元组,或者说,同时属于 R 和 S 的元组;如图 2 – 4(e)所示为关系 R 和 S 的差,是 $R - S$,包含属于 R 而不属于 S 的元组;如图 2 – 4(f)所示为关系 R 和 S 的笛卡儿积,即 R 中的元组和 S 中的元组的所有组合。

R		
A	B	C
a_1	b_1	c_1
a_1	b_2	c_2
a_2	b_2	c_1

（a）

S		
A	B	C
a_1	b_2	c_2
a_1	b_3	c_2
a_2	b_2	c_1

（b）

$R \cup S$		
A	B	C
a_1	b_1	c_1
a_1	b_2	c_2
a_2	b_2	c_1
a_1	b_3	c_2

（c）

$R \cap S$		
A	B	C
a_1	b_2	c_2
a_2	b_2	c_1

（d）

$R \times S$					
A	B	C	A	B	C
a_1	b_1	c_1	a_1	b_2	c_2
a_1	b_1	c_1	a_1	b_3	c_2
a_1	b_1	c_1	a_2	b_2	c_1
a_1	b_2	c_2	a_1	b_2	c_2
a_1	b_2	c_2	a_1	b_3	c_2
a_1	b_2	c_2	a_2	b_2	c_1
a_2	b_2	c_1	a_1	b_2	c_2
a_2	b_2	c_1	a_1	b_3	c_2
a_2	b_2	c_1	a_2	b_2	c_1

（f）

$R - S$		
A	B	C
a_1	b_1	c_1

（e）

图 2-4　传统的集合运算举例

2.2.2　专门的关系运算

专门的关系运算包括选择（Selection）、投影（Projection）、连接（Join）和除（Division）四种运算，其中，前两者为单目运算，后两者为二目运算。专门的关系运算涉及行和列，如图 2-5 中的选择、投影、连接、除运算。

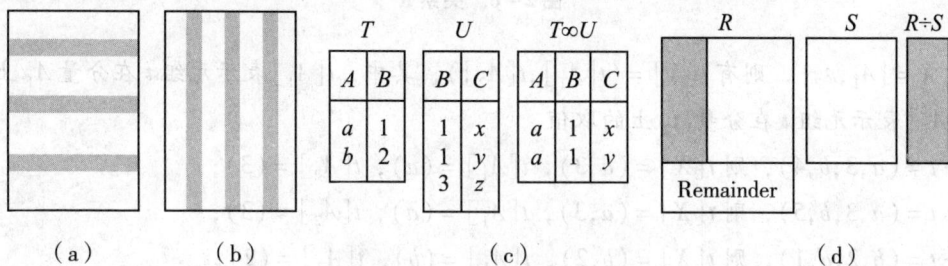

图 2-5　专门的关系运算示意图
（a）选择；（b）投影；（c）连接；（d）除

为了理解方便，首先介绍几个记号。

（1）设关系模式为 $R(A_1, A_2, \cdots, A_n)$，关系名为 R，$t \in R$ 表示 t 是 R 的一个元组，$t[A_i]$ 则表示元组 t 中相应于属性 A_i 的一个分量。

（2）$A = \{A_{i_1}, A_{i_2}, \cdots, A_{i_k}\}$，其中，$A_{i_1}$，$A_{i_2}$，$\cdots$，$A_{i_k}$ 是 A_1，A_2，$\cdots$，A_n 中的一部分，或

者说，A 是关系 R 的列的子集，A 称为属性列。$t[A] = \{t[A_{i_1}], t[A_{i_2}], \cdots, t[A_{i_k}]\}$ 表示元组 t 在属性列 A 上各分量的集合。

（3）关系 R 包括 n 列，关系 S 包括 m 列。$t_r {}^{\frown} t_s$ 表示由两个元组 t_r 和 t_s 前后有序连接而成的一个元组，即为 $R \times S$ 的一个元组。

（4）给定一个关系 $R(X, Z)$，X 和 Z 为 R 的属性组，当 $t[X] = y$ 时，y 在 R 中的像集 Z_y 定义为

$$Z_y = \{t[Z] \mid t \in R, t[X] = y\}$$

它表示 R 中在属性组 X 上的取值为 y 的所有元组在 Z 分量上的集合。

☞   **像集解释**

（1）关于记号 $t[X]$。t 表示元组，$t[X]$ 表示元组 t 在属性列 X 上分量的集合。换言之，$t[X]$ 表示元组 t 在属性列 X 上的"短"元组。说它短，是因为它只是元组 t 的一部分。

假设关系 R 如图 2−6 所示。

A_1	A_2	A_3	A_4
a	3	b	4
a	3	b	5
b	2	a	1
b	2	c	2
c	1	c	2

图 2−6 关系 R

设 $X = \{A_1, A_2\}$，则有 $t[X] = (t[A_1], t[A_2])$，其中，$t[A_1]$ 表示元组 t 在分量 A_1 上的取值，$t[A_2]$ 表示元组 t 在分量 A_2 上的取值。

令 $t = (a, 3, b, 4)$，则 $t[X] = (a, 3)$，$t[A_1] = (a)$，$t[A_2] = (3)$；

令 $t = (a, 3, b, 5)$，则 $t[X] = (a, 3)$，$t[A_1] = (a)$，$t[A_2] = (3)$；

令 $t = (b, 2, a, 1)$，则 $t[X] = (b, 2)$，$t[A_1] = (b)$，$t[A_2] = (2)$；

......

（2）关于"像集"。设 $X = \{A_1, A_2\}$，$Z = \{A_3, A_4\}$。

当 X 的值 $y = (a, 3)$ 时，$(a, 3)$ 在 R 中的像集 Z_y 为

$$Z_y = \{(b, 4), (b, 5)\}$$

当 X 的值 $y = (b, 2)$ 时，$(b, 2)$ 在 R 中的像集 Z_y 为

$$Z_y = \{(a, 1), (c, 2)\}$$

1. 选择运算

选择是指在关系 R 中选择满足给定条件的元组（从行的角度）。采用符号 σ 表示。

$$\sigma F(R) = \{t \mid t \in R, F(t) = '真'\}$$

F 是选择的条件，$\forall t \in R$，$F(t)$ 要么为真，要么为假；F 的形式由逻辑运算符连接算术表达式而成。算术表达式为 $X\theta Y$，其中，X、Y 是属性名、常量或简单函数，θ 是比较算符，$\theta \in \{>, \geqslant, <, \leqslant, =, \neq\}$。

【例 2 – 12】 在例 2 – 10 中的 CP 数据库上检索价格小于等于 10 的文具类商品。商品信息表 P（如表 2 – 11 所示）有"商品价格"和"商品类别"属性，在这两个属性上构造选择条件，即商品类别为"文具"，而且商品价格小于等于 10，可以采用选择运算：

$\sigma \text{PCategory} = '文具' \wedge \text{PPrice} <= '10'(P)$

结果为一条记录，如表 2 – 14 所示。

表 2 – 14　选择运算结果

Pid	PName	PPrice	PQuantity	PDate	PCategory
P005	刀片	2	14	2015 – 01 – 23	文具

选择是在一个关系中选取符合某个给定条件的部分元组，生成新的关系。选择是一个关系的水平运算，针对关系中的任意一行，如果该行满足选择条件，该行就在结果关系中。选择的结果往往是一个关系的子集，即结果关系中所有属性名都是原关系的属性名，结果关系中各元组都是原关系中的元组。

不难证明，下列等式是成立的：

σ 条件 $1(\sigma$ 条件 $2(R)) = \sigma$ 条件 $2(\sigma$ 条件 $1(R)) = \sigma$ 条件 $1 \wedge$ 条件 $2(R)$

因此，当有多个条件并列时，可以采用逻辑运算符将多个条件组合在一起对一个关系进行选择运算。

2. 投影运算

投影是指从关系 R 中取若干列组成新的关系（从列的角度）。采用符号 Π 表示。

$$\Pi_A(R) = \{t[A] \mid t \in R\}$$

其中，$A \subseteq R$，A 是 R 中已有属性的子集。

【例 2 – 13】 在例 2 – 10 中的 CP 数据库上列出所有商品的名称和价格。"商品名称"和"商品价格"是商品信息表所有列的子集，商品信息表（如表 2 – 11 所示）中只保留"商品名称"和"商品价格"两个属性的元组组成的结果关系。采用投影运算。

$\Pi \text{PName}, \text{PPrice}(P)$

结果如表 2 – 15 所示。

表 2 – 15　投影运算结果

PName	PPrice
键盘	102
打印纸	66
鼠标	20
墨盒	305
刀片	2
钢笔	15

投影表示关系 R 中各元组只保留部分属性中的诸分量后形成的新的关系。投影是一个关系的垂直运算，取消了原关系中的某些列，去掉了重复的元组，还可以改变属性的排列次序。

关系代数的运算结果也是关系，所以可以继续参加关系代数运算。

【例 2 – 14】在例 2 – 10 中的 CP 数据库上列出价格小于等于 10 的文具类商品的名称和价格，关系代数表达式为

$$\Pi \text{PName}, \text{PPrice}(\sigma \text{PCategory} = '文具' \wedge \text{PPrice} <= '10'(P))$$

该表达式中既有选择，又有投影，首先进行括号中的选择运算，选择的结果关系再参与投影运算。

3. 连接运算

连接运算又可以细分为内连接（Inner Join）和外连接（Outer Join）。在没有特别说明的情况下，两个表的连接通常指内连接运算。

（1）连接。连接通常指内连接，是从两个关系的笛卡儿积中选取给定属性间满足一定条件的元组。采用符号 ∞ 表示。

$$R \underset{A\theta B}{\infty} S = \{t_r \hat{\ } t_s \mid t_r \in R \wedge t_s \in S \text{ and } t_r[A] \theta t_s[B]\}$$

其中，A、B 为 R 和 S 上可比的属性列，θ 为算术比较符，实际上，

$$R \underset{A\theta B}{\infty} S = \sigma t_r[A] \theta t_s[B](R \times S)$$

【例 2 – 15】设图 2 – 7（a）和图 2 – 7（b）分别为关系 R 和关系 S，图 2 – 7（c）为 $R \underset{C<E}{\infty} S$ 的结果，R 与 S 进行连接运算，连接条件为 R.C < S.E，称为不等于条件连接；图 2 – 7（d）为连接 $R \underset{R.B=S.B}{\infty} S$ 的结果，R 与 S 进行连接运算，连接条件为 R.B = S.B，称为等值连接；图 2 – 7（e）为连接 $R \infty S$ 的结果，R 与 S 进行连接运算，连接条件为在 R 与 S 中都有的字段 B（公共属性）上相等，即 R.B = S.B.E，也称为自然连接。自然连接与等值连接大

体相同，只是最后结果中将相同的字段列进行了合并。

R		
A	B	C
a_1	b_1	5
a_1	b_2	6
a_2	b_3	8
a_2	b_4	12

（a）

S	
B	E
b_1	3
b_2	7
b_3	10
b_3	2
b_5	2

（b）

$R \infty S$ $C < E$

A	R.B	C	S.B	E
a_1	b_1	5	b_2	7
a_1	b_1	5	b_3	10
a_1	b_2	6	b_2	7
a_1	b_2	6	b_3	10
a_2	b_3	8	b_3	10

（c）

$R \infty S$ $R.B = S.B$

A	R.B	C	S.B	E
a_1	b_1	5	b_1	3
a_1	b_2	6	b_2	7
a_2	b_3	8	b_3	10
a_2	b_3	8	b_3	2

（d）

$R \infty S$

A	B	C	E
a_1	b_1	5	3
a_1	b_2	6	7
a_2	b_3	8	10
a_2	b_3	8	2

（e）

图 2 - 7　连接运算举例

正如 2.1 节中所说，关系与关系之间的联系是通过公共属性来实现的，连接运算正是对不同表之间的运算，所以连接运算在关系数据库中的应用十分频繁，这种运算可以将关系之间的相互关联表现出来。

【例 2 - 16】 在例 2 - 10 中的 CP 数据库上检索"李广"客户购买的商品名称和商品类别。客户姓名在 C 表（表 2 - 10）中，商品名称和商品类别在 P 表（表 2 - 11）中，而客户采购商品的信息在 O 表（表 2 - 12）中，因此，需要将三个表连接起来进行运算才可能满足检索要求。

$$\Pi_{PName,PCategory}\left(\sigma_{C.CName='李广'}\left(\begin{matrix}(C \infty O)\\ C.Cid=O.Cid\end{matrix} \underset{O.Pid \text{ and } P.Pid}{\infty} P\right)\right)$$

因为 C 表和 O 表有公共属性 Cid，O 表和 P 表有公共属性 Pid，而且连接条件都是等于，通常写成

$$\Pi_{PName,PCategory}(\sigma_{C.CName='李广'}(C \infty O \infty P))$$

结果如表 2 - 16 所示。

表 2 - 16　例 2 - 16 连接运算结果

PName	PCategory
键盘	计算机设备
刀片	文具
钢笔	文具

考虑下面的连接问题。

【例 2 - 17】在例 2 - 10 中的 CP 数据库上，检索每一个客户采购的商品编号和商品数量，可以通过以下连接运算：

$$\Pi Cid, CName, Pid, Oqty(C \infty O)$$

结果如表 2 - 17 所示。

表 2 - 17　例 2 - 17 连接运算结果

Cid	CName	Pid	Oqty
C01	李广	P001	1
C01	李广	P005	5
C01	李广	P006	2
C02	王开基	P002	1
C02	王开基	P001	2
C03	安利德	P003	3

在结果中少了 C04 李士雄的客户信息，究其原因，是 C 表和 O 表中的记录不能完全匹配：C 表中有 C01、C02、C03 和 C04，但是 O 表中只有 C01、C02 和 C03，以致 C 表中的 C04 在 O 表中找不到与之匹配的订单信息。

在实际应用中，面对连接运算两边的表，如果两边表中有不匹配的记录，但是还想将其体现在结果关系中，显然，以上的连接运算不够用，因此，关于连接还有外连接。

（2）外连接。表 $R(A_1, A_2, \cdots, A_n, B_1, B_2, \cdots, B_k)$ 和 $S(B_1, B_2, \cdots, B_k, C_1, C_2, \cdots, C_m)$ 的外连接 $R \infty o S$，行 t 属于表 $R \infty o S$，如果下列情况之一发生：

① 可连接的行 u、v 分别在 R 和 S 中，有 $u[B_i] = v[B_i](0 \leq i \leq k)$ 成立，此时，$t[A] = u[A]$，$t[B] = u[B]$，$t[C] = v[C]$。

② 表 R 中的一个行 u，使得 S 中没有一个可以与之连接的行，此时，$t[A] = u[A]$，$t[B] = u[B]$，$t[C] = $ Null。

③ 表 S 中的一个行 v，使得 R 中没有一个可以与之连接的行，此时，$t[A] = $ Null，$t[B] = $

$v[B]$, $t[C] = v[C]$。

由该定义知, 外连接保留了未匹配的行。也就是说, 外连接一端的表上的行, 即使在另一端上的表没有与之相匹配的连接列值, 也会出现在外连接的结果中。左连接 $R \infty l S$ 和右连接 $R \infty r S$ 只是因为需要在某一边上保留未匹配的行, 左连接保留了在操作符左边的未匹配行, 右连接保留了在操作符右边的未匹配行。

针对例 2−17, 在 CP 数据库上检索每一个客户采购的商品编号和商品数量, 可以通过左连接运算, 即

$$\Pi Cid, CName, Pid, Oqty(C \infty l O)$$

这样就会包含 C01、C02、C03 和 C04 所有客户的订单信息, 只是 C04 的 Pid、Oqty 均为 Null。

【例 2−18】图 2−8 中分别给出了关系 R 和关系 S, 以及基于这两个关系的外连接、左连接、右连接的结果。

R			S		外连接 $R \infty o S$			
A	B	C	B	E	A	B	C	E
a_1	b_1	5	b_1	3	a_1	b_1	5	3
a_1	b_2	6	b_2	7	a_1	b_2	6	7
a_2	b_3	8	b_3	10	a_2	b_3	8	10
a_2	b_4	12	b_3	2	a_2	b_3	8	2
			b_5	2	a_2	b_4	12	Null
					Null	b_5	Null	2

左连接 $R \infty l S$				右连接 $R \infty r S$			
A	B	C	E	A	B	C	E
a_1	b_1	5	3	a_1	b_1	5	3
a_1	b_2	6	7	a_1	b_2	6	7
a_2	b_3	8	10	a_2	b_3	8	10
a_2	b_3	8	2	a_2	b_3	8	2
a_2	b_4	12	Null	Null	b_5	Null	2

图 2−8 外连接运算举例

4. 除运算

除运算比较复杂, 先通过一个应用场景说明除运算的用途。考虑如下应用: 在例 2−10 中的 CP 数据库上检索采购过所有文具类商品的客户编号。

通过选择运算, 首先可以得到所有文具类商品的 Pid, 即

$$\Pi \text{Pid}(\sigma \text{PCategory} = '文具'(P))$$

该关系中有两个元组 {P005，P006}，如何能够得到采购过该关系中所有 Pid 的 Cid 呢？这就是除运算的应用场景。

除运算适用于求"所有"的应用场景，如采购过"所有"商品的客户、采购过"所有"文具类商品的客户、采购过"所有"价格小于 100 的商品的客户、被"所有"的北京客户采购过的商品、被"所有"男客户采购过的商品等。

除是在两个关系上进行的，是关系运算中最复杂的一种，这里要用到之前提到的像集的概念。

$$R(X,Z) \div S(Z,W) = \{y \mid y = t[X] \land t \in R \land Z_y \supseteq \Pi_Z(S)\}$$

【例 2 - 19】 在例 2 - 10 中的 CP 数据库上检索采购过所有文具类商品的客户编号。运用除运算：

$$\Pi \text{Cid},\text{Pid}(O) \div \Pi \text{Pid}(\sigma \text{PCategory} = '文具'(P))$$

除运算解析：ΠCid，$\text{Pid}(O)$ 关系如表 2 - 18 所示。

表 2 - 18　$\Pi \text{Cid},\text{Pid}(O)$ 关系

Cid	Pid
C01	P001
C01	P005
C01	P006
C02	P002
C02	P001
C03	P003

在 Cid 上有三种取值：C01、C02、C03。其中，C01 在 Pid 上的像集为 {P001，P005，P006}；C02 在 Pid 上的像集为 {P001，P002}；C03 在 Pid 上的像集为 {P003}。

$$\Pi \text{Pid}(\sigma \text{PCategory} = '文具'(P))$$

中有表 2 - 19。

表 2 - 19　$\Pi \text{Pid}(\sigma \text{PCategory} = '文具'(P))$ 关系

Pid
P005
P006

只有 C01 的像集包含

$$\Pi Pid(\sigma PCategory = '文具'(P))$$

所以结果如表 2 - 20 所示。

表 2 - 20 例 2 - 19 运算结果

Cid
C01

【例 2 - 20】除运算举例如图 2 - 9 所示。

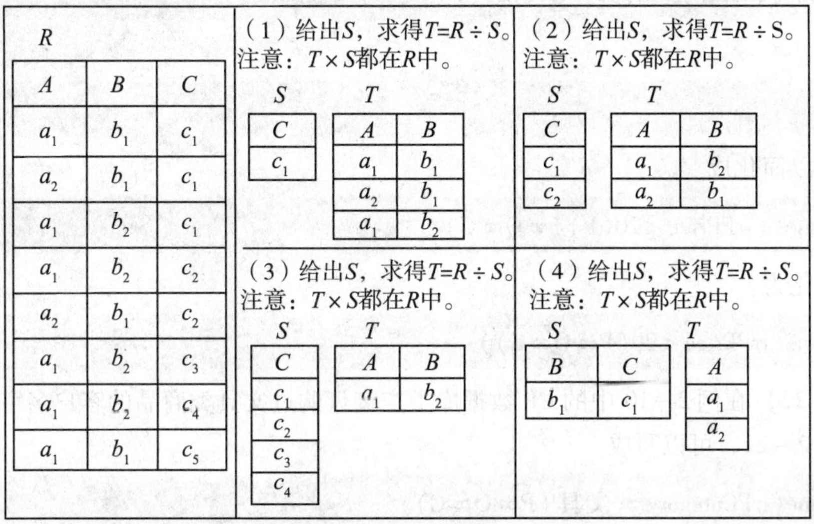

图 2 - 9 除运算举例

通过例 2 - 20 可以看出，商与除数的笛卡儿积在被除数中。可见，除是笛卡儿积的逆运算，这也正是这种运算被称为"除"的原因。

2.2.3 关系代数综合实例

下面是用关系代数运算解决实际问题的实例，读者可以体会关系代数强大的数据操纵能力。

【例 2 - 21】在例 2 - 10 中的 CP 数据库上查询订购了价格在 20 元以下商品的客户名字。

首先求价格在 20 元以下的商品 ID：

$$\Pi Pid(\sigma PPrice < 20(P))$$

结果为

> p005,p006

继续找订购过以上商品 ID 的客户 ID：

> $\Pi Cid(\Pi Pid(\sigma PPrice < 20(P)) \infty O)$

结果为

> c01

再求这些客户的姓名：

> $\Pi CName(\Pi Cid(\Pi Pid(\sigma PPrice < 20(P)) \infty O) \infty C)$

结果为

> 李广

最终可以简化成

> $\Pi CName((\sigma PPrice < 20(P)) \infty O \infty C)$

或者更加简化为

> $\Pi CName(\sigma PPrice < 20(P \infty O \infty C))$

【例2－22】在例2－10中的 CP 数据库上查询订购过文具类商品的客户名字。

仿照例2－21，可以写成

> $\Pi CName(\sigma PCategory = '文具'(P \infty O \infty C))$

结果为

> 李广

【例2－23】在例2－10中的 CP 数据库上查询订购过文具类商品的北京客户的名字。

仿照例2－22，可以写成

> $\Pi CName(\sigma PCategory = '文具' \text{ and } CCity = '北京'(P \infty O \infty C))$

结果为

> 李广

【例2－24】在例2－10中的 CP 数据库上找出没有订购过文具类商品的客户 Cid。

如果写成

> $\Pi Cid(\sigma PCategory < > '文具'(P \infty O))$

则显然是错误的。因为 O 表中第一条记录满足该选择条件，所以 C01 在结果关系中，C01 属于没有订购过文具类商品的客户 Cid，但是 O 表中第二条记录就表达了 C01 订购过文具类商品。

$$\Pi Cid(\sigma PCategory = '文具'(P \infty O))$$

是订购过文具类商品的客户 Cid，结果为

C01

没有订购过文具类商品的客户 Cid，可以使用差运算。在所有客户 $\Pi Cid(C)$ 中去掉订购过文具类的客户 Cid，即

$$\Pi Cid(C) - \Pi Cid(\sigma PCategory = '文具'(P \infty O))$$

所以没有订购过文具类商品的客户 Cid 结果为

C02,C03,C04

本题如果写成

$$\Pi Cid(O) - \Pi Cid(\sigma PCategory = '文具'(P \infty O))$$

也有问题，因为 $\Pi Cid(O)$ 只是发生过订单的 Cid，不是所有的客户 Cid。

【例 2-25】在例 2-10 中的 CP 数据库上找出只订购文具类商品的客户 Cid。

注意：本题是要检索只订购文具类商品，而没有订购非文具类商品的客户 Cid。

$$\Pi Cid(\sigma PCategory = '文具'(P \infty O))$$

是订购过文具类商品的客户 Cid，结果为

C01

"订购过"不等于"只订购"，所以

$$\Pi Cid(\sigma PCategory = '文具'(P \infty O))$$

不是只订购文具类商品的客户 Cid。

$$\Pi Cid(\sigma PCategory < > '文具'(P \infty O))$$

可以理解为订购过非文具类商品的客户 Cid，结果为

C01,C02,C03

在所有发生过订单的客户 Cid 中去掉订购过非文具类商品的客户 Cid，则是只订购文具类商品的客户 Cid，所以本题的最终答案是

$$\Pi Cid(O) - \Pi Cid(\sigma PCategory < > '文具'(P \infty O))$$

结果为

空集

（前面讲过关系是集合，关系运算的结果还是集合，所以应注意此处是空集，不是空值，其含义表示没有满足该条件的记录。）

【例 2 - 26】在例 2 - 10 中的 CP 数据库上找出订购了 P001 和 P005 这两种商品的顾客 Cid。

如果写成

$\Pi Cid(\sigma Pid = 'P001' \text{ and } Pid = 'P005'(O))$

则是错误的，因为显然在 O 表中不存在 Pid 既等于 P001 又等于 P005 的记录。

如果写成

$\Pi Cid(\sigma Pid = 'P001' \text{ or } Pid = 'P005'(O))$

则结果为

C01,C02

也是错误的，因为显然在 O 表中订购过 P001 而没有订购过 P005 的 C02 也在结果关系中，或者订购过 P005 而没有订购过 P001 的 Cid 也在结果关系中。

正确的关系代数运算要使用交运算，即

$\Pi Cid(\sigma Pid = 'P001' (O)) \cap \Pi Cid(\sigma Pid = 'P005'(O))$

结果为

C01

【例 2 - 27】在例 2 - 10 中的 CP 数据库上查询订购了所有价格在 20 元以下的商品的客户 Cid。

本题中出现了"所有"，适用于除运算。首先求得所有价格在 20 元以下的商品 Pid：

$\Pi Pid(\sigma PPrice < 20(P))$

结果为

P005,P006

订单关系作在 Cid、Pid 上的投影，反映了哪些客户订购过哪些商品。

$\Pi Cid,Pid(O)$结果如表 2 - 21 所示。

表 2 – 21　ΠCid,Pid(O)结果

Cid	Pid
C01	P001
C01	P005
C01	P006
C02	P002
C02	P001
C03	P003

C01 的像集为 ｛P001，P005，P006｝；C02 的像集为 ｛P001，P002｝；C03 的像集为 ｛P003｝。

两者相除，即可得到本题结果，即

$$\Pi Cid,Pid(O) \div \Pi Pid(\sigma PPrice < 20(P))$$

结果为

空集

【例 2 – 28】 在例 2 – 10 中的 CP 数据库上查询订购了所有价格在 20 元以下的商品的客户名称。

本题在例 2 – 27 的基础上再与 C 表进行连接，从而找到 Cid 对应的客户名字。

$$\Pi CName((\Pi Cid,Pid(O) \div \Pi Pid(\sigma PPrice < 20(P))) \bowtie C)$$

【例 2 – 29】 设一个简化的教务管理数据库中有三个关系：

学生表 S(SNO,SNAME,AGE,SEX,DEPT)，分别表达学生学号、姓名、年龄、性别、所在院系；

课程表 C(CNO,CNAME,TEACHER)，分别表达课程号、课程名、任课教师姓名；

学生选课表 SC(SNO,CNO,GRADE)，分别表达学号、课程号、成绩。

（1）检索选修了课程号为 C2 的学生学号与成绩，关系代数表达式为

$$\Pi SNO,GRADE(\sigma CNO = 'C2'(SC))$$

（2）检索选修了课程号为 C2 的学生学号与姓名，关系代数表达式为

$$\Pi SNO,SNAME(\sigma CNO = 'C2'(S \bowtie SC))$$

此查询涉及 S 和 SC，先进行内连接，然后执行选择、投影操作。

$$\Pi SNO,SNAME(S) \bowtie \Pi SNO(\sigma CNO = 'C2'(SC))$$

其中，内连接的右边为"选修了课程号为 C2 的学生学号的集合"。

此表达式比前一个表达式优化，执行起来要省时间、省空间。

（3）检索姓名为"李明"的学生的成绩单（课程名与成绩），关系代数表达式为

$$\Pi CNAME, GRADE(\sigma SNAME = '李明'(S \infty SC \infty C))$$

此查询涉及 S 和 SC 以及 C，先进行内连接，然后执行选择、投影操作。

（4）检索选修了课程名为 MATHS 的学生学号与姓名，关系代数表达式为

$$\Pi SNO, SNAME(\sigma CNAME = 'MATHS'(S \infty SC \infty C))$$

此查询涉及 S 和 SC 以及 C，先进行内连接，然后执行选择、投影操作。

（5）检索选修了课程号为 C2 或 C4 的学生学号，关系代数表达式为

$$\Pi SNO(\sigma CNO = 'C2' \lor CNO = 'C4'(SC))$$

此查询是条件表达式为或的情形，相对不是很复杂，理解起来也比较容易。

（6）检索既选修了课程号为 C2 又选修了课程为 C4 的学生学号，如果关系代数表达式写成

$$\Pi SNO(\sigma CNO = 'C2' \land CNO = 'C4'(SC))$$

则是错误的，因为在 SC 中只有一列选课的课程号，一个分量上的值不可能既等于 C2 又等于 C4。为了有两个选修课程号的列，不妨考虑 SC×SC，然后选择。

$$\Pi SNO(\sigma SC1. CNO = SC2. CNO \land SC1. CNO = 'C2' \land SC2. CNO = 'C4'(SC \times SC))$$

仿照例 2 – 26，此例还有另外一种解法。首先求选修了课程号为 C2 的学号，再求选修了课程号为 C4 的学号，然后进行交运算，即

$$\Pi SNO(\sigma CNO = 'C2'(SC) \cap \Pi SNO(CNO = 'C4'(SC)))$$

（7）检索不学 C2 课程的学生姓名与年龄，如果关系代数表达式写成

$$\Pi SNAME, AGE(\sigma CNO < > 'C2'(S \infty SC))$$

则是错误的，因为 SC 中某一行 CNO 不等于 C2 的学号，可能在其他行中的 CNO 等于 C2。

首先在 SC 上求出学过 C2 课程的学生姓名与年龄：

$$\Pi SNAME, AGE(\sigma CNO = 'C2'(S \infty SC))$$

然后从所有学生中减去学过 C2 课程的学生，则为没学过 C2 课程的学生，即

$$\Pi SNAME, AGE(S) - \Pi SNAME, AGE(\sigma CNO = 'C2'(S \infty SC))$$

（8）检索学习全部课程的学生姓名，关系代数表达式为

$$\Pi SNO, CNO(SC) \div \Pi CNO(C)$$

先用除取出选取所有课程的 SNO 集，

$$\Pi SNAME(S \infty (\Pi SNO,CNO(SC) \div \Pi CNO(C)))$$

再关联 S 表取出 SNAME。

（9）检索所学课程包含 S3 所学课程的学生学号，关系代数表达式为

$$\Pi SNO,CNO(SC) \div \Pi CNO(\sigma SNO = 'S3'(SC))$$

同样运用了除的特性。

2.3　关系数据库与 SQL

关系数据库是建立在关系模型基础上的，或者说，关系型的数据库产品支持关系模型。关系型 DBMS 是实现了关系模型中关系定义和关系操纵的软件，采用关系型 DBMS 建立的数据库称为关系数据库。在关系模型中，实体以及实体之间的联系都是用关系来表示的。例如，商品实体、客户实体、客户与商品之间的联系等，都可以分别用一个关系来表示。在一个给定的应用领域中，所有实体及实体之间联系的关系的集合构成一个关系数据库。

关系数据库有型和值之分。关系数据库的型也称为关系数据库模式，是对关系数据库的描述。关系数据库模式包括已经定义的若干关系模式。在采用关系型 DBMS 创建的数据库中，关于数据库描述的数据字典可以理解为关系数据库的型（也可以理解为关系数据库模式）。简单地说，当完成了数据库中表的定义后，可以说，数据库的型就确定了。关系数据库的型一般在数据库设计阶段确定，在数据库应用过程中，型一般不变。

关系数据库的值是这些关系模式在某一时刻对应的关系的集合，通常被称为关系数据库。在 DBMS 创建的数据库中，各种表中存放的数据就是关系数据库的值。显然，在数据库应用过程中，随着各种业务对数据的操纵，数据库的值在不停地变化。DBMS 提供的增加、删除、修改、查询的语句就是对关系数据库值的操纵，数据操纵中以查询最为复杂，查询就是基于关系模型中关系代数的逻辑。

SQL 语言是一种十分重要的标准关系数据库语言，关系型 DBMS 均支持 SQL 标准。SQL 语言是一种综合的、通用的、功能极强的关系数据库语言，是一种高度非过程化的语言，只要求用户指出做什么而不需要指出怎么做。SQL 语句的使用比较简单，但是如何解析和执行 SQL 语句，完全由 DBMS 来完成。

使用 SQL 语句，可以完成关系数据库中型的定义、修改，完成关系数据库中值的增加、删除、修改、查询。SQL 集成实现了数据库生命周期中的全部操作，包括查询、操纵、定义和控制，是一种综合的、通用的关系数据库语言。MySQL 作为一种关系数据库的系统软件（关系型 DBMS），当然支持 SQL 语言。

SQL 提供了与关系数据库进行交互的方法，它可以与标准的编程语言一起工作，既可以

在 DBMS 中直接使用，也可以在 C 或者 Java 的编程中直接使用。

2.3.1　SQL 的发展历程

从关系数据库提出开始，就渐渐出现了 SQL 的概念。经过几十年的发展与改进，如今的 SQL 语言已经越来越标准化，越来越易于操作、管理。在整个发展过程中，一些标志性的发展成果如下：

1970 年，Codd 发表了关系数据库理论（Relational Database Theory）。

1974 年，IBM 的雷·博伊斯（Ray Boyce）和唐·张伯伦（Don Chamberlin）将 Codd 关系数据库的 12 条准则的数学定义以简单关键字语法表现出来，里程碑式地提出了 SQL。

☞ **唐·张伯伦**

图 2-10　唐·张伯伦

如图 2-10 所示，唐·张伯伦是 IBM 院士、IBM Almaden 研究中心高级工程师，同时，也是美国计算机学会（ACM）和电气电子工程师协会（Institute of Electrical and Electronics Engineers，IEEE）的院士，还是关系数据库标准化查询语言（SQL）和 Quilt 语言（后来演变为 XQuery 查询语言的基础）的核心发明者之一。他拥有斯坦福大学的博士学位，并任职于 IBM 的 Almaden 研究中心，多年担当万维网联盟（World Wide Web Consortium，W3C）基于可扩展标记语言（Extensible Markup Language，XML）标记文档内容的新型查询语言（XQuery）工作小组的代表。

1979 年，Oracle 公司发布了商业版 SQL。

1981—1984 年，出现了其他商业版本，分别来自 IBM（DB2）、Data General（DG/SQL）、Relational Technology（INGRES）。

1986 年，美国国家标准学会（American National Standards Institute，ANSI）把 SQL 作为关系数据库语言的美国标准，同年公布了标准 SQL 文本。

SQL/89：基本 SQL 定义是 ANSIX 3135—89，"Database Language - SQL with Integrity Enhancement"［ANS89］，一般叫作 SQL—89。SQL—89 定义了模式定义、数据操作和事务处理。SQL—89 和随后的 ANSIX 3168—1989，"Database Language - Embedded SQL"构成了第一代 SQL 标准。

SQL/92（SQL2）：ANSIX 3135—1992［ANS92］描述了一种增强功能的 SQL，叫作 SQL—92 标准。SQL—92 包括模式操作、动态创建和 SQL 语句动态执行、网络环境支持等增强特性，被 DBMS 生产商广泛接受。

SQL/99（SQL99）：在完成 SQL—92 标准后，ANSI 和国际标准化组织（International

Organization for Standardization，ISO）即开始合作开发 SQL3 标准。SQL3 的主要特点在于抽象数据类型的支持，为新一代对象关系数据库提供了标准。

☞ **关系型 DBMS——Oracle 的发家机遇**

1976 年，IBM 的 Codd 发表了一篇里程碑式的论文"R 系统：数据库关系理论"，介绍了关系数据库理论和查询语言 SQL。Oracle 的创始人埃里森（Ellison）非常仔细地阅读了这篇文章，被其内容震惊。Ellison 看完后，敏锐地意识到在这个研究基础上可以开发商用软件系统。当时大多数人认为关系数据库不会有商业价值，Ellison 认为这是他们的机会，他们决定开发通用商用数据库系统 Oracle，这个名字来源于他们曾给中央情报局做过的项目名称。几个月后，他们就开发了 Oracle 1.0，但这只不过是个玩具，除完成简单关系的查询以外，不能做任何事情。他们花相当长的时间才使 Oracle 变得可用，维持公司运转主要靠承接一些数据库管理项目和做顾问咨询工作。与此同时，IBM 却没有计划开发，为什么"蓝色巨人"放弃了这个价值上百亿的产品，原因有很多。例如，IBM 的研究人员大多是学术出身，他们最感兴趣的是理论，而非推向市场的产品；从学术上看，研究成果应公开发表，论文和演讲能使他们成名，他们不是特别在意商业推广；还有一个很主要的原因就是，IBM 当时有一个销售得还不错的层次数据库产品 IMS。直到 1985 年，IBM 才发布了关系数据库 DB2，Ellision 那时已经成了千万富翁。Oracle 的市值在 1996 年就达到了 280 亿美元，IBM 发表 R 系统的论文，而且没有很快推出关系数据库产品，给独具眼力的 Ellison 创造了商业成功的机遇。

2.3.2 SQL 的特点

SQL 之所以能够为用户和业界所接受，并成为国际标准，是因为它是一种综合的、功能极强，同时又简洁易学的语言。它的主要特点包括以下几方面：

（1）语言一体化。关系数据语言集 DDL、DML 和数据控制语言（Data Control Language，DCL）于一体，称为一体化语言。SQL 不仅能完成数据库的创建、关系模式的定义、数据库关系模式的修改，而且能完成关系数据库中表的数据录入、查询、更新、删除，还能完成数据维护、数据库安全控制等一系列操作要求。对表结构的修改，无须特别关注表中是否已经存放数据，不仅可以修改空表（不存放数据的表）的结构，而且可以修改存放了数据的表的结构（DBMS 负责一定程度的已有数据的格式转换）。

（2）高度非过程化。关系数据语言是非过程化语言。在程序设计时，只要求用户表明"干什么"就行了。至于怎么干，则由 DBMS（如 MySQL 系统）解决。也就是说，SQL 语句的执行过程由 DBMS 自动完成（用户只需说明要什么，但是如何能响应用户的请求，需要 DBMS 底层复杂的数据处理过程，可见 DBMS 的功能十分强大）。高度非过程化也可以简单地理解为 SQL 语言中没有分支循环（if...then...、do...while...）等语句，不需要用户自已组织分支循环的顺序、执行过程，不需要用户具备太高的编程能力。这导致 SQL 语言的结构简单、使用灵活、高度非过程化、易学易用。

（3）面向集合的操作方式。关系数据库的存取方式是面向集合的，它的操作对象是一个或多个关系，得到的结果也是一个关系。在 C 或者 Java 语言中，用户可以声明变量，给变量赋值，然后通过顺序结构、分支结构、循环结构等结构化方式完成程序的编制。程序执行时，变量值一般是确定的。即使是结构型的变量，值也是确定的。这种方式可以称为面向单记录的操作方式，操作前是一条记录，操作后也是一条记录。在 SQL 中，因为 SQL 在某种程度上可以理解为关系代数的语法化，而关系代数是面向集合的操作方式，关系代数操作对象是关系（集合），操作结果也是关系（集合），所以 SQL 语句的操作对象是表（若干记录组成的集合），操作结果也是表（还是若干记录的集合）。在 C 或者 Java 与 SQL 混合的编程环境中，需要程序员注意的是，SQL 这种面向集合的操作方式与 C 或者 Java 面向单记录的操作方式不一样，需要相互转换。

（4）两种使用方式，统一的语法结构。SQL 通常有两种使用方式：一种是联机交互使用方式（直接在 DBMS 提供的操作界面中完成 SQL 语句的请求）；另一种是嵌入某种高级程序设计语言的程序中（C 或者 Java 与 SQL 语言混合编程），以实现数据库操作。尽管这两种使用方式不同，但 SQL 语言的语法结构基本是一致的，既可以独立使用，又可以与主语言嵌套使用。关系数据库的这种具有自含和嵌入的双重特性，使得它既可以不依赖宿主语言而独立使用，又可以与宿主语言嵌套使用，给用户带来了方便。

SQL 语言之所以具有上述特点，其主要原因有两个：

（1）关系模型采用了最简单、最规范的数据结构，这使得 DML 大大简化。

（2）关系数据语言是建立在关系运算的数学基础上的。

总之，SQL 语言是关系数据库统一的操纵语言，可以用于所有用户的数据库活动类型，其中包括数据库系统管理员和程序员等。

2.3.3 SQL 中的一些概念

在 SQL 语言中，有几个非常重要的概念，分别是基本表（Table）、视图（View）和索引（Index），对应于 1.4.3 小节中介绍的数据库三级模式结构、二级映像的概念，基本表对应模式，视图对应外模式，索引对应内模式。用户对关系数据库的定义，就是创建基本表、视图、索引的过程，关系型 DBMS 提供基本表与视图（模式与外模式）之间的映射、基本表与索引（模式与内模式）之间的映射。

尽管前面已经提及这些概念，而且后续章节中会进一步解释，甚至会结合这些概念，学习在这些概念基础上的具体操作方法，但是在此还想梳理一下前面的一些概念之间的关系，使读者对基本表、视图和索引有更加清晰的认识。

数据库的基本结构分三个层次，反映了观察数据库的三种不同角度，分别是模式（逻辑模式或者概念模式)、外模式（用户模式）、内模式（物理模式或者存储模式）。关系数据库是数据库的一种类型，同样提供了从三种不同角度观察数据库的方式。

关系数据库建立在关系模型的基础之上，关系代数是关系模型的重要组成部分，关系代数反映了关系数据库的操纵方式，SQL 又是关系数据库的标准操纵语言（在某种程度上可以简单地理解为 SQL 是关系代数的语法化），因此，在 SQL 中同样遵循数据库体系结构，通过基本表、视图、索引来反映模式、外模式、内模式。支持 SQL 标准的关系型 DBMS 可以完成基本表、视图、索引的创建及使用。

1. 基本表

基本表也称为基表，是独立存在于数据库系统中的表，是关系数据库中最基本的对象，主要用于存储各种数据（包括系统数据）。一个数据库的所有基本表构成数据库结构中所说的模式。每个基本表可以对应一个存储文件，也可以若干个基本表对应一个存储文件，或者一个基本表对应若干个存储文件。不同的关系型 DBMS 有不同的基本表与文件的对应关系。一个基本表上可以见若干个视图，一个视图也可以来自若干个基本表，一个基本表可以带有多个索引。

2. 视图

视图是关系数据库系统提供给用户从多种角度观察数据库中数据的重要机制。一个基本表上可以定义若干个视图，一个视图也可以定义在若干个基本表上。视图是基本表与外模式之间的映像，一个数据库的所有视图构成数据库结构中的外模式。

视图是用户看到的数据内容，是由一个或几个基本表重构的虚表。视图本身不独立存在于数据库中，只有对数据的定义，没有实际存储的对应的数据，它的所有数据都在与其相关的数据基本表中。因此，对视图的所有操作都将被最终转换为对相关基本表数据的操作。在关系数据库中，并不是所有的视图都是可更新的，因为有些视图的更新不能有意义地转换成对基本表的更新，行、列子集视图是可更新的。各个 DBMS 对视图的更新有自己的规定。

视图所包含的属性可以来自一个基本表，也可以来自多个不同的基本表，可以是多个基本表的部分属性的综合。因此，定义视图的表可以是基本表，也可以是已定义好的视图，用户还可以在一个视图上再定义新的视图。但如果在视图的基础上再定义视图，将会降低查询的效率。

3. 索引

索引是针对基本表数据的一种存储方式。建立索引是加快查询速度的一种有效手段。用户可以根据应用环境的不同，在基本表上建立一个或多个索引，以提供多种存储方式，加快查询速度。一般来说，索引的建立与删除是由建立基本表的人负责完成的，系统在存取数据时会自动选择合适的索引作为存取路径，用户不必也不能显式地选择索引。一个数据库的所有索引构成数据库结构中的内模式（一些大型数据库系统的内模式不仅仅表现为索引）。

2.3.4　SQL 语言分类

通常将 SQL 语言分为 DDL、DML 和 DCL。由于关系数据库中的查询相对复杂，SQL 中的查询语句使用非常灵活，功能十分强大，而且 SQL 中关于查询需要掌握的技术很多，为了强调 SQL 中查询的重要性，本书将 SQL 语言分为 DDL、数据查询语言（Data Query Language，DQL）、DML 和 DCL。

特别说明：

（1）SQL 语言中对字母的大小写不敏感，所以在书写 SQL 语句时，可以是大写，也可以是小写，还可以是大小写的混合，无须特别在意。

（2）SQL 语言的书写相对自由，各个子句之间可以留一个空格，也可以留多个空格，只要包含了正确的子句，SQL 均会执行，无须特别关注子句之间的格式。

1. DDL

DDL 用来创建数据库中的各种数据库模式——表（基本表）、视图、索引等。SQL 的数据定义功能包括对表（关系，Table）、视图（View）和索引（Index）的创建（Create）、删除（Drop）和修改（Alter）操作。

在非关系数据库系统中，必须在数据库的装入和使用前全部完成数据库的定义。若要修改已投入运行的数据库，则须停下一切数据库活动，把数据库卸出，修改数据库定义并重新编译，再按修改过的数据库结构重新装入数据。在 SQL 中，任何时候都可以执行一个数据定义语句，随时修改数据库结构。SQL 的这一特点在 2.3.2 小节中已经介绍过，按照这一特点，用户在确定数据库模式时，可以不必过分担心以后模式的变化。

DDL 的特点如下：

（1）数据库的定义可以不断增长（不必一开始就定义完整）。

（2）数据库的定义可以随时修改（不必一开始就完全合理）。

（3）可进行增加索引、撤销索引的实验，检验其对效率的影响。

具体操作语法如下：

（1）表的创建。

```
CREATE TABLE  <表名>
    （<列名> <数据类型>［列级完整性约束条件］
    ［，<列名> <数据类型>［列级完整性约束条件］］...
    ［，<表级完整性约束条件>］）；
```

其中，数据类型包括以下几类（源自 SQL—92 标准）：

① CHAR(n)：固定长度的字符串。

② VARCHAR(n)：最大长度为 n 的可变长字符串。

③ INT：长整型，全字长。

④ SMALLINT：短整型，半字长。

⑤ DECIMAL(p[,q])：定长数，共 p 位，其中小数点后边 q 位。

⑥ REAL：浮点数。

⑦ DOUBLE PRECISION：双精度浮点数。

⑧ DATE：日期（年、月、日）。

⑨ TIME：时间（小时、分、秒）。

（2）表结构的修改。

```
ALTER TABLE <表名>
    [ADD <新列名> <数据类型> [完整性约束]]
    [DROP <完整性约束名>]
    [MODIFY <列名> <数据类型>];
```

其中，表名是要修改的基本表，ADD 子句用于增加新列和新的完整性约束条件，DROP 子句用于删除指定的完整性约束条件，MODIFY 子句用于修改原有的列定义，包括修改列名和数据类型。

（3）表的删除。

```
DROP TABLE <表名>
```

基本表一旦被删除，表中的数据、表上建立的索引和视图都将自动被删除。因此，执行删除基本表的操作时一定要格外小心。

关于表的创建、修改、删除，以上只是给出一个大体的形式，MySQL 平台中对数据的类型、数据的完整性约束有具体的要求（详见第 4 章）。

（4）视图的创建。

```
CREAT VIEW <视图名>
    [( <列名> [, <列名>]...)]
    AS <子查询> [WITH CHECK OPTION];
```

其中，子查询可以是任意复杂的 SELECT 语句，但通常不允许含有 ORDER BY 子句和 DISTINCT 短语。

（5）视图的删除。

```
DROP VIEW <视图名>;
```

视图被删除后，其定义将从数据字典中删除，但是由该视图导出的其他视图定义仍在数据字典中，不过该视图已失效。用户使用时会出错，要用 DROP VIEW 语句将它们一一删除。

关系型 DBMS 执行 CREATE VIEW 语句的结果只把视图的定义存入数据字典，并不执行其中的 SELECT 语句。

以上只是给出了视图相关语句的基本形式，MySQL 中关于视图的创建、删除和更新有具体的要求（详见第 7 章）。

（6）索引的创建。

CREATE [UNIQUE] [CLUSTER] INDEX ＜索引名＞
　　ON ＜表名＞（＜列名＞[＜ASC｜DESC＞][，＜列名＞[＜ASC｜DESC＞]]）；

如果数据增加、删除、修改频繁，则系统会花费许多时间来维护索引。这时，可以删除一些不必要的索引。

（7）索引的删除。

DROP INDEX ＜索引名＞；

关于索引的创建、删除，以上只是给出一个大体的形式，MySQL 平台中关于索引的分类、语句有具体的要求（详见第 7 章）。

2. DQL

DQL 是关系数据库的核心操作，对应的语句只有一条 SELECT 语句，基本结构是由 SELECT、FROM 子句、WHERE 子句组成的查询块。

SELECT[ALL｜DISTINCT]｛ ＊｜＜目标列表达式[[AS] 别名]＞ [，＜目标列表达式 [[AS] 别名]＞]...｝
　　FROM ＜表名或视图名＞[，＜表名或视图名＞]...
　　[WHERE ＜条件表达式＞]
　　[GROUP BY ＜列名＞[，＜列名＞][HAVING ＜条件表达式＞]]
　　[ORDER BY ＜列名＞[ASC｜DESC][，＜列名＞[ASC｜DESC]]...]；

SELECT 语句与关系代数的对应可以理解如下：通过 SELECT 后面的目标列表达式实现投影；通过 FROM 子句实现所有表的笛卡儿积（也可以实现连接）；通过 WHERE 子句实现选择。

在例 2－29 的第（4）小题中，检索选修了课程名为 MATHS 的学生学号与姓名，用关系代数可以表达为

$\Pi SNO,SNAME(\sigma CNAME='MATHS'(S \infty SC \infty C))$

或者

$\Pi SNO,SNAME(\sigma CNAME='MATHS' \wedge S.SNO=SC.SNO \wedge SC.CNO=C.CNO(S \times SC \times C))$

SQL 语句可以写为

```
SELECT SC. SNO,S. SNAME
   FROM(S JOIN SC ON SC. SNO = S. SNO) JOIN C ON SC. CNO = C. CNO
   WHERE C. CNAME = 'MATHS'
```

或者

```
SELECT SC. SNO,S. SNAME
   FROM SC,S,C
   WHERE SC. SNO = S. SNO
   AND SC. CNO = C. CNO
   AND C. CNAME = 'MATHS'
```

数据查询语言 SELECT 的功能十分强大，以上只是一个简单的说明和示例，第 5 章是对数据查询语言 SELECT 的进一步学习和示例解释。

3. DML

DML 主要有三种形式：插入（Insert）、删除（Delete）和更新（Update）。

对于定义好的数据库，包含了已经定义的各种表，数据库操纵就是通过插入（增加）、删除（删）、更新（修改）完成基表中的数据变化。

（1）插入。

```
INSERT INTO 表名[(列名[,列名]...)]
     VALUES(值 [,值]...);
```

用于插入一条指定好值的元组，VALUES 后面的"值"与表名后面的"列名"一一对应。

```
INSERT INTO 表名[(列名[,列名]...)]
     (子查询);
```

用于插入子查询结果中的若干个元组。

（2）删除。

```
DELETE FROM 表名
[WHERE 条件表达式]
```

用于从表中删除符合条件的元组。如果没有 WHERE 语句，则删除所有元组。

（3）更新。

```
UPDATE 表名
   SET 列名 = 表达式|子查询
       列名 =[,表达式|子查询]...
     [WHERE 条件表达式]
```

对于数据操纵的增加、删除、修改，以上给出了基本的形式，第 6 章是对数据操纵语言的进一步学习和示例解释。

4. DCL

DCL 用来授予或回收访问数据库的某种权限，并控制数据库操纵事务发生的时间及效果、对数据库实行监视等。

通过 GRANT 完成数据库操纵查询权限的授予或通过 REVOKE 语句完成权限的收回（详见第 9 章）。

通过以上介绍可以清楚地看到，SQL 在实际使用中，主要包括九个语句：CREAT、ALTER、DROP、INSERT、DELETE、UPDATE、SELECT、GRANT 和 REVOKE。

｛本章小结｝

本章学习了关系模型、关系代数以及 SQL 的特点和语句组成。给出了关系模型的三个组成部分：关系数据结构、关系数据操纵和关系数据完整性规则，给出了关系这一术语的一般解释和数学解释，明确了元组、属性、域、主键、外键等概念。可以看出，关系模型是建立在规范化的关系基础上的，关系模型中表的概念和日常生活中表的概念无论从定义上还是从内涵上都有所区别，正因为如此，特意用 Table 一词来对应表。关系型 DBMS 其实就是基于关系模型的一个系统软件，使用关系数据库，就是通过分析现实世界中信息之间的关系，可以将信息表达成关系（或者 Table），存储在关系数据库中，然后可以通过关系代数的逻辑完成各种运算，以帮助用户管理数据。

关系代数分为两大类，即传统的集合运算和专门的关系运算。传统的集合运算将关系看作元组的集合，其运算是从关系中所包含的数据记录，即行的角度来进行的，而专门的关系运算不仅涉及行，而且涉及列；传统的集合运算是两个关系之间的记录运算，包括并、交、差、笛卡儿积四种运算；专门的关系运算包括选择、投影、连接和除四种运算。关系代数的运算对象是关系，运算结果也是关系，这些运算经有限次复合后形成的式子称为关系代数表达式。关系代数是通过对关系的运算来表达查询的，可以从逻辑上简化地表达查询能力，可以推演从基于关系的数据库上管理数据的能力，也是 SQL 语言的逻辑基础。

SQL 语言从某种意义上来说是关系代数的语法化，关系代数从逻辑上演算了关系模型管理数据的运算能力，SQL 语言把这种演算能力转变成所有关系数据库能够认同的操纵语言标准。可以看出，SQL 语言的核心语句只有九个，通过这些语句可以完成数据库中关系的定义（包括完整性定义）、关系中数据的查询、关系中数据的更新，以及哪些用户在哪些关系上具备什么样操纵权限的数据控制。与 1.4.3 小节呼应，SQL 中又特意描述了基本表、视图、索引的概念。

MySQL 属于关系数据库,支持 SQL 标准语言的操纵,而 SQL 语言又建立在关系模型的基础上,因此,本章与第 1 章属于 MySQL 应用的基础。第 3 章将从关系数据设计的方法开始,对一个典型的关系数据库应用系统实例"汽车用品网上商城"进行剖析,体会如何用第 1 章和第 2 章中关系数据库的思维来设计数据库,支撑网上购物的业务。

{习题与思考}

1. 试述关系模型的三个组成部分。

2. 举例说明实体完整性、关系参照完整性的含义。

3. 名词解释:域、笛卡儿积、关系、元组、属性、主键、外键、基本表、视图和索引。

4. 关系代数包括哪些运算?

5. 内连接与外连接的区别是什么?

6. 试述关系数据库的特点。

7. 试述 SQL 语言的特点。

8. 试述 SQL 语言的分类。

9. 常用的 SQL 语句包括哪九个?

10. 举例说明 SQL 语言与关系代数的关系。

11. 设教务管理数据库 SC 中有三个关系:

学生表 S(SNO,SNAME,SAGE,SDEPT,SEX,CITY),对应学生学号、姓名、年龄、所在院系、性别、籍贯;

课程表 C(CNO,CNAME,CREDIT,TEACHER),对应课程号、课程名、课程学分、任课教师;

学生选课表 SC(SNO,CNO,GRADE),对应学生学号、课程号、成绩。

写出以下问题的关系代数表达式:

(1) 检索籍贯为"上海"的学生姓名、学号和选修的课程号。

(2) 检索选修"操作系统"课程的学生姓名、课程号和成绩。

(3) 检索选修了全部课程的学生姓名、年龄。

(4) 检索"程军"老师所授课程的课程号和课程名。

(5) 检索年龄大于 21 岁的男学生的学号和姓名。

(6) 检索至少选修"程军"老师所授全部课程的学生姓名。

(7) 检索"李强"同学没有学过的课程的课程号。

(8) 检索全部学生都选修的课程的课程号和课程名。

(9) 检索选修课程号为 C1 和 C5 的学生学号。

第3章 "汽车用品网上商城"数据库设计

本章导读

　　本章将学习数据库系统设计的相关知识与技术，特别是数据库设计的常用方法——实体E-R方法，并将其应用在"汽车用品网上商城"数据库系统中。

　　1.6.2小节中学习了数据库应用程序的开发过程，针对数据库的设计又可以细分为概念设计、逻辑设计、物理设计。概念设计通常是梳理实体、实体与实体之间联系的过程，其结果是实体-联系模型（E-R模型）；逻辑设计是确立将建立哪些表、每个表中将包含哪些字段的过程。概念设计与逻辑设计紧密相关，当数据库E-R模型建立之后，逻辑结构也就基本确定了，E-R模型向逻辑结构的转换有明确的规则，甚至许多软件（如Rational Rose、Power Designer）都支持E-R模型向逻辑结构的转换，因此，E-R模型的构建是整个数据库设计的基础，对数据库设计的成功与否起决定性的作用。

　　本章将分析网上购物的业务流程，确定"汽车用品网上商城"的功能，梳理网上购物过程中涉及的实体以及实体之间的联系，给出"汽车用品网上商城"的数据库概念结构和逻辑结构。

学习目标

1. 了解数据库设计流程。
2. 理解数据库E-R模型中的相关概念。
3. 掌握数据库概念模型的创建方法。
4. 掌握数据库E-R模型向逻辑结构的转换方法。
5. 掌握"汽车用品网上商城"数据库的逻辑结构。

3.1 数据库设计方法——构建 E‑R 模型

3.1.1 数据库设计

在 1.6.2 小节中，数据库设计是指根据用户的需求，将现实世界中的信息反映在某一具体的 DBMS 上，设计数据库的结构和建立数据库的过程。数据库的设计可以分为概念设计、逻辑设计、物理设计三方面。

1. 概念设计

（1）概念设计的主要目标。概念设计是整个数据库设计的关键，它通过对用户需求精心综合、归纳与抽象，形成一个独立于具体 DBMS 的概念模型。这个概念模型应反映现实世界中各部门的信息结构、信息流动情况、信息之间的互相制约关系以及各部门对信息储存、查询和加工的要求等。所建立的模型应避开数据库在计算机上的具体实现细节，用一种抽象的形式表示出来。常用的概念模型是实体‑联系模型（Entity-Relationship Model，E‑R 模型），通过明确现实世界中所含的各种实体及其属性、实体之间的联系以及对信息的制约条件等，首先建立 E‑R 模型，基于 E‑R 模型导出数据库结构设计的方法称为数据库设计的 E‑R 方法。

概念结构独立于数据库逻辑结构，独立于支持数据库的 DBMS，也独立于具体计算机软件和硬件系统。概念结构的主要特点如下：

① 充分地反映现实世界，包括实体和实体之间的联系，能满足用户对数据处理的要求，是现实世界的一个真实模型或接近真实的模型。

② 易于理解，从而可以和不熟悉计算机的用户交换意见（用户的积极参与是数据库应用系统设计成功与否的关键）。

③ 易于向关系模型转换。概念结构是各种数据模型的共同基础，它比任意一种数据模型更独立于机器、更抽象，从而更加稳定。

（2）概念设计的策略。概念设计的策略有以下三种：

① 自顶向下。首先定义全局概念结构的框架，然后逐步细化。

② 自底向上。首先定义各局部应用的概念结构，然后将它们集成，得到全局概念结构。

③ 混合策略。混合策略是自顶向下和自底向上相结合的方法。用自顶向下策略设计一个全局概念结构的框架，以它为骨架，集成由自底向上策略中设计的各局部概念结构。

通常，在系统概念设计过程中用得比较多的是自底向上策略，即在需求阶段自顶向下地进行需求分析，将任务逐渐分解成一个个独立的小任务，然后利用之前的分解步骤逆向运作，自底向上地设计概念结构，其设计方法如图 3‑1 所示。按照这种策略，概念设计分为两大步骤：第一步是抽象数据并设计局部视图，完成分 E-R 图设计；第二步是集成局部视图，得到全局概念结构，完成总的 E-R 图设计。

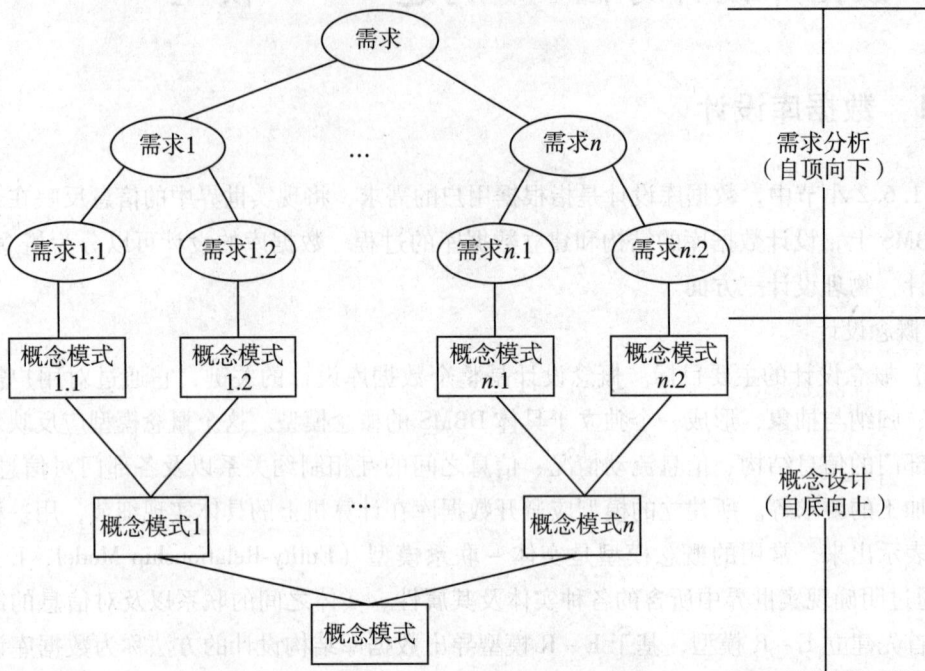

图 3-1 自顶向下需求分析与自底向上概念设计

（3）概念设计举例。

【**例 3-1**】常见的数据库应用系统——学校教务管理系统。

① 业务分析。在学校教务管理过程中，管理者可能是教务员或者教务主任，登记班级信息（班级号、班级名），记录各个班级每个学生的详细信息（学号、姓名、性别、民族），记录教师信息（教师号、姓名、性别、职称），记录各门课程信息（课程号、课程名、课程学时），记录每个学生每门课程的成绩的详细信息。基于以上记录的信息，管理者设想可以通过教务管理系统查询每个班级的学生信息、每个班级每门课程的成绩信息、每门课程的成绩信息，甚至还想查询哪些教师教授过哪些课程等。由以上的业务分析可以得出如下结论：

A. 管理者是教务员或者教务主任。

B. 管理对象是班级、学生、教师、课程、班级学生信息（每个班级有哪些学生）、班级课程信息（每个班级学习过哪些课程）、班级成绩（每个班级每门课程的成绩、平均分、最高分、最低分等）、教师的工作量（每位教师教授过哪些课程）等。

② 实体的抽象。通常，把每一类具有相同属性的数据对象称为"实体"，把这一类数据对象的个体称为"实体的实例"。例如，以上分析中的学生、课程、教师可以作为实体，而

"张三""李四"等学生个体,"数学""语文"等课程个体,"王五""赵六"等教师个体作为实体的实例。显然,实体的实例应该归属到相应的实体中,实体的确定往往是实例的抽象。

在构建 E－R 模型的过程中,应该把管理对象作为实体,应该关注管理对象,而不是管理者。因此,将管理对象学生(具有相同的属性,如学号、姓名、性别、民族)作为一个实体,将管理对象课程(具有相同的属性,如课程号、课程名、课程学时)作为另一个实体,而管理者教务员或者教务主任就不应该作为实体。

实体的实例彼此是可区别的,如果实体集中的属性或最小属性组合的值能唯一标识其对应实体,则将该属性或属性组合称为码。对于每一个实体,可指定一个码为主码。例如,在上面的例子中,学生实体的主码可以是"学号",课程实体的主码可以是"课程号",班级实体的主码可以是"班级号",教师实体的主码可以是"教师号"。

教务管理的业务分析可得出如图 3－2 所示的实体图〔采用统一建模语言(Unified Modeling Language,UML)的 E－R 图的具体画法参见 3.1.2 小节〕。在图 3－2 中,没有成绩实体,尽管成绩信息在教务管理中十分重要,但是成绩不能作为一个实体存在,因为成绩只是用一个数值来表征的,没有自己特有的属性,更没有自己的主码。

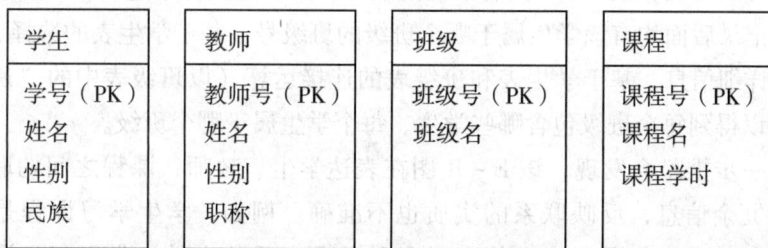

学生	教师	班级	课程
学号(PK) 姓名 性别 民族	教师号(PK) 姓名 性别 职称	班级号(PK) 班级名	课程号(PK) 课程名 课程学时

图 3－2 教务管理系统的实体图

基于以上实体图,可以想象在数据库中建立四个表:学生表、教师表、班级表和课程表。按照前面所学关系代数和 SQL 的知识,在学生、教师、班级、课程四个表上做选择或者投影运算,管理者可以得到每个学生、教师、班级、课程的详细信息,但是管理者无法在以上四个表中查到每个班级的学生信息(因为学生实体与班级实体没有关联)、每个班级每门课程的成绩信息(班级与课程也没有关联),更查不到每门课程的成绩信息,以及每个学生每门课程的成绩(成绩信息没有登记)、哪些教师教授过哪些课程(教师和课程也没有关联)。

③ 联系的抽象。实体 A 和实体 B 之间存在各种关系,通常把这些关系称为"联系"。根据图 3－2 给出的实体,在学校业务中,一个班级包括多个学生,一个学生属于一个班级,所以班级与学生之间有一对多联系;一个学生学习若干门课程,学生学习了一门课程才可能存在他在该门课程上的成绩,一门课程可以被若干个学生学习,学生和课程之间存在多对多联系;一位教师教授若干门课程,一门课程也可以被若干位教师教授,教师和课程之间存在

多对多联系；一位教师教授若干个学生，一个学生可以被若干位教师教授，学生和教师之间存在多对多联系；等等。可以初步得到如图 3 - 3 所示的 E - R 图。

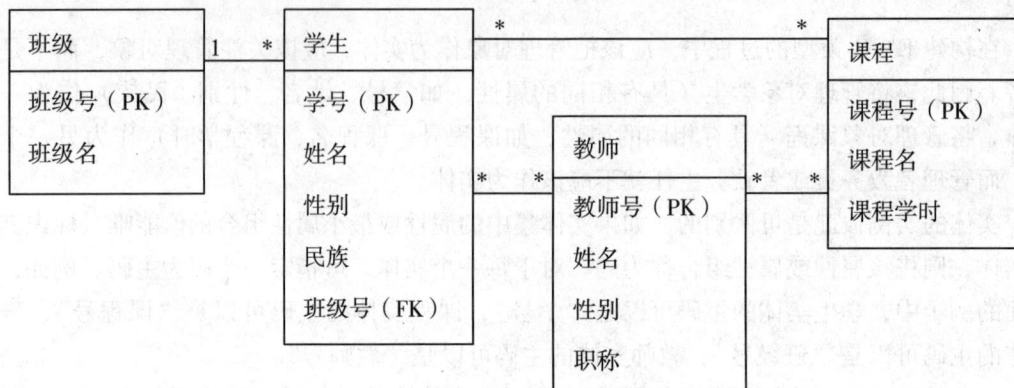

图 3 - 3　教务管理系统的 E - R 图

从形式上看，图 3 - 3 中既有实体，又有联系，是一个比较完整的 E - R 图。对该 E - R 图进行分析，可以发现，该 E - R 图有准确的成分，如学生实体中包含了"班级号"作为外键，每个学生记录后面均有该学生属于哪个班级的班级号，基于学生表的选择、投影运算可以得出学生的详细信息，基于学生表和班级表的连接运算（以班级表中的"班级号"作为连接字段）可以得到每个班级包含哪些学生、每个学生属于哪个班级。

但是，进一步推敲会发现，该 E - R 图在表达学生、教师、课程之间的联系时过分简单，存在许多冗余信息，反映联系的实质也不准确。例如，学生学习课程是通过教师教授课程来完成的，学生与课程之间的多对多联系没有反映出学生学习某门课程是哪位教师教授的（因为教师与课程之间也是多对多联系，学生对应的某门课程可能存在多位教师教授）；同样，教师教授的课程一定要有学生学习才能体现，教师与课程之间的多对多联系仅仅反映教师教授过某门课程，并不能反映出该门课程是针对哪些学生教授的；等等。

通过仔细分析，在学校业务中，首先是管理者排课，确定哪位教师给哪个班级教授哪门课程，确定之后的结果以课程表的形式发布给班级、学生，然后教师和学生均按照课程表的约定来进行课程教授与学习，因此，对图 3 - 3 中的 E - R 图进行修正。

④ 构建 E - R 模型。引入课程表这个实体首先表达班级、教师、课程和课程表之间的联系，然后通过学生与课程表之间的多对多联系表达学生学习课程获得成绩这一联系，如图 3 - 4 所示。图中，学生与课程、教师与课程、学生与教师之间尽管没有直接的联系，但是通过课程表这个实体，将学生、课程、教师、班级都联系了起来。

图 3 - 4 中的概念模型相对准确地反映了学校教务管理的活动，成绩作为学生实体与课程表实体联系的属性（联系的属性没有实体名字，而且通过虚线与联系相连，详细内容在

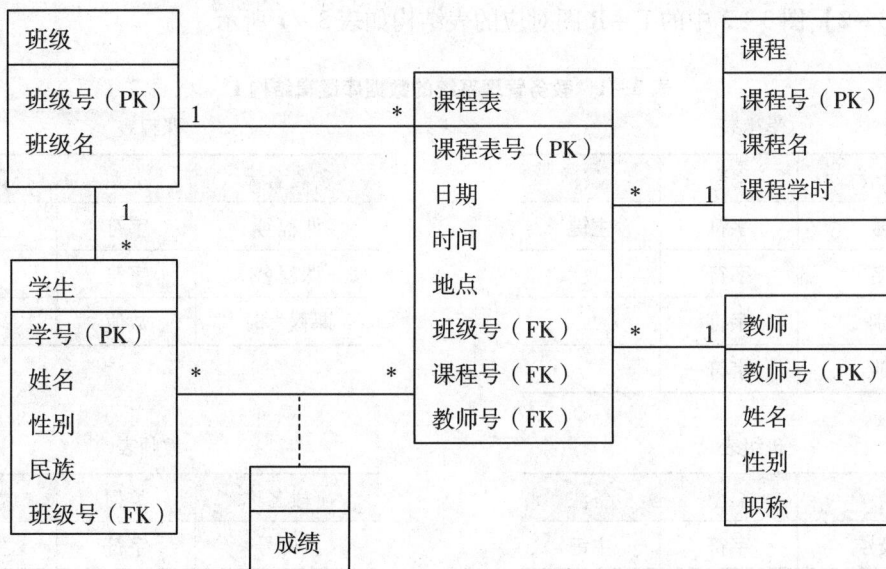

图 3-4 修正后的教务管理系统的 E-R 图

3.1.2 小节中讲述)。基于图 3-4 中的 E-R 模型,不仅可以得出学生的详细信息、班级信息,基于学生表和班级表的连接运算(以班级表中的"班级号"作为连接字段),可以得到每个班级包含哪些学生、每个学生属于哪个班级;可以通过班级、教师、课程与课程表之间的一对多联系,得出某个班级安排过哪些课程,某位教师教授过哪些课程,某门课程在哪些班级开设过、是哪位教师教授的;还可以反映出某个学生学习过课程表中的哪些课程、成绩是多少、是哪位教师教授的;等等。图 3-4 中的 E-R 模型相对准确,请读者仔细推敲,深刻领会 E-R 概念模型设计对数据库设计的重要性。

E-R 模型的构建严重依赖数据库设计者对业务的熟悉程度,尽管 E-R 概念模型在形式上并不复杂,只是采用矩形框与实线、虚线表达,但是如果不能很好地理解业务,准确地反映在 E-R 图中,想得到比较好的数据库概念设计方案并不容易。

2. 逻辑设计

逻辑设计是指将概念结构转换为某个 DBMS 所支持的数据模型(关系模型),并对其进行优化。主要工作是将概念模型转换设计成数据库的一种逻辑模式,即某种特定 DBMS 所支持的逻辑数据模式。与此同时,可能还需要为各种数据处理应用领域产生相应的外模式。设计的结果就是所谓的"逻辑数据库",即一系列关系数据库的表。

在 E-R 模型构建完成后,表的大体结构也就基本成形了,利用 E-R 模型可以导出关系数据库表的结构(导出规则详见 3.1.3 小节)。有些数据库设计辅助软件,如 IBM 公司的 Rational Rose、SUN 公司的 Power Designer,以及 MySQL Workbench,可以支持 E-R 图与表结构的转换,用户只需在这些软件中斟酌绘画 E-R 图,一旦 E-R 图确定,这些软件可以直接将该 E-R 图转换成某一关系型 DBMS 下的表(甚至自动完成创建表的操作)。

【例3-2】图3-2中的E-R图对应的表结构如表3-1所示。

表3-1　教务管理系统的数据库逻辑结构1

学生表

字段名称	类型	备注
学号	字符	主键
姓名	字符	
性别	字符	
民族	字符	

课程表

字段名称	类型	备注
课程号	字符	主键
课程名	字符	
课程学时	数值	

班级表

字段名称	类型	备注
班级号	字符	主键
班级名	字符	

教师表

字段名称	类型	备注
教师号	字符	主键
姓名	字符	
性别	字符	
职称	字符	

【例3-3】图3-3中的E-R图对应的表结构如表3-2所示。

表3-2　教务管理系统的数据库逻辑结构2

学生表

字段名称	类型	备注
学号	字符	主键
姓名	字符	
性别	字符	
民族	字符	
班级号	字符	外键

课程表

字段名称	类型	备注
课程号	字符	主键
课程名	字符	
课程学时	数值	

班级表

字段名称	类型	备注
班级号	字符	主键
班级名	字符	

教师表

字段名称	类型	备注
教师号	字符	主键
姓名	字符	
性别	字符	
职称	字符	

学生课程表

字段名称	类型	备注
学号	字符	
课程号	字符	

学生教师表

字段名称	类型	备注
教师号	字符	
学号	字符	

教师课程表

字段名称	类型	备注
教师号	字符	
课程号	字符	

【例 3 - 4】图 3 - 4 中的 E - R 图对应的表结构如表 3 - 3 所示。

表 3 - 3 教务管理系统的数据库逻辑结构 3

学生表

字段名称	类型	备注
学号	字符	主键
姓名	字符	
性别	字符	
民族	字符	
班级号	字符	外键

课程表

字段名称	类型	备注
课程号	字符	主键
课程名	字符	
课程学时	数值	

班级表

字段名称	类型	备注
班级号	字符	主键
班级名	字符	

教师表

字段名称	类型	备注
教师号	字符	主键
姓名	字符	
性别	字符	
职称	字符	

课程表

字段名称	类型	备注
课程表号	字符	主键
日期	日期	
时间	字符	
地点	字符	
班级号	字符	外键
课程号	字符	外键
教师号	字符	外键

学生课程表

字段名称	类型	备注
学号	字符	
课程表号	字符	
成绩	数值	

在表设计过程中，还应该注意以下事项：

（1）标准化和规范化。表的标准化和规范化有助于消除数据库中的数据冗余。简单来说，某个表只包括其本身基本的属性，表之间的关系通过外键相连接，有一些表用于专门存放通过键连接起来的关联数据。

在上面的例子中，学生表不包含班级名等班级的详细信息，但表内会存放一个外键"班级号"，该外键指向班级表里包含该班级信息的那一行。

（2）考虑各种变化。在设计数据库时，要考虑到哪些数据字段将来可能会发生变更。以学生表为例，姓名的长度可能就是如此，汉族人的姓名可能最多 5 个汉字，但是少数民族或者外籍学生的姓名可能就不止 5 个汉字，甚至分为姓和名 2 个字段表达。

（3）选择数值类型和文本类型尽量充足。在 SQL 中使用短整型和长整型的数值类型要适当权衡。例如，选择短整型的数值类型，当超过 32 767 时就不能进行计算操作了。

例如，身份证号、学号、课程表号之类的字段，从表面上看可能是数字表达，但是实际上采用文本类型更能表达语义，而且设置应比一般想象大一些，以利于将来扩展。

（4）增加删除标记字段。SQL 中有删除记录的语句，业务中有学生毕业或者退学、账户注销等，针对这种情形，不要简单地采用删除某一行记录的方式来支撑业务，而应在表中包含一个"删除标记"字段，这样就可以把行标记为删除。因为学生有课程学习的记录，账户有消费明细的记录，如果简单地删除学生记录、账户记录，可能造成学生学习课程的记录成为无主（没有关联）的垃圾数据。

3. 物理设计

物理设计是为逻辑数据模型选取一个最适合应用环境的物理结构（包括存储结构和存储方法）。根据关系型 DBMS 所提供的索引、聚簇、表空间等技术，对具体的应用系统选定合适的物理存储结构（包括索引、聚簇等）、存取方法（增量数据如何存取）和存取路径（文件存放路径）等。数据库的物理设计不仅与 DBMS 有关，还和操作系统甚至硬件有关，物理结构往往对用户是不可见的。数据库的物理设计方案直接影响数据库应用系统的运行速度，或者说，数据库的物理设计方案与数据库应用系统的性能相关，与功能无关。

3.1.2 E-R 模型

1976 年，陈品山（Peter Pin-Shan Chen）提出 E-R 模型，用 E-R 图来描述概念模型。E-R 模型的主要观点如下：世界是由一组被称为实体的基本对象和这些对象之间的联系构成的。

☞　　　　　　　　　　　　　　　**陈品山**

1968 年，陈品山（如图 3-5 所示）于台湾大学毕业，之后赴美国深造。1970 年获得哈佛大学计算机科学和应用数学硕士学位，1973 年获得哈佛大学计算机科学和应用数学博士学位。他曾先后在麻省理工学院、加利福尼亚大学洛杉矶分校、哈佛大学、路易斯安纳州立大学计算机科学系等高校从事教学和研究工作，还曾在 IBM、美国 DEC 公司等企业、政府机构从事研究和顾问。

陈品山博士于 1976 年 3 月在 *ACM Transactions on Database Systems* 上发表了 "The entity-relationship model—toward a unified view of data" 一文。由于大众广泛使用 E－R 模型，这篇文章已成为计算机科学领域中 38 篇被广泛引用的论文之一。陈品山被誉为全世界最具计算机软件开发技术的 16 位科学家之一。

图 3－5　陈品山

1. 实体

（1）实体的概念。实体是客观存在、具有相同属性的，并可相互区分的事物。实体是 E－R 模型中最基本的概念，一个实体可以独立存在，既可以是物理上存在的对象，也可以是概念上存在的对象。不同的设计者可能会确定不同的实体。

（2）实体的实例。一个实体中可以唯一标识的对象被看作一个实体的实例。一个数据库通常包括很多实体，不同的实体下有很多实例。

（3）主键。用来区别同一实体中的不同实例的最小属性组，称为主键。一个实体中任意两个实例在主键上的取值都不能相同。

【例 3－5】学生可以被看作实体，该实体可以通过学号来区分（在没有重名重姓的情况下，也可以通过姓名来区分），"学号"可以作为学生实体的主键，张三、李四可以看作学生实体的实例；课程可以看作实体，该实体可以通过课程号来区分（在没有重课程名的情况下，也可以通过课程名来区分），"课程号"可以作为学生实体的主键，"计算机导论""MySQL 数据库应用"可以看作课程实体的实例。

（4）实体的图形化表示。每个实体都用一个矩形表示，在矩形内有该实体的名字，名字通常是名词。通常，在一个 E－R 图中，实体应该有唯一的名字。如图 3－6 所示为学生和课程两个实体的图形化表示。

图 3－6　学生和课程两个实体的图形化表示

2. 属性

（1）属性的概念。属性就是实体所具有的某一特性。一个实体可以由若干个属性来刻画，具体的属性值用来描述每个实体的实例的出现。数据库中存放的数据往往表达了一个实体的实例（不是所有数据库中存放的数据都表达一个实体的实例，如实体之间的联系的实例也保存在数据库中）。

（2）属性的域。属性的域是指单个属性或者多个属性的取值范围。每个属性都与一个取值集合相关，这个集合就是属性的域。此处域的概念与2.1.1小节中域的概念类似。一个完整的E－R模型应该包括每个属性的域。

【例3－6】学生实体可由学号、姓名、性别、出生日期、入学年月、系、年级等属性组成。性别的域为（男，女）；月份的域为1~12的整数；出生日期的域也基本在万年历中；姓名的域相对难以确定，因为可以是各种可能的名字，但它可以是一个字符串，任何字符串都可以是姓名。

（3）简单属性和复合属性。

① 简单属性。简单属性是不可再细分的属性，也称为原子属性，如学号、年龄、性别等。

② 复合属性。复合属性是可以再细分的属性，可以再划分为若干个原子属性。为了简化，可以把相关属性聚集起来，使模型更加清晰。例如，电话号码＝区号＋本地号码、出生日＝年＋月＋日。

（4）单值属性和多值属性。

① 单值属性。单值属性是指实体中每一个实例在该属性上的取值唯一。例如，学生实体中的学号、年龄、性别、系别等属性。

② 多值属性。多值属性是指实体中不是所有实例在该属性上的取值都唯一，可能存在某一实例在该属性上有多于一个的取值。例如，在学生实体中，假如有"联系电话"属性，则可能有的学生实例的电话号码多于一个。

（5）导出属性和Null属性。

① 导出属性。导出属性是指可以从其他相关的属性或实体派生出来的属性。例如，学生（学号,姓名,平均成绩）、选课（学号,课程号,成绩），则平均成绩可由学生所选课程的总成绩除以课程总数来得到，称平均成绩为导出属性。与之对应，把成绩属性称为原始属性。

在数据库中，一般只保存原始属性，不保存导出属性。对于导出属性，只保存其定义或依赖关系，用到时再从原始属性中计算出来。

② Null属性。Null表示"无意义"，当实体在某个属性上没有值时设为Null。例如，通讯录（姓名、e-mail、电话），若某人没有e-mail地址，则在e-mail属性上取值为Null。

Null表示"值未知"，即值也可能存在，但目前没有获得该信息。

要注意实体的完整性，作为主键的属性上取值不能为Null。

（6）属性的图形化表示。如果要在一个实体中表达它的属性，可以将表示实体的矩形分成两部分：上半部分是实体的名字；下半部分是实体的属性。第一个列出的属性应是实体的主键，在主键对应的属性后面标记"（PK）"，如图3－7所示。

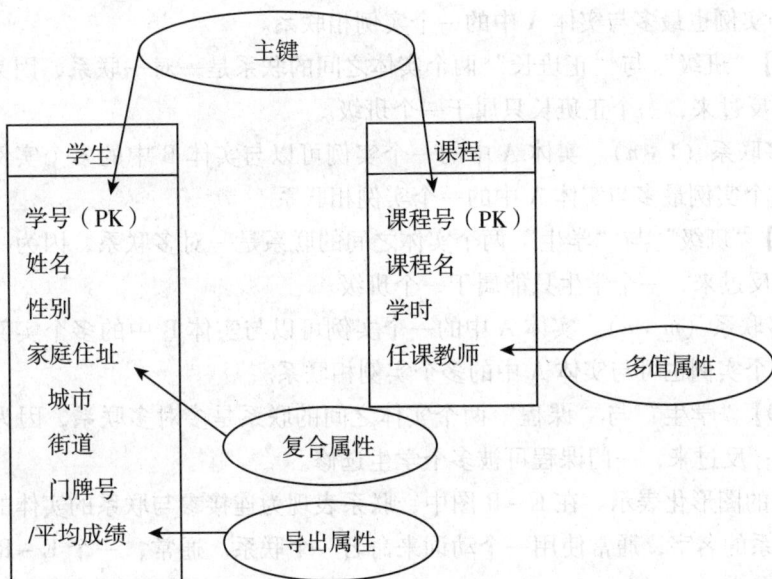

图 3 - 7　学生和课程实体及属性的图形化表示

对于一些相对简单的数据库应用系统，有可能在 E - R 图中列出每个实体的所有属性；对于稍微复杂的数据库应用系统，只列出那些实体的主键的属性，这样可以简化 E - R 图的表示，使其看起来更加清晰明了。

3. 联系

（1）联系的概念。联系是指实体之间的相互关联。例如，学生实体与课程实体之间有选课联系、学生实体与学生实体之间有班长联系。

（2）联系的实例。联系的实例是一个可以唯一标识的关联，涉及参与该联系的每个实体的一个实例。

与实体和实体的实例的概念类似，一个联系的实例表达了具体关联的实体的实例。

【例 3 - 7】"张三"选修了"MySQL 数据库应用"课程，学生和课程之间的选课联系往往是现实中学生实体的实例与课程实体的实例之间具体发生的。说两个或者多个实体之间有联系，应该能联想到该联系的实例如何呈现。

（3）联系的元或度。参与联系的实体的个数称为联系的元。例如，学生与学生的班长联系只涉及一个实体，是一元联系；学生选修课程的联系涉及学生和课程两个实体，称为二元联系；供应商向工程供应零件涉及供应商、工程、零件三个实体，称为三元联系。在 E - R 图中，用到最多的是二元联系。

（4）联系的属性。联系也可以有属性，如学生与课程之间有选课联系，每个选课联系的实例都有一个成绩作为其属性。

（5）联系的方式。两个实体 A 和 B 之间的联系可能是以下三种情况之一：

① 一对一联系（1∶1）。实体 A 中的一个实例最多与实体 B 中的一个实例相联系，实

体 B 中的一个实例也最多与实体 A 中的一个实例相联系。

【例 3-8】"班级"与"正班长"两个实体之间的联系是一对一联系,因为一个班级只有一个班长;反过来,一个正班长只属于一个班级。

② 一对多联系(1:n)。实体 A 中的一个实例可以与实体 B 中的多个实例相联系,而实体 B 中的一个实例最多与实体 A 中的一个实例相联系。

【例 3-9】"班级"与"学生"两个实体之间的联系是一对多联系,因为一个班级可有若干个学生;反过来,一个学生只能属于一个班级。

③ 多对多联系(m:n)。实体 A 中的一个实例可以与实体 B 中的多个实例相联系,而实体 B 中的一个实例也可与实体 A 中的多个实例相联系。

【例 3-10】"学生"与"课程"两个实体之间的联系是多对多联系,因为一个学生可选修多门课程;反过来,一门课程可被多个学生选修。

(6)联系的图形化表示。在 E-R 图中,联系表现为连接参与联系的实体的一条线,在线上标注该联系的名字,通常使用一个动词来命名一个联系。通常,一个 E-R 图中的联系应该有唯一的名字。

在表示与一个联系相关的属性时,采用与实体相同的矩形。但是,为了与实体区分,没有实体名字,只有属性,并且用虚线将表示属性的矩形和联系连接起来。

对于一对一、一对多、多对多的联系方式,在联系的直线上,靠近一方实体的地方标注"1",靠近多方实体的地方用"*"表示。

图 3-8 表达了学生选修课程的联系,其中"*"代表了多方,虚线代表了联系的属性。图 3-9 表达了班级与学生这两个实体之间的联系是一对多联系。学生与学生的班长联系只涉及一个实体,是一元联系,E-R 图可以表示为图 3-10。

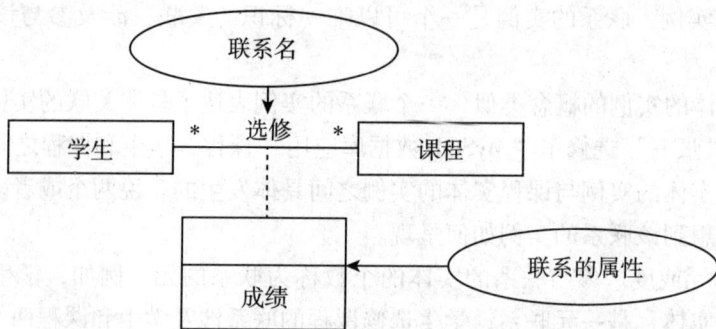

图 3-8 学生实体和课程实体之间多对多联系的图形化表示

图 3-9 班级实体和学生实体之间一对多联系的图形化表示

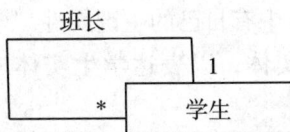

图 3 - 10   学生实体和学生实体一元联系的图形化表示

在 E - R 图中，菱形用来表示二元以上的联系，菱形内部标注联系的名字，与参与联系的实体之间用直线相连。例如，供应商向工程供应零件涉及供应商、工程、零件三个实体，为三元联系，E - R 图可以表示成图 3 - 11。

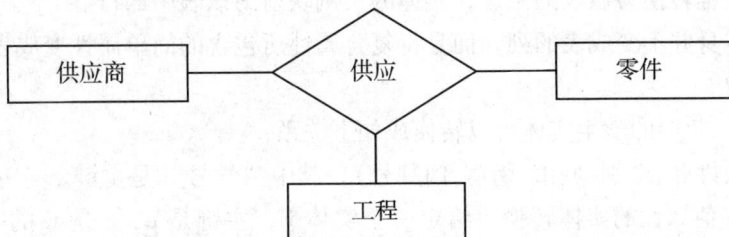

图 3 - 11   供应商、工程、零件实体之间三元联系的图形化表示

4. 实体与属性的区分

概念设计的第一步就是对需求分析阶段收集到的数据进行组织，形成实体、实体的属性，标识实体的码，确定实体之间的联系类型（一对一联系、一对多联系、多对多联系），设计成 E - R 图。

在 E - R 图的设计过程中，对于实际事物，是当作实体处理还是当作属性处理，它们之间并没有形式上的截然区分，可以遵循以下原则：现实世界中的事物能作为属性对待的尽量作为属性对待，"属性" 不能再具有需要描述的性质。也就是说，"属性" 必然是不可分割的数据项，不能包含其他属性，不能是另外一个属性的聚集；"属性" 不能与其他实体具有联系，即 E - R 图中所表示的联系必须是实体之间的联系，而不能有属性与实体之间的联系。

3.1.3   从 E - R 模型导出逻辑结构

在概念设计阶段构建好 E - R 模型之后，逻辑设计的主要工作是将 E - R 模型转换设计成关系数据库的关系结构（表结构），以关系结构的形式表示实体、属性、联系。

实体与实体之间的联系通过主/外键机制表示，在决定如何使用外键属性时，必须首先确认联系中包含的父实体和子实体。父实体是包含主键属性的实体，而且这个主键属性在子实体中作为外键。

在例 3 - 1 中，有班级、学生实体，班级实体是父实体，有 "班级号" 作为主键属性，学生实体是子实体。尽管学生实体中有自己的主键属性"学号",但是学生实体中要有"班级号"作为外键属性,呼应其父实体,以表达学生实体中的实例属于其父实体中的某个实例。

下面讲述怎样从 E-R 模型中导出关系结构,介绍了六条转换规则,但是最常用的转换规则有三条:实体转换规则、二元一对多联系转换规则、二元多对多联系转换规则。

1. 实体转换规则

(1) 包含简单单值属性和复合属性的实体转换。E-R 图中的每一个实体转换成关系数据库中的一个表,并用实体名来命名这个表。表中所包含的列代表了该实体的所有简单单值属性,实体的主键转换为该表的主键,实体的实例映射为该表中的行。

复合属性本身并不变成表的列,而是将复合属性所包含的简单属性变成表的列。导出属性不反映在表中。

例如,图 3-7 中的学生实体可以转换成如下关系:

学生(学号,姓名,性别,城市,街道,门牌号),其中"学号"是主键。

(2) 包含多值属性的实体转换。给定一个实体 E,主键是 p,a 是 E 的一个多值属性,那么 a 转换成自身的一个表,该表的列包含 p 和 a,这个表的主键是 p 和 a 的组合。E 当然映射成一个表。

例如,图 3-7 中的课程实体可以转换成如下关系:

课程(课程号,课程名,学时),其中"课程号"是主键;

课程任课教师(课程号,任课教师)。

2. 二元一对多联系转换规则

当两个实体 E 和 F 参与一个二元一对多联系时,这个联系在关系数据库设计中一般不被转换成自身的一个表。假设实体 F 表示多方,那么从实体 F 转化成的表 T 中应包括从实体 E 转化的表的主键,称为表 T 的外键。表 T 的每一行都通过一个外键值联系到实体 E 的一个实例。

例如,图 3-9 中班级与学生实体的一对多联系转换成如下关系:

班级(班级号,班级名,专业名),其中"班级号"是主键;

学生(学号,姓名,性别,城市,街道,门牌号,班级号),其中"学号"是主键,"班级号"是外键。

在实际应用中,有时会看到对于一对多联系也单独转换成一个关系模式的情形。联系单独对应一个关系模式,则由联系的属性、参与联系的各实体的主键属性构成关系模式,多方的主键作为该关系模式的主键,一方的主键作为外键。

例如,图 3-9 中班级与学生实体的一对多联系有时也转换成如下关系:

班级(班级号,班级名,专业名),其中"班级号"是主键;

学生(学号,姓名,性别,城市,街道,门牌号),其中"学号"是主键;

隶属(学号,班级号),其中"学号"是主键,"班级号"是外键。

3. 二元多对多联系转换规则

当两个实体 E 和 F 参与一个二元多对多联系 R 时，联系 R 转换成一个表 T。这个表包括从实体 E 和 F 转化而来的两个表的主键，还要加入联系的属性。来自两个表 E 和 F 的主键可能共同组成表 T 的主键，也可能需加入联系的属性才能构成表 T 的主键。

例如，图 3-7 中描述的学生与课程实体之间的多对多联系可设计如下关系模式：

学生（学号，姓名，性别，城市，街道，门牌号），其中"学号"是主键；

课程（课程号，课程名，学时），其中"课程号"是主键；

选修（学号，课程号，成绩）。

关系模式选修的主键是由"学号"和"课程号"两个属性组合起来构成的一个主键。

4. 二元一对一联系转换规则

对于二元一对一联系而言，需仔细辨认一下，两个实体中的实例是否均参与了联系。对于实例全部参与联系的情形，要合并表，以减少外键的使用；对于实例部分参与联系的情形，可以加入外键来表达联系。

（1）实例全部参与联系的一对一转换。如果给定实体 E 和 F，它们的联系是一对一联系，两个实体中的实例均参与了联系，那么最好将实体 E 和 F 对应的两个表合并成一个表，由此而避免使用外键。

例如，"班级"与"正班长"两个实体之间的联系是一对一联系。假定每个班级（班级的实例）一定有正班长，每个正班长（正班长的实例）一定有对应的班级，说明班级的所有实例均参与了联系，正班长的所有实例也均参与了联系，这时可以将班级（班级号，班级名）和正班长（班长编号，班长姓名）对应的表合并为

班级班长（班级号，班级名，班长编号，班长姓名）。

（2）实例部分参与联系的一对一转换。如果给定实体 E 和 F，它们之间的联系是一对一联系，两个实体中的实例部分参与了联系（不是全部），那么实体 E 和 F 分别转换为表 S 和 T，并且在表 S 中加入表 T 的主键作为表 S 的外键，在表 T 中加入表 S 的主键作为表 T 的外键。

例如，"班级"与"正班长"两个实体之间的联系是一对一联系。假定有的班级（班级的实例）没有正班长，有的正班长（正班长的实例）在班级实体中找不到有对应的班级实例，说明不是班级的所有实例均参与了联系，也不是正班长的所有实例均参与了联系，这时可以将班级（班级号，班级名）和正班长（班长编号，班长姓名）单独转换成表，并且在班级表中加入"班长编号"作为外键，在正班长表中加入"班级号"作为外键，即

班级（班级号，班级名，班长编号）；

正班长（班长编号，班长姓名，班级号）。

5. 一元一对多联系转换规则

对于一元联系，一般不特别将联系转换成独立的表，而在参与联系的这个实体相应的表中加入联系的附加属性。

例如，图 3-10 中学生实体的班长联系是一个一元联系，学生实体转换成相应的表，在此表中加入"班长学号"属性。联系转换为表中的一列，即

学生(学号,姓名,性别,城市,街道,门牌号,班长学号)，其中"学号"是主键。

6. 多元联系转换规则

当多个实体参与一个多元联系 R 时，联系 R 转换成一个表 T。这个表包括参与该联系的实体的主键，还要加入联系的属性。

例如，图 3-11 中的供应商、工程、零件是一个多元联系，转换之后表的结构如下：

供应商(供应商号,供应商名称)，其中"供应商号"是主键；

工程(工程号,工程名称)，其中"工程号"是主键；

零件(零件号,零件名称)，其中"零件号"是主键；

供应(供应商号,工程号,零件号,数量)，该表描述供应商、工程、零件之间的联系。

3.2 网上购物业务分析

近年来，我国电子商务交易额的增长率一直保持快速增长势头，特别是网络零售市场发展更迅速，"11.11""12.12"网上购物狂欢节，各大电子商务平台，如天猫商城、京东商城等，其成交额更是不可小觑。与此同时，购物者足不出户借助网络轻轻地点击鼠标即可实现购物、查询商品以及相关信息，网上购物已经成为一种主流。

网上商城类似于现实世界中的商店，其差别在于，它是利用电子商务的各种手段，达成从买到卖的过程的虚拟商店，从而减少了中间环节，减少了运输成本和代理中间的差价，给普通消费和加大市场流通带来了巨大的发展空间。网上商城主要有以下三大类：

（1）商家对商家（Business To Business，B2B），其典型代表有阿里巴巴、中国制造网等，主要从事批发业务。

（2）商家对顾客直接销售（Business To Customer，B2C），其典型代表有当当、布易网、亚马逊、京东商城、欧谷商城、新蛋商城、中国巨蛋等，主要从事零售业务。

（3）客户对客户（Customer to Customer，C2C），其典型代表有淘宝网、易趣、拍拍、百度等。

无论哪种类型的网上商城，都不需要商店的租赁费，新的商品可以以最快的速度吸引到顾客的眼球。廉价的网络资源成本使得网络商城成本低廉，庞大的互联网带来了无限的市场，给商家与买家带来了庞大的利益和无限的需求。

也许很多人已经体验过"网上商城"购物模式，对于在互联网上购物的流程也有一定的了解。但是，当要真的着手设计一个"汽车用品网上商城"数据库应用系统时，要从哪里入手呢？

首先，看看电子商务网站的成功实例。如图 3-12 所示为天猫商城的主页截图，如图

3-13 所示为京东商城的主页截图。

图 3-12 天猫商城的主页截图

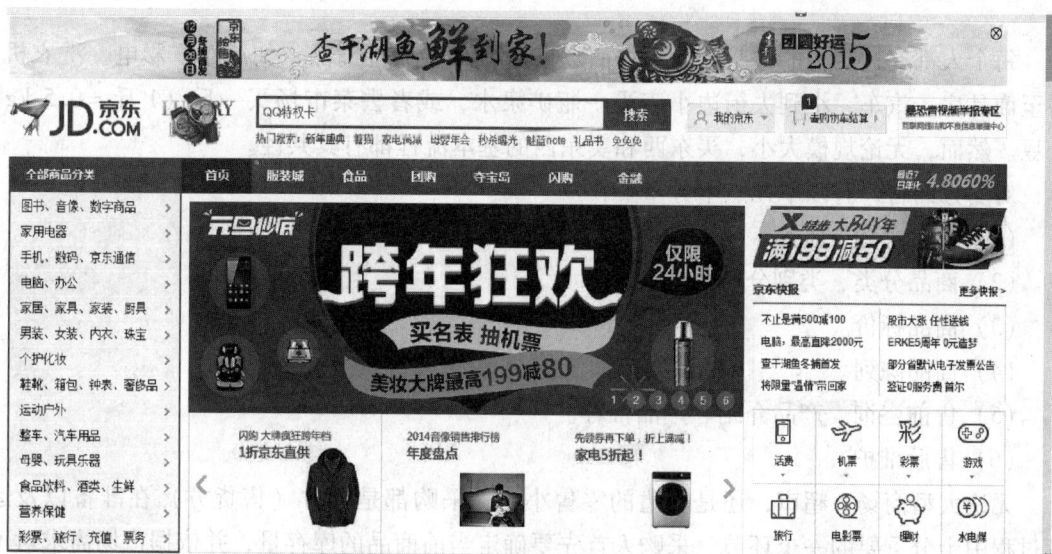

图 3-13 京东商城的主页截图

☞ **天猫与京东**

"天猫"（英文为 Tmall，又称为天猫商城）原名淘宝商城，是一个综合性购物网站，是马云淘宝网全新打造的 B2C 商业零售商城，整合了数千家品牌商、生产商，为商家和消费者提供一站式解决方案。2014 年 2 月 19 日，阿里集团宣布天猫国际正式上线，为国内消费者直供海外原装进口商品。

京东是中国最大的自营式电子商务企业，京东创始人刘强东担任京东集团首席执行官 (Chief Executive Officer, CEO)。2014 年 5 月 22 日，京东在纳斯达克挂牌，是仅次于阿里巴巴、腾讯、百度的中国第四大互联网上市公司。据有关统计，阿里巴巴、腾讯、百度、京东四家企业进入了全球互联网公司十强。

不难发现，在图 3 – 12 和图 3 – 13 中，有一些商城必备的基本元素，如商品分类、商品展示、商品查找、购物车等。再去其他电子商务网站上观察一下，会发现这些元素也同样存在。这就意味着，无论什么样的电子商务平台，究其根本，它的主要功能基本都是一样的，而这些基本元素都来自生活中的真实情景。

所谓的"网上商城"，不过是把真实生活中的商场、超市虚拟化后放到互联网上，而网上购物的业务流程、功能设计也都是从生活中得到启发转换而来的。本节将从生活中的购物场景分析入手，分析 B2C 的网上商城业务。

3.2.1 生活中的购物

每个人都有过购物的体验，大到去商场或商城采购大件商品，如冰箱、彩电、洗衣机，甚至商品房、汽车，小到去街边小店买一瓶矿泉水，或者去菜市场买一斤（1 斤 = 0.5 kg）土豆。然而，无论规模大小，买东西和卖东西的基本流程都有其共性。

对卖方而言，有以下几点十分重要：

（1）商品采购、入库。

（2）商品分类、类别分区。

（3）商品标价。

（4）商品陈列。

（5）售前咨询、产品介绍、产品推荐。

（6）售后维护。

无论大型商场、超市，还是街边的零售小店，采购都是卖方（售货方）在准备以及运营过程中十分重要的一个环节。采购人首先要确定当前商品的库存量，并依据市场需求对不同的商品进行定量采购。采购完成之后，应对这些新的商品进行登记、入库，以便在之后的运营中更好地管理商品数量。

卖方需要对不同的商品进行分类，进行商品陈列，将相同类别的商品放到一起，相似的商品放在附近。在日常生活中，可以看到各种各样的商品陈列。事实上，商品陈列是商品营销中的一门艺术，好的商品陈列方式不仅可以美化店铺环境，使店铺看起来整洁、有格调、有特点，而且可以达到吸引顾客、刺激消费的效果，既方便卖方管理与统计，又方便顾客找到自己想要的东西，可以让顾客更方便地进行商品比较，从而选择最合适的商品。在分类、分区的过程中，可以按照不同的需求进行分类，如商品种类、品牌、功能等。每一个类别下还可以继续分出其他类别，如服装、美食是两个类别，服装还可以继续分为男装、女装、童装等；美食可以分为川菜、粤菜、鲁菜、泰国菜、韩国菜等。

价格是一个商品最重要的元素之一，每一个商品都有自己的价格，这个价格是卖方标定的，卖方依据商品成本、市场现状、供应渠道等因素综合分析后标定合理的价格，这个过程称为商品标价。

此外，为了减少在商品交易过程中或之后出现纠纷，做好充分的售前准备是十分必要的。每一种商品都应有其相应的商品介绍，同时，销售人员需要真实地向顾客介绍商品的功能性能以及各种参数，并且在需要时向顾客推荐合适的商品，让顾客可以在充分了解商品之后再进行购买。

在商品售出以后，还应对商品进行售后服务，其中包括一些使用咨询、维护保修、退货换货等工作。

在卖方做足了这一系列准备之后，对于买方，即消费者而言，生活中的购物通常有两种模式：购物单模式和逛街模式。前者顾名思义，就是在购物之前，明确地知道自己要什么，只要到达目的地，按照购物单中的商品买完东西就可以了；后者就是消费者没有明确自己想要什么商品，只是随便看看，看到吸引自己的商品才会购买。无论哪一种购物方式，如果想要买的商品数量或种类较多，通常消费者需要一个购物篮（购物袋）来盛放自己已经选取的商品。当然，最后并不一定购物篮（购物袋）中的所有商品都必须购买，消费者可以在结账买单的时候再做最后的选择。另外，如果要购买的商品比较少，并且不需要与太多商品比较，消费者也可以不用购物篮（购物袋），直接拿着所需要的商品结账买单即可。

3.2.2 "汽车用品网上商城" 业务分析

随着我国汽车数量的增加，汽车的配套产品也需要跟上步伐。从 2012 年开始，汽车用品已经成为京东商城、淘宝网等大型网络平台的一个重要部分。它的一大优势就在于运营成本相对于实体店节省很多。另外，这种运营模式也符合时下主流目标客户的消费习惯，当下的 "80 后" "90 后" 人群中，有车一族不在少数，而他们也正是网上购物的主力军。因此，我们试图构建一个 "汽车用品网上商城"，汽车用品与普通商品的网上购物业务基本相同，只是商城陈列的商品用于汽车。

通过 3.2.1 小节对生活中购物活动的分析，可以总结出购物业务的主要流程，并将其应用到 "汽车用品网上商城" 购物系统中，进行相应的业务与功能分析。

作为一个 "汽车用品网上商城"，与现实生活中购物不同的是，"汽车用品网上商城" 的用户必须注册、登录。这一功能是为了验证用户的有效性，为以后的交易做好保障。只有注册成为会员并且登录之后，才可以在 "汽车用品网上商城" 中买、卖东西，否则作为游客身份，只能浏览商品信息，不能完成其他操作。根据使用者身份类型的不同（卖方或是买方），可以将整个系统的业务流程分为两个部分。

对于卖方而言，他们的主要目的就是出售商品，但是在商品出售之前，他们需要打理好自己的商铺，就像在实体商店中一样。一般网上商城卖方的主要业务内容如图 3 - 14 所示。"汽车用品网上商城"也和一般网上商城业务一样，卖方除进行采购等线下工作以外，还需要在线上完成商品编辑、商品展示、商品交易等工作，并在商品售出后进行线下配送发货工作。

图 3 - 14　一般网上商城卖方的主要业务内容

而对于买方而言，一般网上商城就是一个在线的商场，买方可以通过直接搜索来寻找想要的商品，也可以在不同分类中浏览各种商品。当看到想要的商品时，将其放入购物车，稍后下单购买，也可以直接下单购买。在收到商品以后，可以对商品进行反馈，评价商品、店铺、相关人员等。买方的主要业务内容可用活动图来描述，如图 3 - 15 所示。"汽车用品网上商城"的买方也和一般网上商城一样。

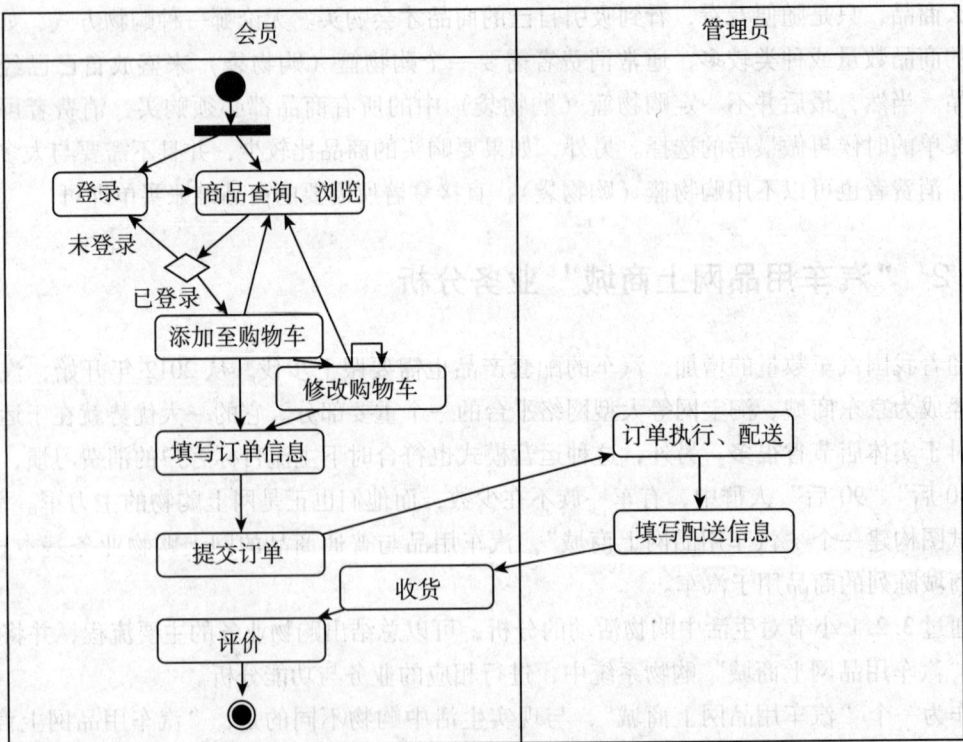

图 3 - 15　一般网上商城的买方活动图

☞　　　　　　　　　　**统一建模语言 UML**

UML 起源于 20 世纪 80 年代的面向对象分析和设计方法，由长期使用的经典建模技术实体－关系建模（Entity-Relationship Modeling，E－RM）、有限状态机（Finite State Machines，FSMs）、数据流图（Data Flow Diagrams，DFDs）等发展而来，目前是对象管理组织（Object Management Group，OMG）的一项标准，最新版本是 UML 2.0，被广泛用来对需求和设计成果进行建模。

UML 包括 13 种图：活动图、类图、通信图、组件图、组合结构图、部署图、交互图、对象图、包图、序列图、状态图、时限图、用例图，分别从静态和动态或者行为性的视角展示需求工程和设计成果。

3.3　"汽车用品网上商城"系统功能设计

通过 3.2 节，在了解了一般网上商城的业务流程后，完成了"汽车用品网上商城"的整个业务分析，接下来从用户的角度对"汽车用品网上商城"的功能进行分析。

用户进入"汽车用品网上商城"后，可以根据商品的类别或者各种排行来查看商品，也可以对特定商品进行搜索；想进一步了解商品，可以查看它的详细信息；对感兴趣的商品，可以将其添加到购物车，在购物车内可以随意增加、减少该商品的数量，或者删除该商品；选好需要的商品后，可以对购物车中的商品进行结算；在提交订单前，需要确认收货人信息、支付方式、购买的商品等信息；在提交订单后，可以查看订单的状态，并且管理订单；另外，还可以对个人信息进行管理，查看商城公告、商城帮助等。需要注意的是，购买商品前需要注册、登录，如果只浏览商品，则不需要登录。系统还需要一个后台来维护商品、用户以及订单的信息。

3.3.1　用例分析

用例图主要用来描述用户、需求、系统功能单元之间的关系。它展示了一个外部用户能够观察到的系统功能模型图，可以帮助开发团队以一种可视化的方式理解系统的功能需求。

本系统中的参与者及其主要工作如下：

（1）会员。会员是指已经在商城注册过的用户。会员可以浏览、查询及购买商品，进行个人购物车、订单的管理，以及个人信息管理。其用例图如图 3－16 所示。

（2）普通用户。普通用户是指没有在商城注册过的用户。普通用户可以注册成会员，浏览、查询商品。

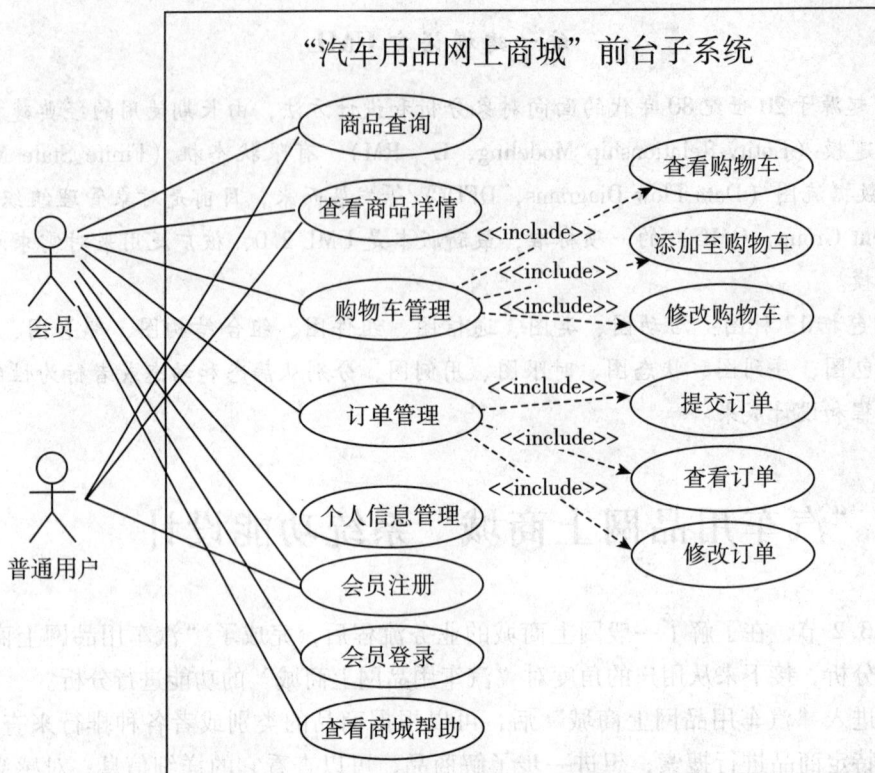

图 3－16 "汽车用品网上商城"系统用户用例图

（3）管理员。管理员是指进行后台管理的人员。管理员可以管理后台的商品类别，以及商品信息、会员信息、订单信息等。其用例图如图 3－17 所示。

3.3.2 模块设计

将"汽车用品网上商城"的总体功能框架分为前台模块和后台模块。前台模块主要是用户浏览、选购商品；后台模块则是方便管理员管理商品、订单以及会员信息。

1. 前台模块

"汽车用品网上商城"的前台主要进行商品的展现，方便用户通过商城购买自己所需要的汽车用品。其中，包括的子模块如图 3－18 所示。

（1）商品展台。商品展台是指以图片加文字的形式展现商品，有按类别展现的，以及按新品上市、特价商品、热销商品的排名展现的。

（2）商品查询。用户可以通过搜索框进行模糊查询，也可以按汽车品牌及车型选择合适的配件。

（3）查看商品详情。用户可以看到商品的详细信息。

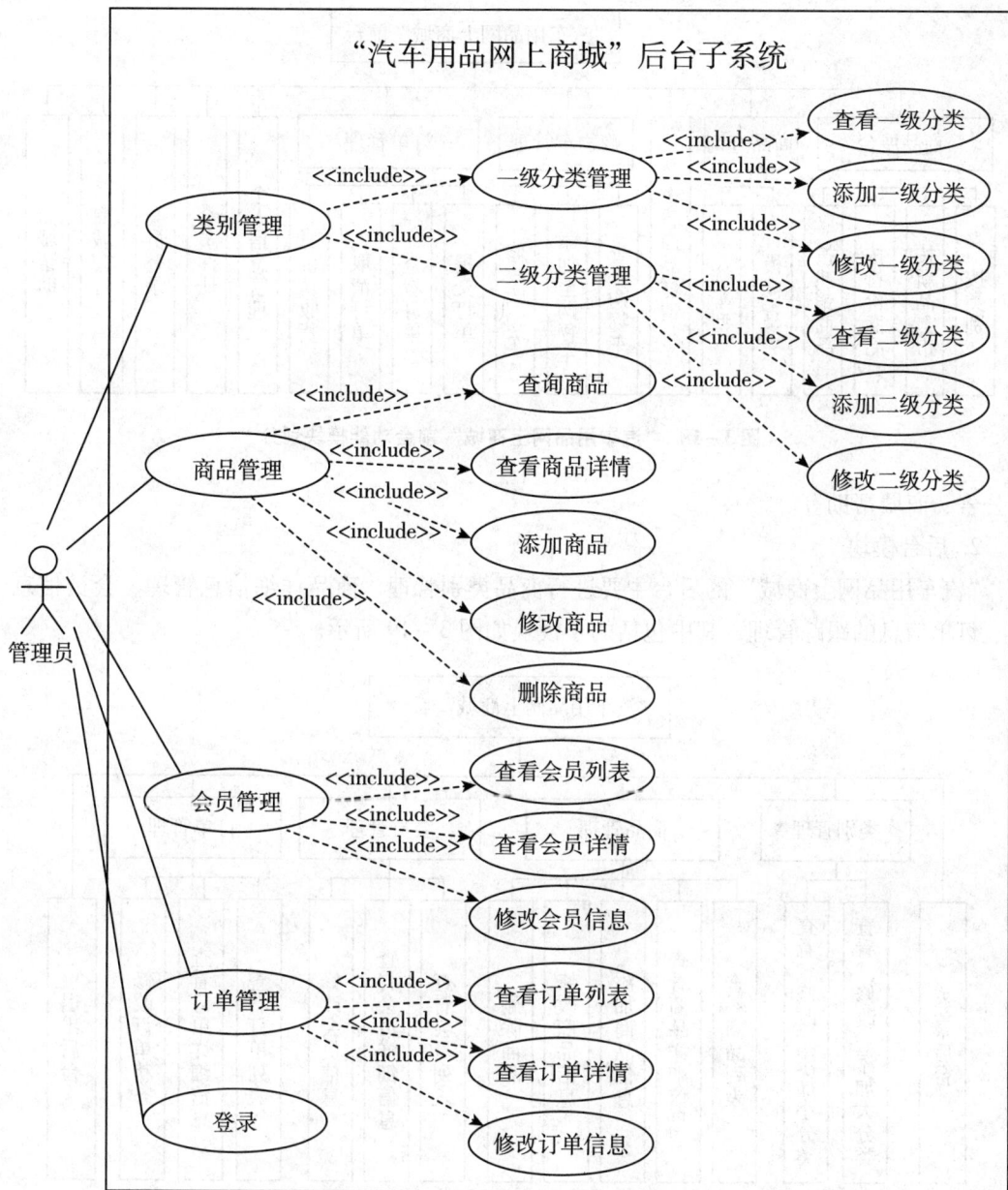

图 3-17　商城后台子系统用例图

（4）购物车管理。用户可以查看购物车；用户看好了商品之后，可以将其添加至购物车；可以修改购物车的内容，支持增加、减少商品的数量及删除商品。

（5）订单管理。用户可以提交订单；提交订单之后，可以在订单管理模块看到订单的最新状态；发货之前可以取消订单；在收货之后可以确认收货。

（6）其他辅助模块，包括个人信息管理（属于会员的部分）、会员注册、会员登录、商

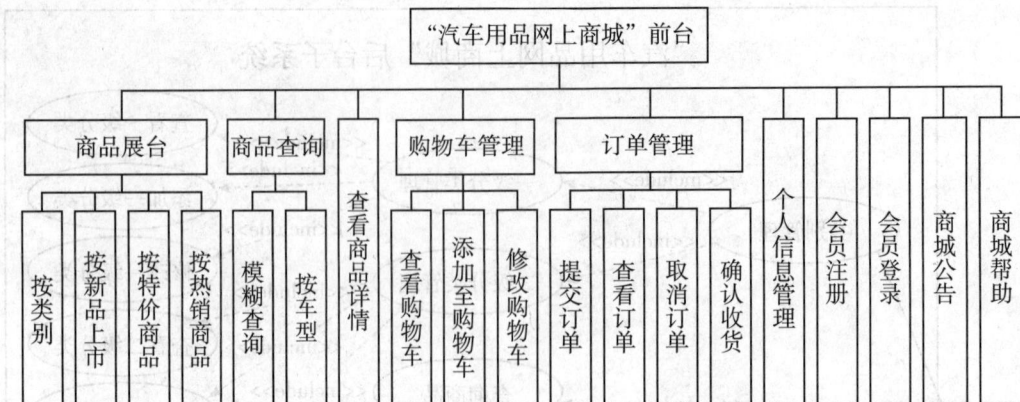

图 3-18 "汽车用品网上商城"前台功能模块划分

城公告、商城帮助等。

2. 后台模块

"汽车用品网上商城"的后台主要进行商品类别管理、商品详细信息管理、会员信息管理、订单信息的跟踪管理，其中包括的子模块如图 3-19 所示。

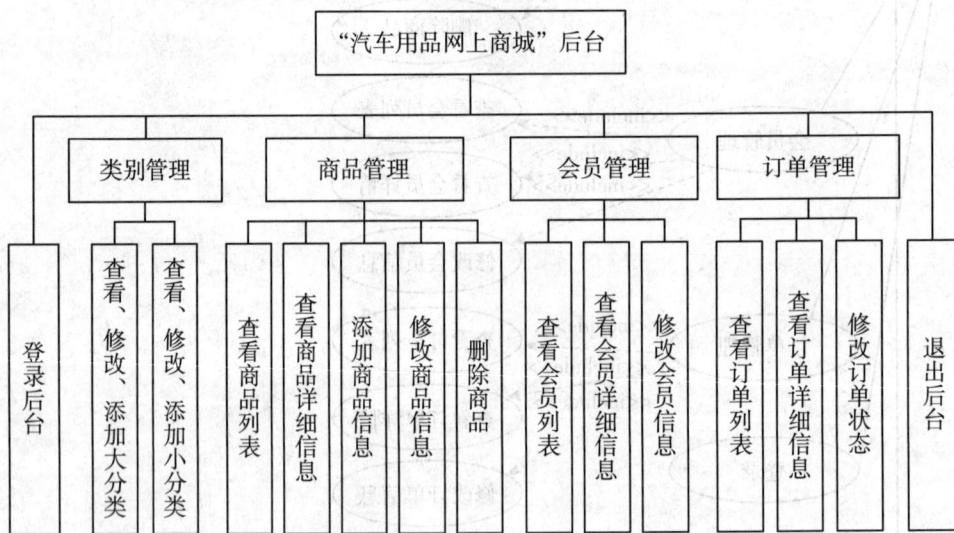

图 3-19 "汽车用品网上商城"后台功能模块划分

（1）类别管理。可以查看分类，并进行商品分类的修改和添加（不能删除）。

（2）商品管理。可以查看商品列表，查看商品详细信息，添加、修改及删除商品（前台用户看到的新品上市、特价商品、热销商品等功能，实际上是后台管理人员对商品属性进行修改后前台查看的过程）。

（3）会员管理（属于会员部分）。可以查看会员列表，查看会员详细信息，以及修改会员信息。

（4）订单管理。可以查看前台客户提交的订单列表，查看订单详细信息，修改订单状态（后台管理人员根据订单详细信息实施配送发货之后，将订单状态修改为"已发货"）。

（5）其他模块，包括管理员的登录和退出。

接下来的工作就是依照这个功能来完成数据库的设计，并且在设计的过程中对其不断优化、改进，使得数据库更加完善。

3.4 "汽车用品网上商城" 数据库的概念结构

1. 实体的抽象

在前面"汽车用品网上商城"的功能设计中，无论卖方还是买方，开始均需要注册，在使用过程中，均需要通过用户名、密码的验证。因此，首先将用户抽象成一个实体，该实体的主键可以是用户 ID，以及基本属性，包括用户名、密码、头像、电话、电子邮箱等。所有用户又可以细分为卖方或买方，所以需要对用户进行分类，用户类别也抽象为一个实体，主键是用户类别编码。

汽车配件（商品）实体包括汽车配件编号、汽车配件名称、分类、原价、现价等属性。汽车配件编号是识别不同汽车配件实体的唯一标识，作为汽车配件实体的主键，其他为汽车配件的通用属性，如汽车配件名称、商品图片、商品描述、原价、现价等。另外，还有用于前台列表展现的属性（如按热销商品、特价商品、新品上市排序的列表，是否促销，上架日期，销售件数等）。

在这里，"商品类别"是一个非常复杂的属性，它可以进行多层级的分解，一个大类别中还可以包含该类别下的小类别。针对这种情况，可以将商品类别作为一个实体单独列出，其主键为"类别编号"。以上几个实体可以描述为图 3-20。

2. 联系的抽象

显然，用户类别与用户实体之间存在一对多联系，一个用户类别对应多个用户，而一个用户只能属于一个用户类别；商品类别与汽车配件实体之间存在一对多联系，一个商品类别包含多个汽车配件，一个汽车配件只能属于一个商品类别；网上购物可以理解为用户与汽车配件的多对多联系，一个用户可以购买多个汽车配件，一个汽车配件也可以被多个用户购买。商品类别可以进行多层级的分解，一个大类别中还可以包含该类别下的很多小类别，一个小类别一定只能属于大类别中的一个，因此，商品类别上有一元一对多联系。可以初步得到如图 3-21 所示的 E-R 图。

从形式上看，图 3-21 中既有实体，又有联系，是一个比较完整的 E-R 图。基于该E-R 图，也可以给出数据库的逻辑结构（E-R 模型与关系数据库逻辑结构的转换）。但是对该 E-R 图进行稍微深入的分析就会发现，该 E-R 图在表达用户与汽车配件的联系时过

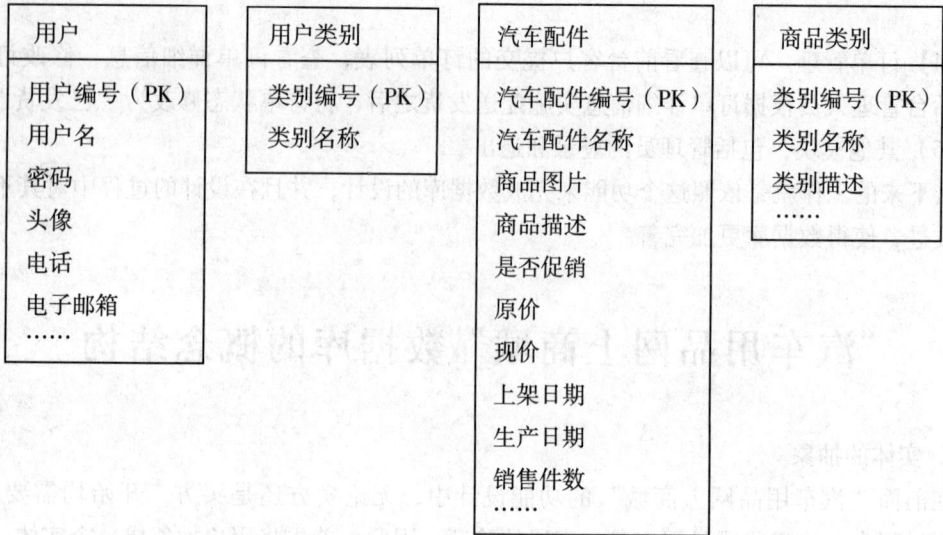

图 3 – 20　"汽车用品网上商城"实体图初步

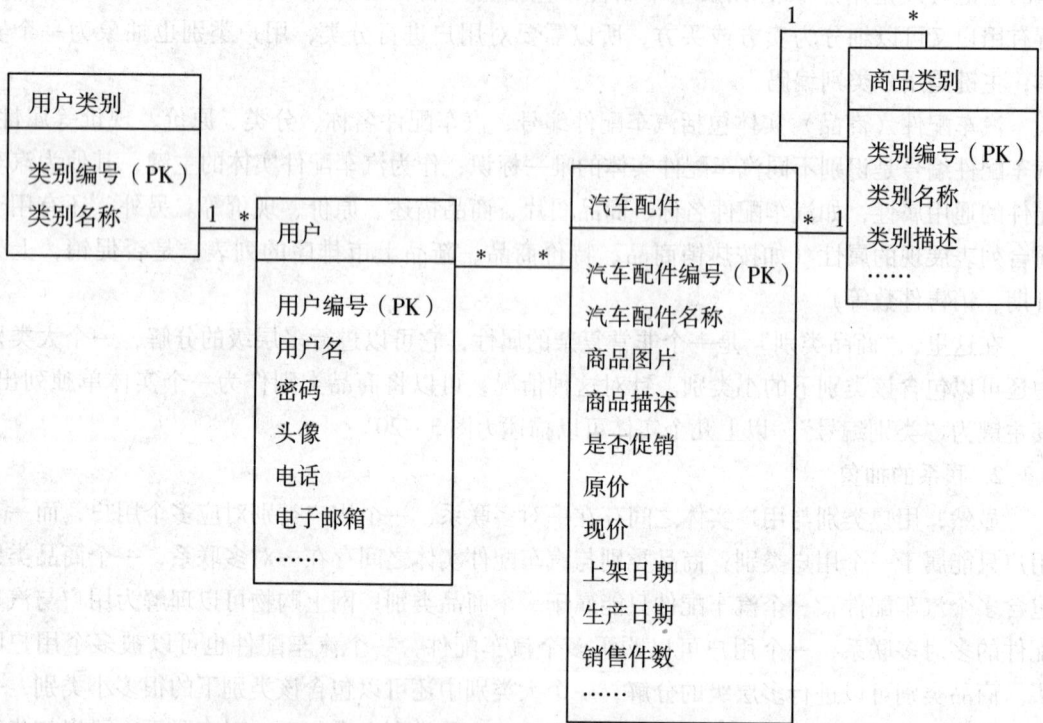

图 3 – 21　"汽车用品网上商城"E – R 图初步

于简单，反映联系的实质不是很准确。例如，用户购买商品是通过购物车完成的（当然，购物车内可以只有一件商品，此时对应直接购买的功能），用户与商品之间的多对多联系没有反映出用户购买商品是通过哪个购物车购买的；更进一步，如果把购物车理解为超市采购过程中的购物篮（购物袋），购物篮（购物袋）只是用于临时存放待选购的商品，当用户离开超市时，还必须有付款结账的环节。结账付款前，要核对本次购买的商品价格、商品数量，计算本次购买需支付的费用。换个角度说，就是用户在购物车内选定商品之后，最后要通过一个订单完成结账付款等工作，一个订单中可以包含多个商品等。因此，要对图 3－21 中的 E－R 图进行细化修正。

3. "汽车用品网上商城" E－R 模型

首先引入购物车实体来表达用户选定商品的过程，然后引入订单实体，表达用户离开商城结账付款的环节。当用户计划要购买某个商品时，首先需要将这个汽车配件放入购物车，购物车内存放了计划购买的若干商品，然后针对购物车中包含的商品下单，生成一个订单，告诉商家，要采购订单中包含的商品。商家收到订单之后，将订单中的商品准备好，配送给用户。一个用户可以拥有多个订单，而每个订单的所有人只能是一个；并且在每个订单中，除必要的订货人信息（姓名、地址、电话等）以外，还要有所购买的一个或者多个商品，也就是说，一个订单可以包含多个商品，若要把这些商品都当作订单的属性，那么会使得订单过于复杂，且不好管理。因此，这里还需要增加一个订单明细来对订单进行描述，而且一个订单中可以出现多个商品，一个商品也可以出现在不同的订单中。另外，评论信息也需要保存在数据库中，引入评论实体，包括评论编号和评论内容，与用户实体是多对一联系，与汽车配件实体也是多对一联系。梳理一下前面的实体联系，可以得到以下内容：

（1）商品类别（Category）实体。商品类别实体表示商品的分类，其中包括类别编号（主键）、类别名称、类别描述等。

（2）汽车配件（Product）实体。汽车配件实体表示商品信息，其中包括汽车配件编号（主键）、汽车配件名称、商品图片、商品描述、是否促销、原价、现价、上架日期、生产日期、销售件数等。

（3）用户实体。用户实体表示用户注册信息，其中包括用户编号（主键）、用户名、密码、头像、电话、电子邮箱等。

（4）用户类别实体。用户类别实体表示两种不同的用户类型：买方用户和卖方用户，有类别编号和类别名称两个属性。

（5）订单实体。订单实体表示用户购买商品的订单信息，其中包括订单编号（主键、系统自动生成）、订单状态、下单日期、用户编号、商品总价、运费、订单总价、总重量、配送类型、快递单号、是否包邮、是否已付款、是否自提、收货人姓名、电话、送达时间、地址、支付类型等。与退货相关的有退货配送类型、退货快递单号、退款金额。

（6）订单明细实体。订单明细实体表示每个订单中所包含的商品条目，其中包括汽车配件编号、商品单价、商品数量等属性。

（7）购物车实体。购物车实体表示用户放到购物车中的商品条目，与用户和汽车配件关联，其中包括汽车配件编号（外键）、用户编号（外键）、数量、添加时间。

（8）评论实体。评论实体表示用户对商品的评论，其中包括评论编号（主键）、评论内容；应该与汽车配件、用户实体关联。

其 E－R 图如图 3－22 所示。一个商品类别对应多个汽车配件；汽车配件与用户之间是多对多联系，它们形成的关系是购物车的信息；汽车配件和订单之间是多对多联系，即"订单含有的配件"关系，就是订单明细，包括汽车配件的单价、数量、下订单的时间等；用户和订单之间是一对多联系，即一个用户对应多个订单。

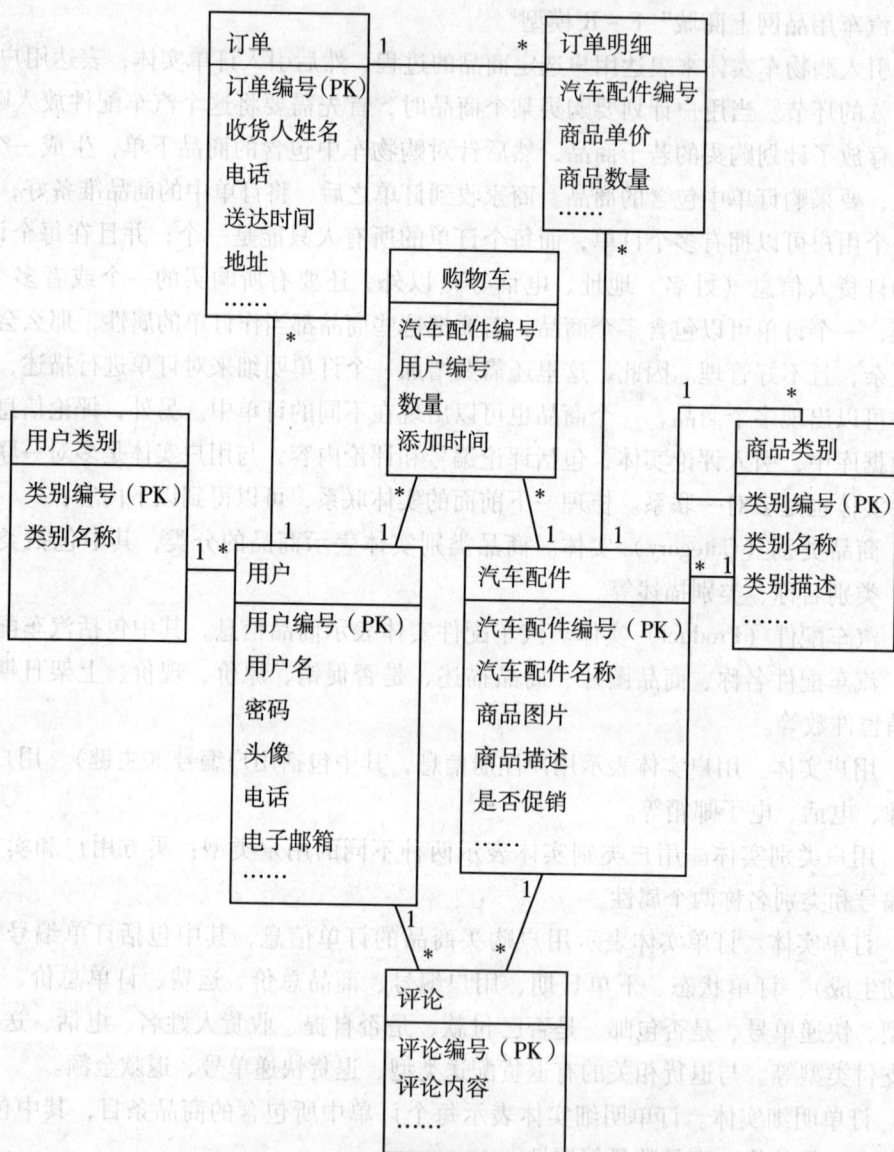

图 3－22 "汽车用品网上商城" E－R 图

将购物车的信息通过实体关系表现出来，购物车的信息也存储到数据库中。在一般情况下，购物车的信息有两种存储方式：一种是程序开发中通过会话（Session）保存；另一种是放到数据库表中。考虑到会话只能暂时保存购物车信息，当用户关闭浏览器，再重新打开时，会话就会失效，购物车中的信息也就不存在了，所以将购物车信息存储到数据库中。

3.5 "汽车用品网上商城" 数据库的逻辑结构

针对如图 3-22 所示的 "汽车用品网上商城" E-R 模型，结合 3.1.3 小节中介绍的转换规则（主要使用了二元一对多联系的转换规则），最终形成 "汽车用品网上商城" 数据库的逻辑结构，共八个表。

（1）汽车配件表。Autoparts 表示商品信息，其中包括汽车配件编号（主键）和分类编号（外键，来自多对一的父实体商品类别的主键 "类别编号"）等，如表 3-4 所示。

表 3-4 汽车配件表

基本表英文名称：Autoparts				
基本表中文名称：汽车配件表				
编号	英文字段名	中文字段名	类型说明	字段类型	备注
---	---	---	---	---	---
1	Apid	汽车配件编号	整型	INTAUTO_INCREMENT	主键约束
2	Apname	汽车配件名称	字符串	TINYTEXT	非空约束
3	image_link1	商品图片链接 1	字符串	VARCHAR(50)	
4	image_link2	商品图片链接 2	字符串	VARCHAR(50)	
5	image_link3	商品图片链接 3	字符串	VARCHAR(50)	
6	Introduction	商品描述	字符串	TEXT	
7	is_sale	是否促销	布尔型	BOOL	
8	old_price	原价	数值	DECIMAL(5,2)	
9	Price	现价	数值	DECIMAL(5,2)	
10	Weight	重量	整型	INT	
11	is_general	是否通用	布尔型	BOOL	
12	virtual_inventory	虚拟库存	整型	INT	
13	Inventory	实际库存	整型	INT	
14	productive_year	生产日期	日期时间	DATETIME	
15	shelve_ate	上架日期	日期时间	DATETIME	
16	hot_product	销售件数	整型	INT	
17	SecondClass_scid	分类编号	整型	INT	外键约束
18	Brand	配件品牌	字符串	TINYTEXT	

说明：虚拟库存表示给用户看的库存，下订单减虚拟库存，退订单加虚拟库存；实际库存表示库存的实际状态，出库减实际库存，入库加实际库存。

（2）商品类别表。Category 表示商品的分类，其中包括类别编号（主键）、类别名称、类别描述、父类别编号（外键，来自一元联系父实体商品类别的主键"类别编号"），如表3-5所示。

表3-5　商品类别表

基本表英文名称：Category					
基本表中文名称：商品类别表					
编号	英文字段名	中文字段名	类型说明	字段类型	备注
1	Category_ID	类别编号	整型	INT AUTO_INCREMENT	主键约束
2	Name	类别名称	字符串	CHAR(50)	非空约束
3	Describe	类别描述	字符串	TEXT	
4	Category_C_ID	父类别编号	整型	INT	外键约束

（3）用户表。Client 表示用户注册信息，也称为会员表，包括用户编号（主键）、用户名、密码、头像、电话、电子邮箱、创建日期、类别编号，如表3-6所示。其中，类别编号是这个实体的外键，来自父实体用户类别的主键，用于表示用户身份是卖方还是买方。

表3-6　用户表

基本表英文名称：Client					
基本表中文名称：用户表					
编号	英文字段名	中文字段名	类型说明	字段类型	备注
1	Cid	用户编号	整型	INT	主键约束
2	Cname	用户名	字符串	CHAR(50)	非空约束
3	Password	密码	字符串	CHAR(10)	非空约束
4	Image	头像	字符串	VARCHAR(50)	
5	phone_number	电话	字符串	VARCHAR(20)	非空约束
6	Email	电子邮箱	字符串	VARCHAR(50)	
7	Createtime	创建日期	日期时间	DATETIME	
8	Ckind	类别编号	INT	INT	外键约束

（4）用户类别表。Clientkind 表示两种不同的用户类型：买方用户和卖方用户，有类别编号和类别名称两个属性，如表3-7所示。

表 3-7　用户类别表

	基本表英文名称：Clientkind				
	基本表中文名称：用户类别表				
编号	英文字段名	中文字段名	类型说明	字段类型	备注
1	Kid	类别编号	整型	INT	主键约束
2	Name	类别名称	字符串	VARCHAR(50)	非空约束

说明：本表中可以通过买方、卖方等类型来标识用户类型。

（5）购物车表。Shoppingcart 表示用户放到购物车中的商品条目，其中包括汽车配件编号（外键）、用户编号（外键）等，如表 3-8 所示。

表 3-8　购物车表

	基本表英文名称：Shoppingcart				
	基本表中文名称：购物车表				
编号	英文字段名	中文字段名	类型说明	字段类型	备注
1	Autoparts_apid	汽车配件编号	整型	INT	外键约束
2	Client_cid	用户编号	整型	INT	外键约束
3	Number	数量	整型	INT	非空约束
4	add_time	添加时间	日期时间	DATETIME	非空约束

说明：汽车配件编号和用户编号共同组成主键。

（6）订单表。Order 表示订单信息，其中包括订单编号（主键）、用户编号（外键，来自父实体用户的主键）、订单总价、收货人姓名、电话、送达时间、地址，如表 3-9 所示。

表 3-9　订单表

	基本表英文名称：Order				
	基本表中文名称：订单表				
编号	英文字段名	中文字段名	类型说明	字段类型	备注
1	Oid	订单编号	整型	INT AUTO_INCREMENT	主键约束
2	Status	订单状态	字符串	CHAR(20)	非空约束
3	order_date	下单日期	日期时间	DATETIME	非空约束
4	Client_cid	用户编号	整型	INT	外键约束
5	goods_price	商品总价	数值型	DECIMAL(5,2)	非空约束
6	carriage_price	运费	数值型	DECIMAL(5,2)	非空约束

续表

编号	英文字段名	中文字段名	类型说明	字段类型	备注
7	total_price	订单总价	数值型	DECIMAL(5,2)	非空约束
8	total_weight	总重量	数值型	INT	非空约束
9	DistributionType_dpid	配送类型编号	字符串	VARCHAR(50)	
10	courier_number	快递单号	字符串	VARCHAR(50)	
11	ReDistributionType_dpid	退货配送类型编号	字符串	VARCHAR(50)	
12	return_courier_number	退货快递单号	字符串	VARCHAR(50)	
13	is_carriage_free	是否包邮	布尔型	BOOL	
14	has_paied	是否已付款	布尔型	BOOL	
15	is_arayacak	是否自提	布尔型	BOOL	
16	Name	收货人姓名	字符串	VARCHAR(50)	非空约束
17	Telephone	电话	字符	VARCHAR(50)	非空约束
18	Arrivetime	送达时间	日期	DATE	
19	Address_aid	地址编号	字符串	TEXT	非空约束
20	pay_type	支付类型	字符串	VARCHAR(50)	非空约束
21	return_price	退款金额	数值型	DECIMAL(5,2)	

说明：订单状态具体见下文说明；增加字段 return_price 表示退款金额。

下面展示了订货的流程及订单状态变迁。订单从提交成功开始，分为以下几种状态：

① 已提交（submit）。用户确认下单，生成订单的为"已提交"。

② 已取消（cancel）。对于已经提交的订单可以取消。

③ 已确认付款方式（pay）。用户选择在线付款时需要完成订单支付过程。选择完成后，订单进入"已确认付款方式"状态，此时系统也认可了该订单，进入了配货流程。

④ 已发货（out）。当配送员完成拣货、包装并将快递包裹交付给第三方快递公司获得了相应的快递单号后，工作人员将该单号录入系统，订单进入"已发货"状态。

⑤ 已收货（finish）。客户收到商品后在系统中确认收货，或者客户未确认但是订单应该已经送达完成（过期自动收货）即进入"已收货"状态。

⑥ 退货中（return）。当客户发现商品存在质量缺陷或其他问题时，可以选择退货。这可能需要与客服人员协商，然后选择需要退的商品，并填写退货的快递单号，提交之后即进入"退货中"状态。

⑦ 退货完成（return_finish）。仓库收到用户退货后，需要确认收到的商品与提交的申请是否一致，并将相应退款支付给客户，此时订单"退货完成"。

（7）订单明细表。Order_has_Autoparts 表示每个订单中所包含的商品条目，其中包括汽车配件编号（外键）、订单编号（外键）、商品单价、商品数量等，如表 3-10 所示。

表 3-10   订单明细表

| 基本表英文名称：Order_has_Autoparts | | | | | |
| 基本表中文名称：订单明细表 | | | | | |
编号	英文字段名	中文字段名	类型说明	字段类型	备注
1	Autoparts_apid	汽车配件编号	整型	INT	外键约束
2	Order_oid	订单编号	整型	INT	外键约束
3	deal_price	商品单价	数值型	DECIMAL(5,2)	非空约束
4	Number	商品数量	整型	INT	非空约束
5	return_number	退货数量	整型	INT	
6	Time	添加时间	日期时间	DATETIME	

说明：汽车配件编号和订单编号共同组成主键。

（8）评论表。Comment 表示用户对商品的评论，其中包括评论编号（主键）、评论内容、汽车配件编号（外键）、用户编号（外键），如表 3-11 所示。

表 3-11   评论表

| 基本表英文名称：Comment | | | | | |
| 基本表中文名称：评论表 | | | | | |
编号	英文字段名	中文字段名	类型说明	字段类型	备注
1	Comment_id	评论编号	字符	INT AUTO_INCREMENT	主键约束
2	Comments	评论内容	字符	TINYTEXT	
3	Autoparts_apid	汽车配件编号	整型	INT	外键约束
4	Client_cid	用户编号	整型	INT	外键约束

{本章小结}

本章开始讲述了数据库设计的内容——概念设计、逻辑设计、物理设计，特别针对概念设计，以熟悉的教务管理系统为例，详细展现了概念设计中 E-R 方法的应用过程和方法。概念结构的最终结果是 E-R 模型的构建，当确定了数据库 E-R 模型之后，逻辑设计是顺理成章、规则转换的过程，有什么样的 E-R 图，就有什么样的逻辑结构。因此，在数据库设计过程中，E-R 方法十分重要，E-R 图绘制得准确与否直接关系到后期数据库逻辑结构的合理与不合理，对业务的认真分析、仔细推敲是数据库概念模型建立的基础。

统一建模语言（UML）是目前世界通用的系统分析与系统设计标准，掌握好 UML 的 E-R 模型绘制方法，是计算机、软件相关专业的基本技能。本章详细讲述了 E-R 模型的相关术语，特别展现了 E-R 模型的 UML 绘制方法，并举例说明了根据 E-R 模型导出关系数据库逻辑结构的转换规则，实体转换规则、二元一对多联系转换规则、二元多对多联系转换规则是十分常用的转换规则，请读者深刻领会其方法，并能自如地应用。

自 3.2 节开始，从生活中的购物业务分析谈起，详细分析了生活中购物的主要流程和形式。在此基础上，结合现有的网上商城购物系统，分析了"汽车用品网上商城"购物系统的主要业务，描述 UML 活动图，并依据业务分析对系统进行功能设计，给出了 UML 用例图和功能模块划分，梳理并总结了"汽车用品网上商城"前台的主要功能包括会员注册、商品展台、商品查询、查看商品详情、购物车管理、订单管理，后台的主要功能包括类别管理、商品管理、会员管理、订单管理、评论商品等。

本章给出了"汽车用品网上商城"数据库的概念模型和逻辑结构，特别是表 3-4～表 3-11，是后续各章的基础。在后续各章中，将依据"汽车用品网上商城"的数据库设计方案，开展 MySQL 平台下的各种操作讲解，包括 Shopping 数据库的创建，表 3-4～表 3-11 的表创建，数据的添加、删除、修改操作，Shopping 数据库下的各种查询、统计，Shopping 数据库的物理设计和系统维护，以及"汽车用品网上商城"前台、后台界面与数据库操作的对应，使读者充分理解数据库在应用系统中的作用。

{习题与思考}

1. 试述数据库设计过程中各个阶段的主要任务。

2. 试述概念模型的作用。

3. 名词解释：实体、实体的实例、属性、主键、联系、E-R 图。

4. 试述实体、属性、联系的 UML 画法。

5. 试述 E-R 模型导出关系数据库逻辑结构的转换规则。

6. 假设一个企业有许多职工，每个职工属于一个部门，职工工资主要由基本工资和绩效工资组成，绩效工资取决于出勤天数。试为该企业设计一套工资管理系统，说明主要功能划分，画出 E-R 图，给出该系统的数据库逻辑设计。

7. 某学校有若干个系，每个系有若干个班级和教研室，每个教研室有若干位教师，其中有的教授和副教授每个人各带若干个研究生，每个班有若干个学生，每个学生选修若干门课程，每门课程可由若干个学生选修。试设计 E-R 模型，并将其转换成关系数据库逻辑结构。

8. 某工厂生产若干种产品，每种产品由不同的零件组成，有的零件可用在不同的产品上。这些零件由不同的原材料制成，不同零件所用的材料可以相同。这些零件按所属的不同产品分别放在仓库中，原材料按照类别放在若干个仓库中。试设计 E - R 模型，包括工厂产品、零件、材料、仓库，并将其转换成关系数据库逻辑结构。

9. 试设计一个图书馆数据库，在此数据库中，对每个借阅者保存读者记录，包括读者号、姓名、地址、性别、年龄、单位；对每本书保存书号、书名、作者、出版社；对每本被借出的书保存读者号、借出日期和应还日期。要求：画出 E - R 图，再将其转换成关系数据库逻辑结构。

10. 描述网上购物的业务流程。

11. 描述 "汽车用品网上商城" 的功能模块组成。

12. "汽车用品网上商城" 为什么要有 "汽车配件编号" 这一数据项？

13. 说明 "汽车用品网上商城" 数据库中有哪些实体？有哪些联系？

14. 试述 "汽车用品网上商城" 数据库中有哪些表？其中订单表中有哪些字段？

第4章　MySQL 数据库创建与表管理

本章导读

　　前面学习了关系数据库的一些原理，并通过对网上购物业务分析、系统设计，形成了"汽车用品网上商城"数据库的表设计方案。本章首先介绍 MySQL 的下载安装方法，然后在 MySQL 下创建数据库。

　　MySQL 是一款数据库服务器的软件，当数据库服务器开启之后，应用程序首先要与数据库服务器创建连接，然后将 SQL 语句发送给数据库服务器，数据库服务器将 SQL 语句的执行结果返回给应用程序。MySQL 同时提供命令行工具（命令 mysql 和 mysqladmin）和图形化工具（MySQL Administrator、MySQL Query Browser、MySQL Workbench）两种管理数据库的方式。本章讲述利用这些工具管理数据库服务器的启动、连接、断开和停止方法。

　　2.3 节讲述了 SQL 规范可以分为 DDL、DQL、DML 和 DCL。本章全部集中在 DDL 部分，讨论 MySQL 中与数据库表相关的数据类型、数据约束问题，以及 MySQL 创建维护库、表的具体语句语法。本章也适合没有前面关系数据库相关理论知识的 MySQL 的初学者（尽管不建议这么做）。

学习目标

1. 了解 MySQL 的操作环境。
2. 理解 MySQL 数据库的构成和数据库服务器的作用。
3. 掌握安装和维护数据库服务器的方法。
4. 掌握常用的 MySQL 数据类型和完整性约束表达方式。
5. 掌握创建和维护表的语句与方法。

4.1 MySQL 数据库服务器的安装与配置

4.1.1 MySQL 软件介绍

1. MySQL 管理软件

1.5 节介绍了 MySQL 是一个关系型 DBMS，是一款开放源码的数据库产品。由于 MySQL 的开源性质，很多人在它的核心功能的基础上开发了很多管理软件。用户可以使用命令行工具（命令 mysql 和 mysqladmin）管理 MySQL 数据库，通过 SQL 中的 DDL、DQL、DML、DCL 语句，创建、查询、操纵、控制数据库；也可以从 MySQL 的网站上下载图形化工具 MySQL-Front、MySQL Administrator、MySQL Query Browser 和 MySQL Workbench 来创建、查询、操纵、控制数据库。这些图形化工具实际上是对 MySQL 命令的图形化包装，图形化工具中的所有功能都可以在命令行下完成，反之则不然。

MySQL Workbench 是一个由 MySQL 开发的跨平台、可视化数据库工具，它有各种不同的版本，可以运行在 Windows、Linux 和 OS X 系统上。本书重点介绍命令行工作方式和 MySQL Workbench 在 Windows 环境中的使用。

2. MySQL 下载

MySQL 官方网站地址是 http：//www. mysql. com/，可以打开该网站主页（如图 4 - 1 所示），选择 Downloads 选项卡；单击 MySQL Community Server 链接，有各种 MySQL 版本。例如，要下载 MySQL 5.5 版本，在 Select Version 中找到 5.5，在 Select Platform 中选择 MicroSoft Windows，单击 Windows（x86，32 - bit），MSI Installer 后面的 Download 按钮，下载 MySQL for Windows 服务器软件；单击 MySQL Workbench 链接，下载 MySQL Workbench。

图 4 - 1 选择下载页面选项卡

4.1.2 Windows 下 MySQL 的安装

下载后的 MySQL 安装文件是 mysql - 5. 5 - win32. msi（或者更高版本的编号），运行该程序，可以进行 MySQL 安装，安装完成后会显示如图 4 - 2 所示的界面。

在图 4 - 2 中，选中 Launch the MySQL Instance Configuration Wizard 复选框，单击 Finish 按钮，进行配置，显示如图 4 - 3 所示的对话框。

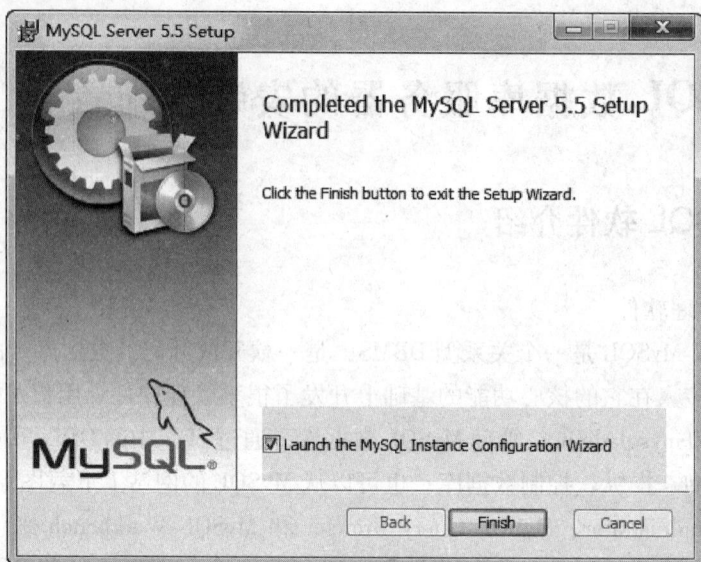

图 4 - 2　安装完成界面

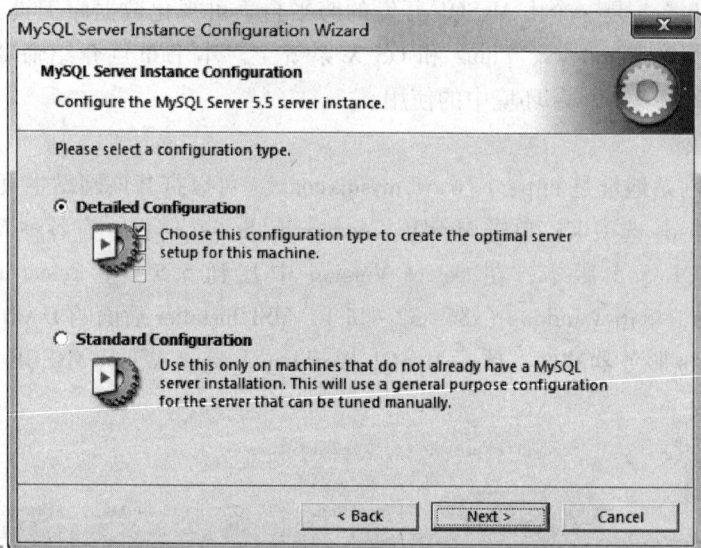

图 4 - 3　选择配置方式界面

　　在图 4 - 3 中，选中 Detailed Configuration 进行详细配置。单击 Next 按钮，在下一界面中选中 Developer Machine（开发者机器）单选按钮，单击 Next 按钮；继续选中 Multifunctional Database（多功能数据库），单击 Next 按钮；选择 InnoDB 表空间保存位置，单击 Next 按钮；在下一界面中，选择服务器并发访问人数；设置端口号和服务器 SQL 模式（MySQL 使用的默认端口是 3306，在安装时，可以修改为其他端口，如 3307，但是在一般情况下，不要修改默认的端口号，除非 3306 端口已经被占用）；选中 Manual Selected Default Character Set/

Collation（设置默认字符集编码为 utf8），单击 Next 按钮，选中 Install As Windows Service 和 Include Bin Directory in Windows PATH 复选框，针对 Windows 系统设置，单击 Next 按钮，打开如图 4 – 4 所示的对话框。

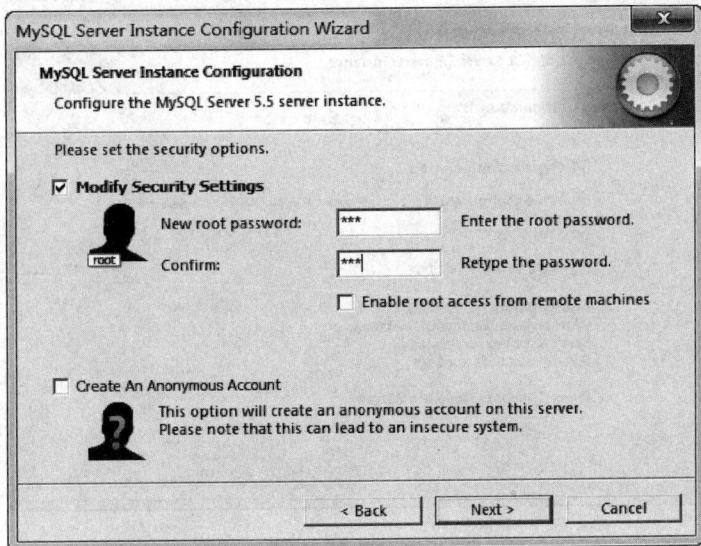

图 4 – 4　输入数据库的密码界面

在图 4 – 4 中输入数据库的密码 111，单击 Next 按钮（注意：在安装 MySQL 数据库时，一定要牢记在上述步骤中设置的默认用户 root 的密码，这是在访问 MySQL 数据库时必须使用的），打开如图 4 – 5 所示的对话框。

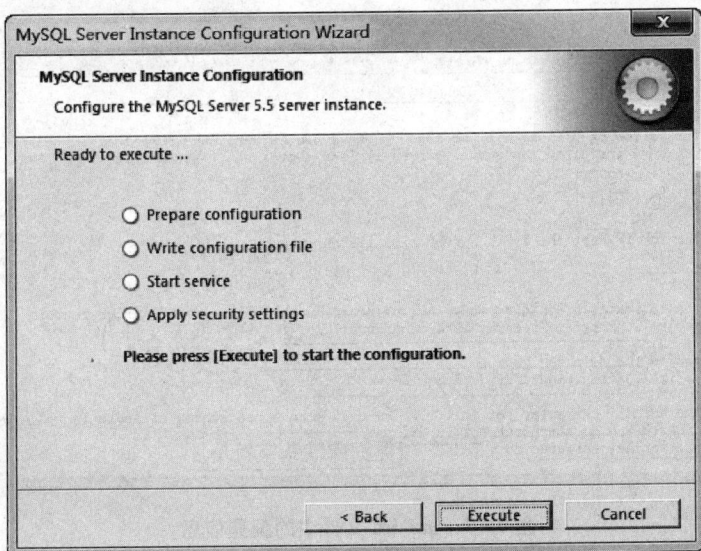

图 4 – 5　确认配置界面

在图 4 - 5 中单击 Execute 按钮，执行前面进行的各项配置，配置完成后的效果如图 4 - 6 所示。

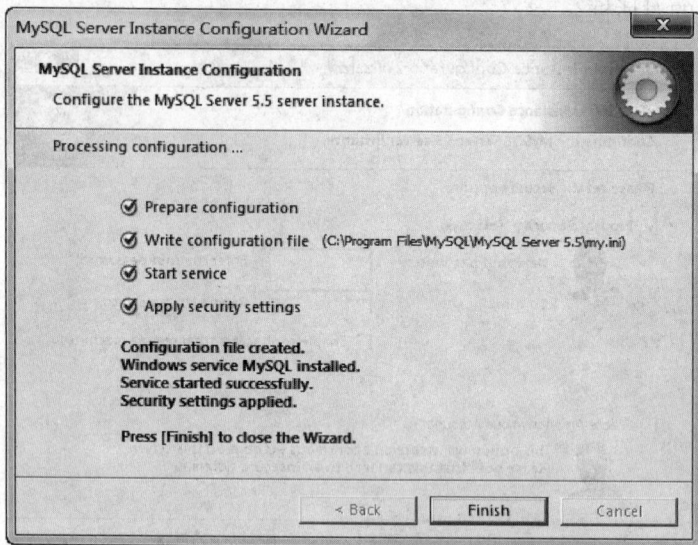

图 4 - 6 完成配置界面

到此，MySQL 已安装成功。如果要查看 MySQL 的安装配置信息，则可以通过 MySQL 安装目录下的 my. ini 文件来完成。

在 my. ini 文件中，可以查看 MySQL 服务器的端口号、MySQL 在本机中的安装位置、MySQL 数据库文件的存储位置以及 MySQL 数据库的编码等配置信息，如图 4 - 7 所示。

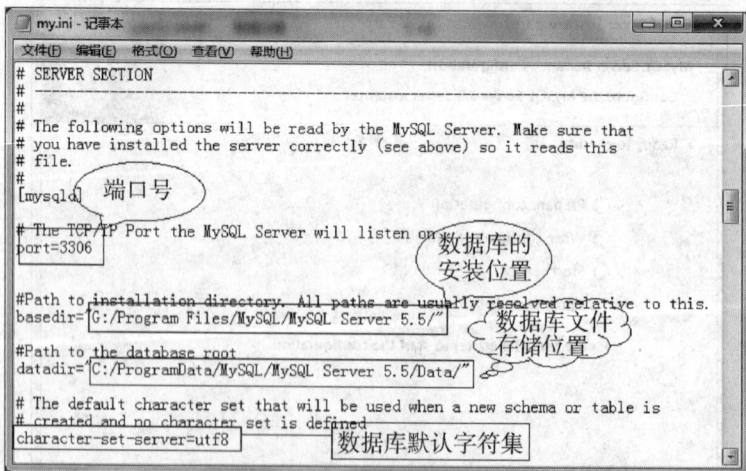

图 4 - 7 my. ini 文件中的配置信息

4.1.3 启动、停止、连接和断开 MySQL 服务器

MySQL 安装完成后，便形成了 Windows 下的一个 MySQL 服务器。当这个服务器启动后，即 Windows 下有 MySQL 服务时，用户才可以对 MySQL 数据库进行访问。在通常情况下，不要停止 MySQL 服务器，否则数据库将无法使用。根据具体需要，也可以通过系统服务器或者命令提示符（DOS）启动、连接和关闭 MySQL。下面以 Windows 7 操作系统为例，介绍具体的操作流程。

☞ **服务器和客户端**

客户机/服务器结构，通常有一台或多台服务器以及大量的客户机。服务器配备大容量存储器，并安装数据库系统，用于数据的存放和检索；客户端安装专用的软件，负责数据的输入、运算和输出。当一台联入网络的计算机向其他计算机提供各种网络服务（如数据、文件的共享等）时，它就被叫作服务器；而那些用于访问服务器资料的计算机被叫作客户机。客户机/服务器结构并不一定是从物理分布的角度来定义的，它所体现的是一种网络数据访问的实现方式，也可以在一台机器上既有服务器，又有客户端。

采用这种结构的系统目前应用非常广泛。例如，宾馆、酒店的客房登记、结算系统，超市的 POS 系统，银行、邮电的网络系统等。数据库服务器就是集中存放数据的地方，是指安装 MySQL 的那台机器，是"数据库引擎"，为客户端应用提供服务，这些服务可以是查询、更新、事务管理、索引、高速缓存、查询优化、安全及多用户存取控制等，一个服务器可以同时服务多个客户端的请求。客户端可以远程通过网络使用服务器上的 MySQL，也可以本地直接使用服务器上的 MySQL，客户端通过得知远程服务器的 IP 地址或者端口号以及一些密码信息等首先与服务器创建连接，然后使用 MySQL 数据库。

1. 启动、停止 MySQL 服务器

启动和停止 MySQL 服务器的方法有两种：系统服务器和命令提示符（DOS）。

（1）通过系统服务器启动和停止 MySQL 服务器。在 Windows 下，选择"开始"→"控制面板"→"系统和安全"→"管理工具"→"服务"，打开 Windows 服务管理器。右击服务器列表中的 MySQL 服务，在弹出的快捷菜单中选择相应命令即可完成 MySQL 服务的各种操作，如启动、停止、暂停、恢复和重新启动，如图 4-8 所示。

（2）在命令提示符下启动和停止 MySQL 服务器。选择"开始"→"所有程序"→"附件"→"运行"命令，在弹出的"运行"对话框中输入 cmd 命令，按 Enter 键进入命令提示符窗口。在命令提示符下输入 >net start mysql，将启用 MySQL 服务器；输入 >net stop mysql，即可停止 MySQL 服务器。在命令提示符下启动和停止 MySQL 服务器的运行结果如图 4-9 所示。

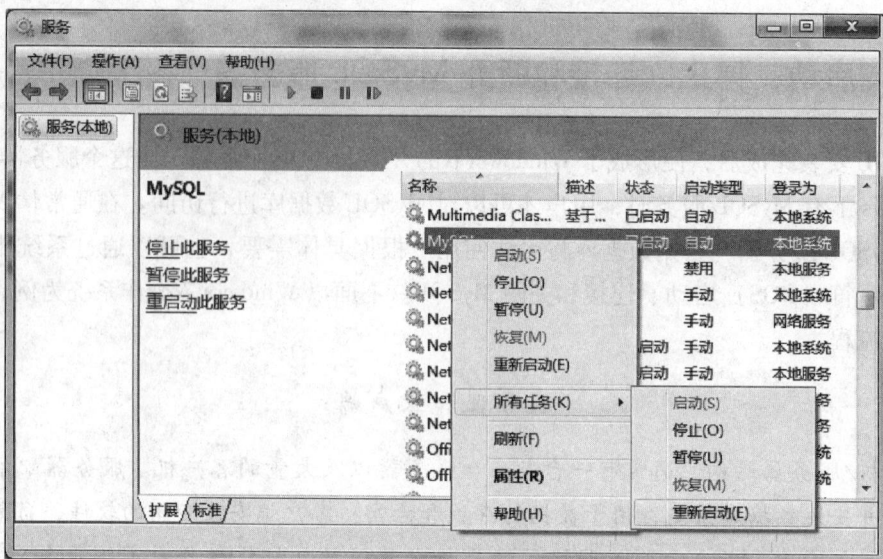

图 4 – 8　通过系统服务启动和停止 MySQL 服务器界面

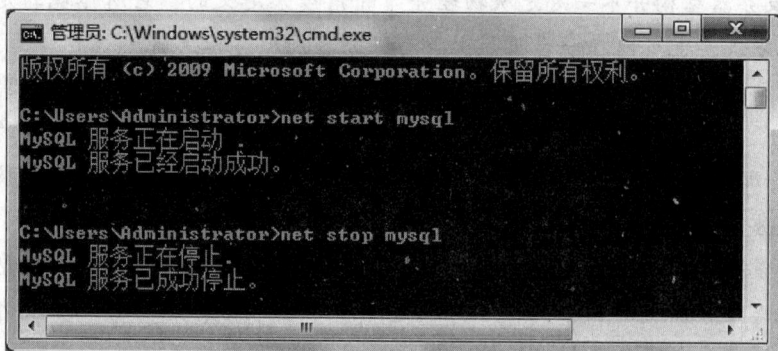

图 4 – 9　在命令提示符下启动和停止 MySQL 服务器界面

2. 连接、断开 MySQL 服务器

在通过 SQL 语句使用 MySQL 数据库之前，还必须与 MySQL 服务器创建连接（在 MySQL 服务器启动的前提下才可能连接成功）。一个服务器可以同时服务多个用户，每个用户必须首先与 MySQL 服务器创建连接，在连接过程中可以进行 SQL 语言操作。在操作完成之后，可以断开与 MySQL 服务器的连接。

（1）连接 MySQL 服务器。连接 MySQL 服务器通过 mysql 命令实现。在 MySQL 服务器启动后，选择"开始"→"所有程序"→"附件"→"运行"命令，在弹出的"运行"对话框中输入 cmd 命令，进入命令提示符窗口，在命令提示符下输入

　　> mysql － uroot 　－ h127. 0. 0. 1 　－ p password
　　　　　 用户名　 MySQL服务器所在地址 　 用户密码

112

注意：在连接 MySQL 服务器时，MySQL 服务器所在地址（如 - h127.0.0.1）可以省略不写。

输入命令语句后，按 Enter 键即可连接 MySQL 服务器，如图 4 - 10 所示。

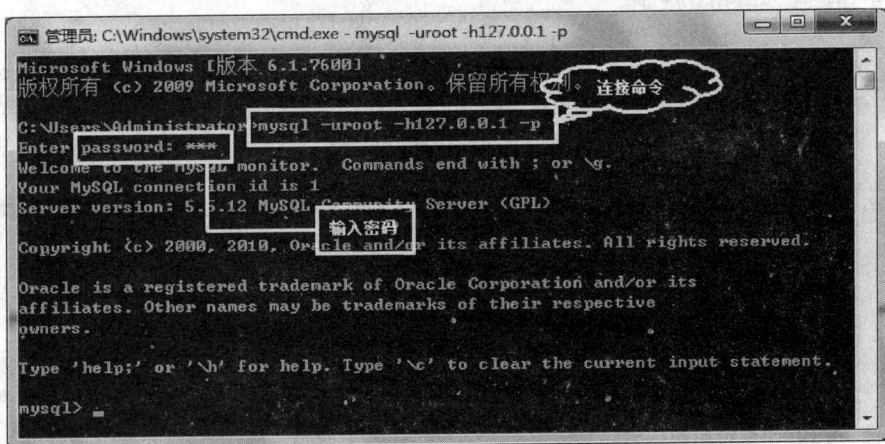

图 4 - 10　连接 MySQL 服务器界面

如果用户在使用 mysql 命令连接 MySQL 服务器时弹出如图 4 - 11 所示的对话框，则说明用户未设置系统的环境变量。

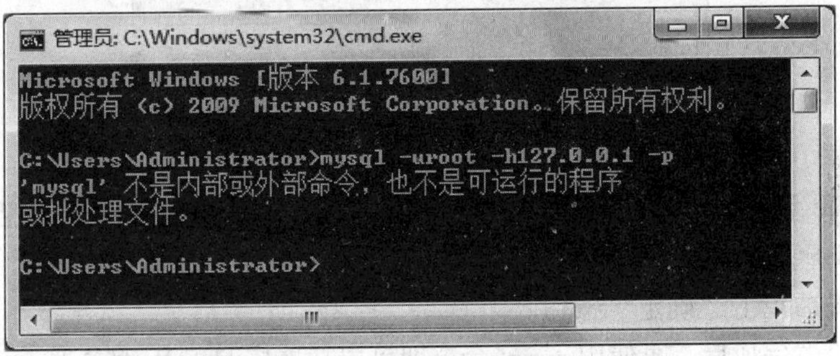

图 4 - 11　连接 MySQL 服务器出错界面

也就是说，没有将 MySQL 服务器的 bin 文件夹位置添加到 Windows 的"环境变量"→"系统变量"/Path 中，从而导致命令不能执行。这个环境变量的设置方法如下：

① 右击"计算机"图标，在弹出的快捷菜单中选择"属性"命令，在弹出的对话框中选择"高级系统设置"选项，弹出"系统属性"对话框，如图 4 - 12 所示。

② 在"系统属性"对话框中，选择"高级"选项卡，单击"环境变量"按钮，弹出"环境变量"对话框，如图 4 - 13 所示。

③ 在"环境变量"对话框中，定位到"系统变量"中的 Path 选项，单击"编辑"按钮，将弹出"编辑系统变量"对话框，如图 4 - 14 所示。

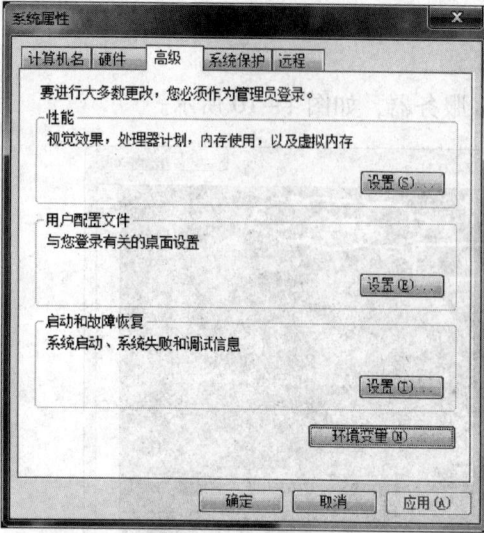

图 4 - 12 "系统属性" 对话框

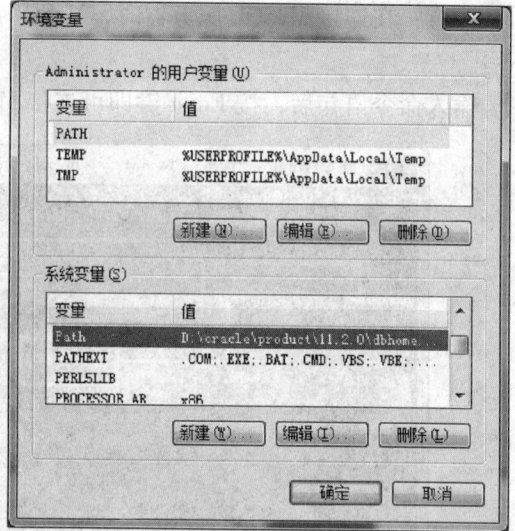

图 4 - 13 "环境变量" 对话框

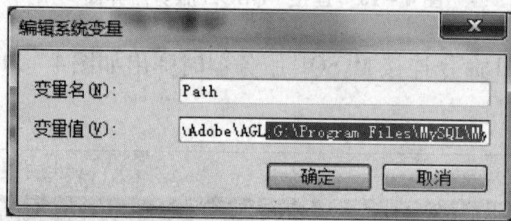

图 4 - 14 "编辑系统变量" 对话框

④ 在 "编辑系统变量" 对话框中，将 MySQL 服务器的 bin 文件夹位置（G:\Program Files\MySQL\MySQL Server 5.5\bin）添加到变量值文本框中，注意要使用 ";" 与其他变量值进行分隔，最后单击 "确定" 按钮。

环境变量设置完成后，再使用 mysql 命令即可成功连接 MySQL 服务器。

（2）断开 MySQL 服务器。连接到 MySQL 服务器后，可以通过在 MySQL 提示符下输入 exit 或者 quit 命令断开 MySQL 连接，其格式为

```
mysql > quit;
```

4.2 管理数据库

可以把数据库看作一个存储数据对象的容器，这些数据对象包括表、视图、索引、存储过程等，其中，表是最基本的数据对象，用于存放数据库中的数据。当然，必须首先创建数

据库，然后才能创建数据库的数据对象。

MySQL 通常采用命令行方式创建、操作数据库和数据对象，也可以通过可视化界面方式创建、操作数据库和数据对象。当然，用户在创建、操作数据库和数据对象时，首先必须获得相应的权限。

4.2.1 用命令行方式管理数据库

MySQL 安装完成后，系统自动地创建 information_schema 和 mysql 数据库，MySQL 把有关数据库的信息存储在这两个数据库中。如果删除了这些数据库，MySQL 将不能正常工作。可以使用 SHOW DATABASES 命令来查看已有的数据库。

1. 创建数据库

（1）使用 CREATE DATABASE 命令。其语法格式为：

CREATE DATABASE［IF NOT EXISTS］db_name
［create_specification［，create_specification］...］;

其中，create_specification 的格式为

［DEFAULT］CHARACTER SET charset_name
｜［DEFAULT］COLLATE collation_name

说明：语句中"［ ］"内为可选项。

各个参数的意义如下：

① IF NOT EXISTS：在创建数据库前进行判断，只有该数据库目前尚不存在，才执行 CREATE DATABASE 操作。MySQL 不允许两个数据库使用相同的名字，用此选项可以避免出现数据库已经存在而再新建的错误。

② db_name：数据库名。在操作系统中，MySQL 的数据存储区以目录方式表示 MySQL 数据库，因此，命令中的数据库名字必须符合操作系统文件夹的命名规则。值得注意的是，在 MySQL 中是不区分大小写的。

③ DEFAULT：指定默认值。

④ CHARACTER SET：指定数据库字符集（charset），charset_name 为字符集的名称。

⑤ COLLATE：指定字符集的校对规则，collation_name 为校对规则的名称。

☞   关于字符编码

每一个 DBA 或者程序员都不可避免地会遇到字符编码的问题，如果字符编码不匹配，则可能出现"乱码问题"。字符集是多个字符的集合，每个字符集都包含了特定的字符，计算机要准确地处理各种字符集文字，还需要进行字符编码，以便计算机能够识别和存储各种文字。各个国家和地区在制定编码标准时，"字符的集合"和"编码"一般都是同时

制定的。常见的字符集有 ASCII 字符集、ISO 8859 字符集、GB 2312 字符集、BIG5 字符集、GB 18030 字符集、Unicode 字符集等。规定每个"字符"分别用 1 字节还是多字节存储，用哪些字节来存储，这个规定就叫作"编码"。字符编码就是以二进制的数字来对应字符集的字符。常见的字符编码有 ASCII 编码、ANSI 编码、Unicode 编码。注意：Unicode 字符集有多种编码方式，如 UTF－8、UTF－16 等；大多数编码方式只有一种，如 ASCII、GB 2312 等。

【例4－1】 创建一个名为 CP 的数据库。

使用如下语句：

```
mysql > create database CP;
```

例 4－1 中的语句很简单，指定了数据库名为 CP，字符集和校对规则都采用默认方式（4.1.2 小节中设置了默认字符集编码为 utf8）。

注意：在 MySQL 中，每一条 SQL 语句都以"；"作为结束标志。为了表达简单，在以后的示例中单独描述命令时，在命令前省略"mysql >"提示符。

（2）使用已经创建的数据库。对于已经创建的数据库，使用 USE 命令可指定使用当前数据库。其语法格式为

```
USE   db_name;
```

说明：这个语句也可以用来从一个数据库"跳转"到另一个数据库，在用 CREATE DATABASE 语句创建了数据库之后，该数据库不会自动成为当前数据库，需要用 USE 语句来指定。

2. 修改数据库

数据库创建后，如果需要修改数据库的参数，可以使用 ALTER DATABASE 命令。其语法格式为

```
ALTER DATABASE [db_name]
    alter_specification[ ,alter_specification] ...
```

修改数据库的选项与创建数据库相同，alter＿specification 参数说明参见 CREATE DATABASE 命令。ALTER DATABASE 命令用于更改数据库的全局特性，这些特性存储在数据库目录的 db. opt 文件中。如果语句中的数据库名称被忽略，则修改当前（默认）数据库。

【例4－2】 修改 CP 数据库（假设 CP 已经创建）的默认字符集和校对规则。

使用如下语句：

```
ALTER DATABASE CP
DEFAULT CHARACTER SET gb2312
DEFAULT COLLATE gb2312_chinese_ci;
```

3. 删除数据库

当已经创建的数据库需要删除时，使用 DROP DATABASE 命令。其语法格式为

DROP DATABASE〔IF EXISTS〕db_name

说明：db_name 是要删除的数据库名，使用 IF EXISTS 子句避免删除不存在的数据库时出现的 MySQL 错误信息。

注意：这个命令必须小心使用，因为它将删除指定的整个数据库，该数据库中的所有表（包括其中的数据）也将被永久删除。

4.2.2 用图形化工具创建数据库

正如 4.1.1 小节中所说，用 MySQL 图形化工具创建数据库和表可以通过 MySQL 的 MySQL Administrator 和 MySQL Workbench 来实现。

创建数据库的必须是系统管理员，或者拥有用户级别的 CREATE 权限。在安装 MySQL 的过程中已经创建了系统管理员，名为 root，假设密码为 111。

【例 4-3】利用图形化工具 MySQL Administrator（假设已经安装）创建一个数据库 Shopping。

（1）首先与 MySQL 数据库服务器创建连接。选择"开始"→"所有程序"→MySQL→ MySQL Administrator，如图 4-15 所示。Server Host 为 localhost，Username 为 root，输入密码，单击 OK 按钮。

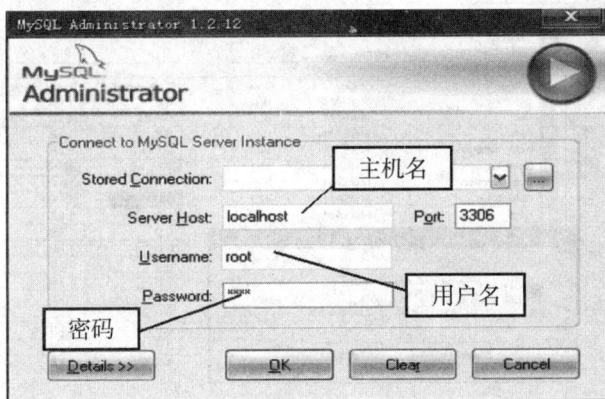

图 4-15 登录 MySQL Administrator 界面

（2）在 MySQL Administrator 窗口中展开 Catalogs 选项栏，出现如图 4-16 所示的数据库列表。在任意一个数据库名上右击，选择 Create New Schema 命令。

（3）在如图 4-17 所示的界面中，输入需要创建的数据库名 Shopping，单击 OK 按钮，这样数据库 Shopping 就创建成功了。

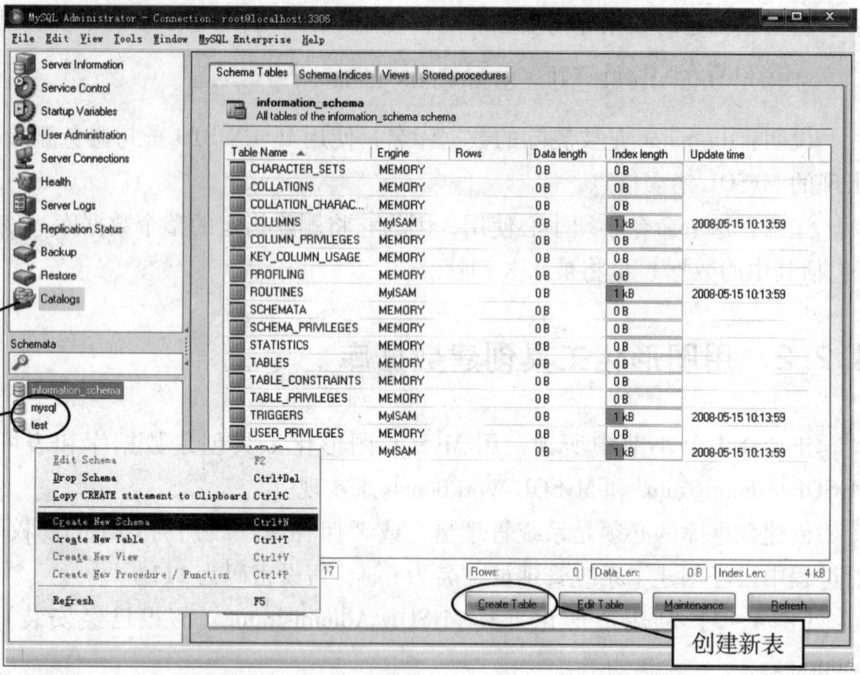

图 4-16　图形化界面创建数据库

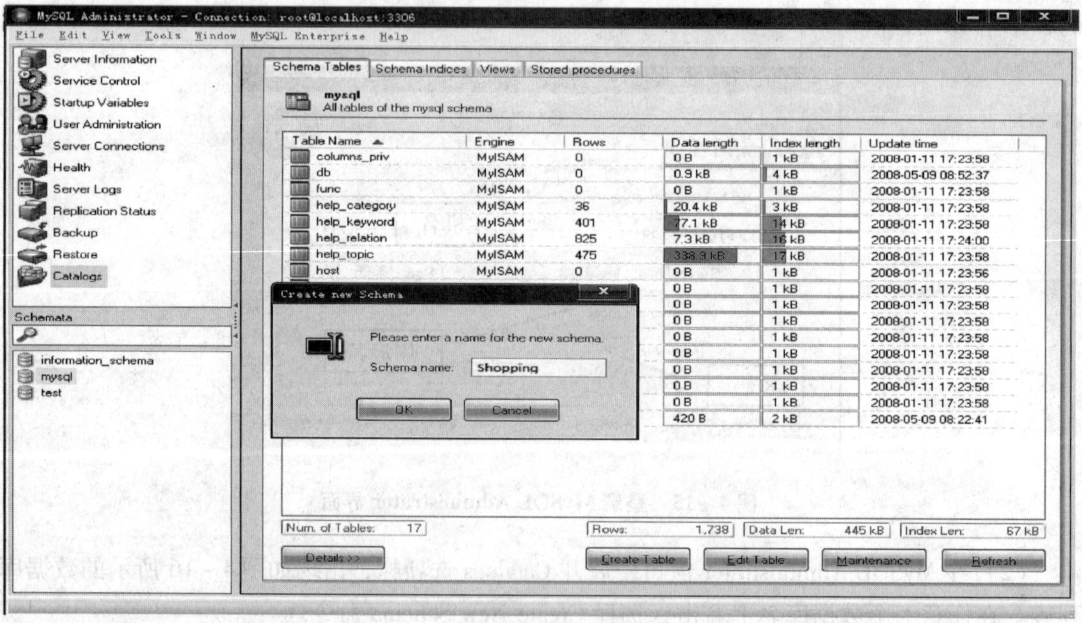

图 4-17　输入数据库名界面

4.3　MySQL 数据类型

一个数据库是各种数据的集合，数据的形式可以是数值、文本、日期、时间、日期时间、图形、小数、公式等，数据可以保存为大写、小写或大小写混合，数据可以被操作或修改。

关系数据库表现为一系列的表，每个表包含若干列，定义表的列时需要指定其数据类型，它决定了数据保存在列里的方式，包括分配给列的宽度，以及值是否可以是数值、文本、日期、时间等。每一列都有对应的数据类型，用户可以指定某个字段只能是数值，不允许输入由数字或字母组成的字符串；也可以指定在日期型的字段里不能输入字母等。为表中每个字段定义数据类型，可以大幅减少数据库中由于输入错误而产生的错误数据。数据类型定义是一种数据检验方式，控制了每个字段里可以输入的数据。

在 MySQL 中完成数据库创建后，创建表，定义表的名字、表中包括的列名、列的数据类型、长度等。表中各列最基本的数据类型有字符串类型、数值类型、日期和时间类型。

4.3.1　字符串类型

字符串类型包括 CHAR、VARCHAR、BLOB、TEXT 等，如表 4 – 1 所示。

表 4 – 1　MySQL 字符串类型一览表

类　　型	大小/字节	用　　途
CHAR	0 ~ 255	定长字符串
VARCHAR	0 ~ 255	变长字符串
TINYBLOB	0 ~ 255	不超过 255 个字符的二进制字符串
TINYTEXT	0 ~ 255	短文本字符串
BLOB	0 ~ 65 535	二进制形式的长文本数据
TEXT	0 ~ 65 535	长文本数据
MEDIUMBLOB	0 ~ 16 777 215	二进制形式的中等长度文本数据
MEDIUMTEXT	0 ~ 16 777 215	中等长度文本数据
LOGNGBLOB	0 ~ 4 294 967 295	二进制形式的极大文本数据
LONGTEXT	0 ~ 4 294 967 295	极大文本数据

1. 定长字符串

定长字符串具有相同的长度，是采用固定长度保存的。下面是 SQL 的定长字符串的标准：

CHAR(n)

其中，n 是一个数字，定义了字段中能够保存的最多字符数量。

在定长数据类型中，数据存储时通常使用空格来填充数据不足的字符。例如，如果字段长度为 10，而输入的数据只有 5 位，那么剩余 5 位就会被记录为空格。填充空格确保了字段中的每个值都具有相同的长度。

2. 变长字符串

变长字符串就是长度不固定的字符串。下面是 SQL 的变长字符串的标准：

> VARCHAR(n)

其中，n 是一个数字，表示字段中能够保存的最多字符数量。

定长数据类型存储时利用空格来填充字段中的空白，但变长字符串不这样做。例如，如果某个变长字段的长度定义为 10，而输入的字符串为 5，那么这个值的总长度也就是 5，不会使用空格来填充字段中的空白。

☞   **CHAR 和 VARCHAR**

MySQL 中的 CHAR 和 VARCHAR 类型类似，但它们保存和检索的方式不同，在最大长度和尾部空格是否被保留等方面也不同，在存储或检索过程中不进行大小写转换。

定长字符串根据 n 占用磁盘空间，而变长字符串根据实际输入的字符串占用磁盘空间，似乎可以节省空间，但是对于经常更新的字段，变长字符串可能会带来磁盘空间碎片的产生，从而影响 MySQL 的性能。[如商品名称字段定义为 VARCHAR(10)，而开始输入的值为 abcde，那么这个值在磁盘上占用的总长度就是 5，但是后来更新该字段值为 abcdefgh，长度为 8，那么在磁盘上就会造成 abcde 存储在磁盘原来位置，后来增加的 fgh 则存储在磁盘的另外位置，因而产生了磁盘碎片。] 字符串类型选择 CHAR 还是选择 VARCHAR，应该根据具体情况而定。一般来说，对于频繁更新的字段，选择 CHAR 类型合适；对于不频繁更新的字段，选择 VARCHAR 类型合适。

3. 大对象类型

有些变长数据类型需要保存更长的数据，超过了一般情况下为 VARCHAR 字段所保留的长度，如现在常见的 BLOB 和 TEXT 类型，这些数据类型是专门用于保存大数据集的。

BLOB 是二进制大对象，它的数据是很长的二进制字符串（字节串）。BLOB 适合在数据库中存储二进制媒体文件，如图像（BMP）、视频（AVI）和音频（MP3）数据。有四种 BLOB 类型：TINYBLOB、BLOB、MEDIUMBLOB 和 LONGBLOB，它们只是可容纳值的最大长度不同。

TEXT 类型是一种长字符串类型，可以被看作一个大 VARCHAR 字段，通常用于在数据库中保存大字符集，如博客点的超文本标记语言（Hyper Text Markup Language，HTML）输入。在数据库中保存这种类型的数据可以实现站点的动态更新。有四种 TEXT 类型：TINYTEXT、TEXT、MEDIUMTEXT 和 LONGTEXT，它们对应四种 BLOB 类型，有相同的最大长度和存储需求。

4.3.2 数值类型

数值类型一般包括 NUMBER、INTEGER、REAL、DECIMAL 等。SQL 数值类型包括 BIT(n)、BIT VARYING(n)、DECIMAL(p,s)、INTEGER、SMALLINT、BIGINT、FLOAT(p,s)、DOUBLE PRECISION(p,s)、REAL(s)，其中，p 表示字段的最大长度，s 表示小数点后面的位数。SQL 中一个通用的数值类型是 NUMERIC，其数值可以是 0、正值、负值、定点数和浮点数。NUMERIC 的一个范例，如 NUMERIC(5)，这个类型字段能够接受的数值最大长度为 5，最大值限制为 99999。

1. 小数类型

小数类型是指包含小数点的数值。SQL 的小数标准是 DECIMAL(p,s)。例如，在数值类型 DECIMAL(4,2)中，有效位数是 4，也就是说，数值总位数是 4，小数点后面的位数是 2，其最大值就是 99.99。小数点本身并不算作一个字符，允许输入的数值包括 12、12.4、12.44、12.449。如果实际数值的小数位超出了定义的位数，数值就会被四舍五入，最后一个值 12.449 在保存到字段时会被四舍五入为 12.45。在这种定义下，任何 12.445 ~ 12.449 的数值都会被四舍五入为 12.45。

2. 整数类型

整数是指不包含小数点的数值（包括正数和负数），如 1、0、−1、99、−99、199。

3. 浮点数类型

浮点数是指长度和小数位数都可变，并且没有限制的小数数值，任何长度和小数位数都是可以的。数据类型的 REAL 代表单精度浮点数值，而 DOUBLE PRECISION 表示双精度浮点数值，单精度浮点数值的有效位数为 1 ~ 21，双精度浮点数值的有效位数为 22 ~ 53。

MySQL 支持所有标准 SQL 数值数据类型，这些类型包括严格数值数据类型（INTEGER、SMALLINT、DECIMAL 和 NUMERIC），以及近似数值数据类型（FLOAT、REAL 和 DOUBLE PRECISION）。关键字 INT 是 INTEGER 的同义词，关键字 DEC 是 DECIMAL 的同义词，BIT 数据类型保存位字段值。作为 SQL 标准的扩展，MySQL 也支持整数类型 TINYINT、MEDIUMINT 和 BIGINT。表 4 − 2 显示了需要的每个整值类型的存储和范围。

4.3.3 日期和时间类型

日期和时间类型显然是用于保存日期和时间信息的。标准 SQL 支持 DATATIME 数据类型，它包括以下类型：DATE、TIME、DATETIME、TIMESTAMP。DATETIME 类型的元素包括 YEAR、MONTH、DAY、HOUR、MINUTE、SECOND，DATETIME 数据一般不指定长度。

MySQL 表示日期和时间类型为 DATETIME、DATE、TIMESTAMP、TIME 和 YEAR。TIMESTAMP 类型有专有的自动更新特性。如表 4 − 3 所示为 MySQL 支持的日期和时间类型。

表 4 - 2　MySQL 数值类型一览表

类型	大小/字节	范围（有符号）	范围（无符号）	用途
TINYINT	1	(-128, 127)	(0, 255)	小整数数值
SMALLINT	2	(-32 768, 32 767)	(0, 65 535)	大整数数值
MEDIUMINT	3	(-8 388 608, 8 388 607)	(0, 16 777 215)	大整数数值
INT 或 INTEGER	4	(-2 147 483 648, 2 147 483 647)	(0, 4 294 967 295)	大整数数值
BIGINT	8	(-9 233 372 036 854 775 808, 9 223 372 036 854 775 807)	(0, 18 446 744 073 709 551 615)	极大整数数值
FLOAT	4	(-3.402 823 466 E+38, 1.175 494 351 E-38), 0, (1.175 494 351 E-38, 3.402 823 466 351 E+38)	0, (1.175 494 351 E-38, 3.402 823 466 E+38)	单精度浮点数值
DOUBLE	8	(1.797 693 134 862 315 7 E+308, 2.225 073 858 507 201 4 E-308), 0, (2.225 073 858 507 201 4 E-308, 1.797 693 134 862 315 7 E+308)	0, (2.225 073 858 507 201 4 E-308, 1.797 693 134 862 315 7 E+308)	双精度浮点数值
DECIMAL	对于 DECIMAL(m,d), 如果 m>d, 则为 m+2; 否则为 d+2	依赖于 m 和 d 的值	依赖于 m 和 d 的值	小数值

表 4 - 3　MySQL 支持的日期和时间类型一览表

类型	大小/字节	范围	格式	用途
DATE	3	1000-01-01/9999-12-31	YYYY-MM-DD	日期值
TIME	3	'-838:59:59'/'838:59:59'	HH:MM:SS	时间值或持续时间
YEAR	1	1901/2155	YYYY	年份值
DATETIME	8	1000-01-01 00:00:00/9999-12-31 23:59:59	YYYY-MM-DD HH:MM:SS	混合日期和时间值
TIMESTAMP	8	1970-01-01 00:00:00/2037 年某时	YYYYMMDD HHMMSS	混合日期和时间值，时间戳

4.4 MySQL 数据完整性约束

2.1.3 小节中介绍了关系模型的完整性规则，作为一个建立在关系模型基础上的关系 DBMS，MySQL 数据库服务器对保存在 MySQL 中的数据按照完整性规则施加数据完整性约束是 MySQL 数据库服务器的功能之一。如果在建立数据库时定义了完整性规则（或约束），MySQL 会负责数据完整性，每次更新后，MySQL 都会测试新的数据库内容是否符合相关的完整性约束。因此，完整性约束的声明对于一个表的值做出了限制。可以通过 CREATE TABLE 或 ALTER TABLE 语句定义完整性约束。例如，对于每一列，可以声明 NOT Null。这意味着不允许空值，即列必须填充。下面介绍一些 MySQL 的数据完整性约束。

4.4.1 主键约束

主键是表中的一列或多个列的组合，其值能唯一地标识表中的每一行。通过定义 PRIMARY KEY 约束来创建主键，而且 PRIMARY KEY 约束中的列不能取空值。由于 PRIMARY KEY 约束能确保数据的唯一性，所以经常用来定义标识列。当为表定义 PRIMARY KEY 约束时，MySQL 自动为主键列创建唯一性索引（具体参见 7.2.2 小节），实现数据的唯一性。在查询中使用主键时，该索引可用来对数据进行快速访问。如果 PRIMARY KEY 约束是由多列组合定义的，则所有列的组合值必须唯一。

可以用两种方式定义主键：作为列或表的完整性约束。当作为列的完整性约束时，只需在列定义时加上关键字 PRIMARY KEY；当作为表的完整性约束时，需要在 CREATE TABLE 语句最后加上一条 PRIMARY KEY(col_name,…)子句。

【例 4-4】参照例 2-10，在 CP 数据库下创建商品信息表 P（如表 2-11 所示），将 Pid 定义为主键。

使用如下语句：

```
CREATE TABLE P
(    Pid       char(4)       NOT Null PRIMARY KEY,
     PName     varchar(10)   Null,
     PPrice    decimal(5,2),
     PQuantity int
     PDate     date
     PCategory varchar(30));
```

【例 4-5】参照例 2-10，在 CP 数据库下创建订单信息表 O（如表 2-12 所示），其中，Cid、Pid 和 Odate 构成复合主键。

使用如下语句：

```
CREATE TABLE O
(    Oid         char(5)        NOT Null,
     Cid         char(3)        NOT Null,
     Pid         char(4)        NOT Null,
     Oqty        int,
     Odate       date,
     Dollars     decimal(5,2),
     PRIMARY KEY (Cid, Pid, Odate));
```

如果作为主键一部分的一个列没有定义为 NOT Null，则 MySQL 会自动把这个列定义为 NOT Null。在例 4－5 中，可以忽略 Cid 列中的 NOT Null 声明，但是为了清楚起见，最好包含这个非空约束。

原则上，任何列或者列的组合都可以充当一个主键，但是主键列必须遵守一些规则，这些规则源自关系模型理论和 MySQL 所制定的规则。

（1）每个表只能定义一个主键，来自关系模型的这一规则也适用于 MySQL。

（2）关系模型理论要求必须为每个表定义一个主键，但 MySQL 并不要求这样，可以创建一个没有主键的表。但是，如果没有主键，则可能在一个表中存储两个相同的行，两个行不能彼此区分，在查询过程中，它们将会满足同样的条件，在更新时也总是一起更新，可能会导致数据库数据混乱。

（3）表中两个不同的行在主键上不能具有相同的值，这就是唯一性规则。

（4）如果从一个复合主键中删除一列后，剩下的列仍然能构成主键，那么，这个复合主键是不正确的。也就是说，复合主键不应该包含一个不必要的列。

（5）一个列名在一个主键中只能出现一次。

4.4.2　候选键约束（唯一性约束）

在关系模型（参见 2.1.1 小节）中，如果表的一列或一组列的值在任何时候都是唯一的，此时这一列或一组列称为候选键。主键是从多个候选键中选定的一个。定义候选键的关键字是 UNIQUE。

【例 4－6】参照例 2－10，在 CP 数据库的 P 表中，如果 Pid 要求唯一，PName 也唯一，则 Pid、PName 都是候选键，Pid 选定为主键，则 PName 定义为一个候选键（或者说，姓名要求唯一）。

使用如下语句：

```
CREATE TABLE P
(    Pid        char(4)       NOT Null PRIMARY KEY,
     PName      varchar(10)    Null UNIQUE,
     PPrice     decimal(5,2),
     PQuantity  int
     PDate      date
     PCategory varchar(30));
```

在 MySQL 中，候选键和主键的区别主要有以下几点：

（1）一个数据表只能创建一个主键，但一个表可以有若干个 UNIQUE 键，它们甚至可以重合。例如，在 C1 和 C2 列上定义了一个候选键，并且在 C2 和 C3 上定义了另一个候选键，这两个候选键在 C2 列上重合了，MySQL 允许这样。

（2）主键字段的值不允许为 Null，而 UNIQUE 字段的值可取 Null，但是必须使用 Null 或 NOT Null 声明。

（3）一般创建 PRIMARY KEY 约束时，系统会自动产生 PRIMARY KEY 索引。创建 UNIQUE 约束时，系统自动产生 UNIQUE 索引。

通过 PRIMERY KEY 约束和 UNIQUE 约束，可以实现表的所谓实体完整性约束，定义为 PRIMERY KEY 和 UNIQUE KEY 的列上都不允许出现的值。

4.4.3　参照完整性约束

参照完整性约束是一种特殊的完整性约束，通过外键 FOREIGN KEY 来实现。如果两个表之间有参照与被参照联系，则通过在一个表上定义外键来表达这种联系。定义外键是创建表时通过 CREATE TABLE 完成的，修改表时通过 ALTER TABLE 也可以定义外键（具体语法参见 4.5.1 小节和 4.5.2 小节）。定义外键时，需要指定该外键参照的表和列，还可以为每个外键定义参照动作。参照动作说明当被参照关系中的记录更新或者被删除时，是受限、级联、置空值，还是没有动作或者置默认值。如果没有指定动作，两个参照动作就会默认地使用 RESTRICT。

【例 4-7】参照例 2-10，在 CP 数据库中包括三个表 C、P、O（如表 2-10~表 2-12 所示），O 表中所有的 Cid 都必须出现在 C 表中，假设已经使用 Cid 列作为主键创建了 C 表，已经使用 Pid 列作为主键创建了 P 表，O 表中的 Cid 列和 Pid 列定义为外键。

使用如下语句：

```
CREATE TABLE O
(    Oid        char(5)    NOT Null,
     Cid        char(3)    NOT Null,
```

```
      Pid        char(4)    NOT Null,
      Oqty       int,
      Odate      date,
      Dollars    decimal(5,2),
      PRIMARY KEY Oid
      FOREIGN KEY (Cid) REFERENCES C(Cid)
      FOREIGN KEY (Pid) REFERENCES P(Pid));
```

说明：在这条语句中，定义一个外键的实际作用是，在这条语句执行后，确保 MySQL 插入外键中的每一个非空值都已经在被参照表中作为主键出现。这意味着，对于 O 表中的每一个 Cid 都执行一次检查，看这个号码是否已经出现在 C 表的 Cid 列（主键）中。如果情况不是这样，用户或应用程序就会接收到一条出错消息，并且更新被拒绝。这也适用于使用 UPDATE 语句更新 C 表中的客户 ID 列，即 MySQL 确保了 O 表中 Cid 列的内容总是 C 表中 Cid 列的内容的一个子集，本例中没有指定参照动作。

当指定一个外键时，以下规则适用：

（1）被参照表必须已经用一条 CREATE TABLE 语句创建了，也可以是当前正在创建的表，此时参照表和被参照表是同一个表，这样的表称为自参照表，这种结构称为自参照完整性。

（2）必须为被参照表定义主键或候选键。

（3）必须在被参照表的表名后面指定列名（或列名的组合），这个列（或列组合）必须是这个表的主键或候选键。

（4）尽管主键是不能够包含空值的，但允许在外键中出现一个空值。这意味着，只要外键的每个非空值出现在指定的主键中，这个外键的内容就是正确的。

（5）外键中列的数据类型必须和被参照表的主键中列的数据类型对应相同。

4.4.4 CHECK 完整性约束

主键、候选键、外键都是常见的完整性约束的例子。但是，数据库中还可以有一些专用的完整性约束。例如，性别的值必须是"男"或者"女"、出生日期必须大于 1990 年 1 月 1 日等，这样的规则可以使用 CHECK 完整性约束来指定。

CHECK 完整性约束在创建表时定义，既可以定义为列完整性约束，也可以定义为表完整性约束。其语法格式为

```
CHECK(expr)
```

说明：expr 是一个表达式，指定需要检查的条件。在更新表数据时，MySQL 会检查更新后的数据行是否满足 CHECK 的条件。

【例 4 - 8】参照例 2 - 10，在 CP 数据库中创建 C 表（如表 2 - 10 所示），性别只能包含"男"或"女"，出生日期必须大于 1990 年 1 月 1 日。

使用如下语句：

```
CREATE TABLE C
(    Cid     char(3)    NOT Null PRIMARY KEY,
     CName varchar(10)    Null UNIQUE,
     CSex    char(1)    NOT Null
             CHECK(CSex IN ('男', '女')),
     CBrith   date NOT Null
             CHECK(出生日期 >'1990 - 01 - 01'),
     CCity   varchar(10));
```

这里 CHECK 完整性约束指定了性别允许哪些值，由于 CHECK 包含在列自身的定义中，所以 CHECK 完整性约束被定义为列完整性约束。

前面的 CHECK 完整性约束中使用的表达式都很简单，MySQL 还允许使用更为复杂的表达式。例如，可以在条件中加入子查询。

【例 4 - 9】创建表 C1，只有 Cid 和 CCity 两列，其中，CCity 列中的所有值都来源于 C 表的 CCity 列。

使用如下语句：

```
CREATE   TABLE C1
(    Cid     char(3)    NOT Null,
     CCity   varchar(10)
             CHECK(CCity IN (SELECT CCity FROM C)));
```

4.4.5 命名完整性约束

如果一条 INSERT、UPDATE 或 DELETE 语句违反了完整性约束，则 MySQL 返回一条出错消息，并且拒绝更新，一个更新可能会导致多个完整性约束的违反。在这种情况下，应用程序可能得到几条出错消息。为了确切地表示是违反了哪一个完整性约束，可以为每个完整性约束分配一个名字，CONSTRAINT 关键字用来指定完整性约束的名字。随后，出错消息包含这个名字，从而使得消息对于应用程序更有意义。其语法格式为

CONSTRAINT [symbol]

其中，symbol 为指定的名字，这个名字在完整性约束的前面被定义。在数据库中，这个名字必须是唯一的，如果它没有给出，则 MySQL 自动创建这个名字。只能给表完整性约束指定

名字，而无法给列完整性约束指定名字。

【例 4 – 10】创建与例 4 – 7 相同的 C 表，并为主键命名。

使用如下语句：

```
CREATE TABLE C
(     Cid       char(3)    NOT Null,
      CName  varchar(10),
      CSex     char(1),
      CBrith   date,
      CCity    varchar(10),
      CONSTRAINT C_PRIMARY_KEY PRIMARY KEY(Cid));
```

说明：本例中给主键 Cid 分配了名字 C_PRIMARY_KEY。

在定义完整性约束时，应尽可能地分配名字，以便在删除完整性约束时，可以更容易地引用它们。这意味着，表完整性约束比列完整性约束更受欢迎，因为不可能为后者分配一个名字。

4.4.6　删除完整性约束

如果使用一条 DROP TABLE 语句删除一个表，则所有的完整性约束都自动被删除了，被参照表的所有外键也都被删除了。如果使用 ALTER TABLE 语句，则完整性可以独立地被删除，而不用删除表本身。

【例 4 – 11】删除表 C 的主键。

使用如下语句：

```
ALTER TABLE C DROP PRIMARY KEY;
```

4.5　创建和维护表

在数据库创建后，就应该创建表，因为表是数据库存放数据的对象。没有表，数据库中其他的数据对象就没有意义。要查看数据库中有哪些表，可以使用 SHOW TABLES 命令；要创建、修改、删除表，可以分别使用 CREATE TABLE、ALTER TABLE、DROP TABLE 命令。在创建表之后，还可以使用 DESCRIBE 语句查看表的列以及数据类型。

4.5.1　创建表

表是关系数据库中的基本对象，在创建表的过程中需要表达很多内容，要为表命名，说明表中的列，为表中的列命名，指定表中列的数据类型、长度、表中的数据约束（数据库的逻辑设计，参见 1.6.2 小节和 3.1.1 小节），还要描述表的物理存储信息、存储路径、索引信息、最大列数、最大行数等（数据库的物理设计，参见 1.6.2 小节和 3.1.1 小节）。创建表使用 CREATE TABLE 命令。其语法格式为

```
CREATE〔TEMPORARY〕TABLE〔IF NOT EXISTS〕tbl_name
    〔（〔column_definition〕,…  |〔index_definition〕）〕
    〔table_option〕〔select_statement〕;
```

下面介绍各个参数的意义。

1. TEMPORARY

该选项表示用 CREATE 命令新建的表为临时表，不加该关键字创建的表通常称为持久表。在数据库中，持久表一旦创建，将一直存在，多个用户或者多个应用程序可以同时使用持久表。有时需要临时存放数据。例如，临时存储复杂的 SELECT 语句的结果，此后可能要重复地使用这个结果，但这个结果又不需要永久保存，这时可以使用临时表。用户可以像操作持久表一样操作临时表，只不过临时表的生命周期较短，而且只能对创建它的用户可见，当断开与该数据库的连接时，MySQL 会自动删除定义的临时表。

2. IF NOT EXISTS

该选项表示在建表前加上一个判断，只有该表目前尚不存在，才执行 CREATE TABLE 操作。用此选项可以避免出现表已经存在而无法再新建的错误。

3. tbl_name

该选项表示要创建的表的表名。该表名最好不要使用 MySQL 保留字，如果有 MySQL 保留字，必须用单引号括起来。

4. column_definition

该选项表示列定义，包括列名、数据类型，可能还有一个空值声明和一个完整性约束。其语法格式为

```
col_name type〔NOT Null | Null〕〔DEFAULT default_value〕
    〔AUTO_INCREMENT〕〔UNIQUE〔KEY〕|〔PRIMARY〕KEY〕
    〔COMMENT 'string'〕〔reference_definition〕
```

（1）col_name：表中列的名字。列名最好不要使用 MySQL 保留字，长度不能超过 64 个字符，而且在表中要唯一。如果有 MySQL 保留字，必须用单引号括起来。

（2）type：列的数据类型。有的数据类型需要指明长度 n，并用括号括起来。MySQL 支持的数据类型参见 4.3 节。

（3）NOT Null | Null：指定该列是否允许为空。如果不指定，则默认为 Null。

（4）DEFAULT default_value：为列指定默认值，默认值必须为一个常数。如果没有为列指定默认值，则 MySQL 自动地分配一个。如果列可以取 Null 值，则默认值就是 Null；如果

列被声明为 NOT Null，则默认值取决于列类型。另外，BLOB 和 TEXT 列不能被赋予默认值。

（5）AUTO_INCREMENT：设置自增属性。只有整型列才能设置此属性。整型的列每增加一条记录，该字段值自动加 1。当向一个 AUTO_INCREMENT 列中插入 Null 值或 0 时，列被设置为 value + 1。这里，value 是此前表中该列的最大值。AUTO_INCREMENT 顺序从 1 开始，每个表只能有一个 AUTO_INCREMENT 列，并且它必须被索引。

（6）UNIQUE KEY｜PRIMARY KEY：PRIMARY KEY 和 UNIQUE KEY 都表示字段中的值是唯一的，PRIMARY KEY 表示设置为主键（参见 4.4.1 小节），UNIQUE KEY 表示设置为候选键（参见 4.4.2 小节）。

（7）COMMENT 'string'：对于列的描述，string 是描述的内容。

（8）reference_definition：指定参照的表和列，在 4.4.3 小节中已经介绍了基本用法，参照完整性定义 reference_definition 的完整格式为

```
foreign key references tbl_name [ ( index_col_name,... ) ]
    [ ON DELETE ｛RESTRICT｜CASCADE｜SET Null｜NO ACTION｝]
    [ ON UPDATE ｛RESTRICT｜CASCADE｜SET Null｜NO ACTION｝]
```

说明：外键被定义为表的参照完整性约束，reference_definition 中不仅包含了外键所参照的表和列，还可以声明参照动作。

① tbl_name：外键所参照的表名，这个表叫作被参照表、父表，而外键所在的表叫作参照表、子表。

② index_col_name：其格式为

```
col_name [ ( length ) ] [ ASC｜DESC ]
```

col_name：被参照的列名。外键可以引用一个或多个列，外键中的所有列值在引用的列中必须全部存在，外键可以只引用主键和候选键，不能引用被参照表中随机的一组列，它必须是被参照表的列的一个组合，且其中的值都保证是唯一的。

③ ON DELETE｜ON UPDATE：可以为每个外键定义参照动作，参照动作包含以下两部分：

在第一部分中，指定这个参照动作应用哪一条语句。这里有两条相关的语句，即 UPDATE 语句和 DELETE 语句。

在第二部分中，指定采取哪个动作。可能采取的动作是 RESTRICT（受限）、CASCADE（级联）、SET Null（置空值）、NO ACTION（没有动作）和 SET DEFAULT（置默认值），接下来说明这些不同动作的含义。

A. RESTRICT：当要删除或更新父表中被参照列上在外键中出现的值时，拒绝对父表的删除或更新操作。

B. CASCADE：当从父表中删除或更新行时，自动删除或更新子表中匹配的行。

C. SET Null：当从父表中删除或更新行时，设置子表中与之对应的外键列为 Null。如果

外键列没有指定 NOT Null 限定词，这就是合法的。

D. NO ACTION：NO ACTION 意味着不采取动作，即如果有一个相关的外键值在被参照的表中，删除或更新父表中主要键值的企图不被允许，和 RESTRICT 一样。

E. SET DEFAULT：其作用和 SET Null 一样，只不过 SET DEFAULT 是指定子表中的外键列为默认值。如果没有指定动作，两个参照动作就会默认地使用 RESTRICT。

5. index_definition

该选项表示表中索引项的定义，主要定义表的索引、主键、外键等，主键、外键参照 4.4 节，索引的具体定义将在第 7 章中讨论。

6. table_option

它用于描述表的选项，主要描述表的物理存储信息。其定义如下：

```
|ENGINE |TYPE| = engine_name                                    /*存储引擎*/
|AUTO_INCREMENT = value                                          /*初始值*/
|AVG_ROW_LENGTH = value                                          /*表的平均行长度*/
|[DEFAULT] CHARACTER SET charset_name [COLLATE collation_name]
                                                                 /*默认字符集和校对规则*/
|CHECKSUM = |0|1|                                                /*设置为1表示求校验和*/
|COMMENT = 'string'                                              /*注释*/
|CONNECTION = 'connect_string'                                   /*连接字符串*/
|MAX_ROWS = value                                                /*行的最大数*/
|MIN_ROWS = value                                                /*列的最小数*/
|INSERT_METHOD = |NO|FIRST|LAST|                                 /*是否执行 INSERT 语句*/
|DATA DIRECTORY = 'absolute path to directory'                   /*数据文件的路径*/
|INDEX DIRECTORY = 'absolute path to directory'                  /*索引的路径*/
```

表中大多数的选项涉及表数据如何存储及存储在何处，在多数情况下，不必指定表选项，ENGINE 选项是定义表的存储引擎。

7. select_statement

可以在 CREATE TABLE 语句的末尾添加一个 SELECT 语句，在一个表的基础上创建表（该子句用于复制表的情形，具体参见 4.5.4 小节）。

☞ **MySQL 引擎的选择**

MySQL 有多种存储引擎，MyISAM 和 InnoDB 是其中常用的两种。MyISAM 是 MySQL 的默认存储引擎，支持全文搜索，但是事务支持能力弱。锁是全表级别的锁，虽然管理简单，但是经常会发生读写争抢锁，存储引擎更适合联机分析处理（On-Line Analytical Processing，OLAP）场景。InnoDB 是事务型引擎，能支持多版本并发控制、ACID 事务（原子性、一致性、隔离性、持久性），同时支持行级锁定，可以利用 binlog 和 redolog，用于支持事务回滚和系统崩溃下的恢复。相较 MyISAM，InnoDB 的可靠性更强，数据可恢复性好，该存储引擎更适合联机事务处理（On-Line Transaction Processing，OLTP）场景。InnoDB 是 MySQL 在 Windows 平台下默认的存储引擎，所以"ENGINE = InnoDB"可以省略。

【例 4 - 12】创建表的完整举例。参照例 2 - 10，假设已经创建了 CP 数据库，在该数据库中分别创建 C 表、P 表、O 表（如表 2 - 10 ~ 表 2 - 12 所示）。

使用如下语句：

```
USE CP
CREATE TABLE C                                              /*表名为 C*/
(    Cid       char(3) NOT Null PRIMARY KEY,    /*列 Cid 为 3 位定长字符类型*/
     CName     varchar(10) NOT Null,            /*列 CName 为 10 位变长字符类型*/
     CSex      char(1) NOT Null DEFAUT '男'      /*列 CSex 为 1 位定长字符类型*/
               CHECK(CSex IN ('男', '女')),
                                    /*列 CSex 取值为'男'或'女',默认值为'男'*/
     CBrith    date NOT Null                    /*列 CBrith 为日期类型,须非空*/
               CHECK(出生日期 > '1990 - 01 - 01'),
                                    /*列 CBrith 取值须大于 1990 - 01 - 01*/
     CCity     varchar(10) )ENGINE = InnoDB;
                                    /*列 CCity 为 10 位变长字符类型,可空*/
                                                    /*表 C 的主键为 Cid*/

CREATE TABLE P
(    Pid        char(4)   NOT Null PRIMARY KEY,
     PName      varchar(10)   Null,
     PPrice     decimal(5,2),       /*列 PPrice 为数值类型,共 5 位,小数保留 2 位*/
     PQuantity int                                     /*列 PQuantity 为整型*/
     PDate      date
     PCategory varchar(30) )ENGINE = InnoDB;                /*表 P 的主键为 Pid*/
CREATE TABLE O
(    Oid       char(5) NOT Null,
     Cid       char(3) NOT Null,
     Pid       char(4) NOT Null,
     Oqty      int,
     Odate     date,
```

```
Dollars      decimal(5,2),
PRIMARY KEY Oid                                    /*表 O 的主键为 Oid*/
FOREIGN KEY (Cid) REFERENCES C(Cid)
                                    /*表 O 的外键为 Cid,参照 C 表 Cid*/
        ON DELETE RESTRICT                          /*受限删除*/
        ON UPDATE RESTRICT                          /*受限更新*/
FOREIGN KEY (Pid) REFERENCES P(Pid)
                                    /*表 O 的外键为 Pid,参照 P 表 Pid*/
        ON DELETE RESTRICT                          /*受限删除*/
        ON UPDATE RESTRICT)ENGINE = InnoDB;         /*受限更新*/
```

例 4 - 12 描述了表的逻辑设计方案,定义了表名、每个表中的列名、列的类型,每个字段都包含附加约束或修饰符,这些可以用来增加对所输入数据的约束,PRIMARY KEY 表示为主键,DEFAULT '男'表示"性别"的默认值为"男",ENGINE = InnoDB 表示采用的存储引擎是 InnoDB。本例中没有描述表的物理存储信息,物理存储采用默认的处理方式。

【例 4 - 13】在 CP 数据库中创建一个评论表 Comment (如表 3 - 11 所示),其中,"评论编号"为主键,整型自增长类型,汽车配件编号、用户编号不定义外键。

使用如下语句:

```
CREATE TABLE Comment
(     Comment_id    INT AUTO_INCREMENT PRIMARY KEY,
      Comments      TEXT,
      Autoparts_apid INT,
      Client_cid    INT);
```

4.5.2 修改表

ALTER TABLE 用于更改原有表的结构。例如,可以增加或删减列、创建或取消索引、更改原有列的类型、重新命名列或表,还可以更改表的评注和表的类型。其语法格式为

```
ALTER [IGNORE] TABLE tbl_name
    alter_specification [, alter_specification] ...
alter_specification:
ADD [COLUMN] column_definition [FIRST|AFTER col_name]       /*添加列*/
|ALTER [COLUMN] col_name {SET DEFAULT literal|DROP DEFAULT}
                                                            /*修改默认值*/
```

```
|CHANGE [COLUMN] old_col_name column_definition          /*对列重命名*/
     [FIRST|AFTER col_name]
|MODIFY [COLUMN] column_definition [FIRST |AFTER col_name]
                                                        /*修改列类型*/
|DROP [COLUMN] col_name                                  /*删除列*/
|RENAME [TO] new_tbl_name                                /*重命名该表*/
|ORDER BY col_name                                       /*排序*/
|CONVERT TO CHARACTER SET charset_name [COLLATE collation_name]
                                                /*将字符集转换为二进制*/
|[DEFAULT] CHARACTER SET charset_name [COLLATE collation_name]
                                                /*修改默认字符集*/
|table_options
|列或表中索引项的增加、删除、修改(详见7.2节索引部分)
```

各个参数的意义如下：

（1）IGNORE：MySQL 相对于标准 SQL 的扩展，若在修改后的新表中存在重复关键字，如果没有指定 IGNORE，当重复关键字发生错误时操作失败；如果指定了 IGNORE，则对于有重复关键字的行只使用第一行，其他有冲突的行被删除。

（2）tbl_name：表名。

（3）ADD [COLUMN] 子句：用于向表中增加新列。column_definition 用于定义列的数据类型和属性，具体内容在 4.5.1 小节 CREATE TABLE 的语法中已做说明；FIRST | AFTER col_name 表示在某列的前或后添加，若不指定，则添加到最后；col_name 是指定的列名。

（4）ALTER [COLUMN] 子句：用于修改表中指定列的默认值。

（5）CHANGE [COLUMN] 子句：用于修改列的名称。重命名时，需给定旧的和新的列名称与列当前的类型，old_col_name 表示旧的列名，column_definition 定义新的列名和数据类型。

（6）MODIFY [COLUMN] 子句：用于修改指定列的类型。

（7）DROP 子句：用于从表中删除列或约束。

（8）RENAME 子句：用于修改该表的表名，new_tbl_name 是新表名。

（9）ORDER BY 子句：用于在创建新表时，让各行按一定的顺序排列。需要注意的是，在插入和删除记录后，表不会仍保持此顺序。在对表进行了大的改动后，通过使用此选项，可以提高查询效率。如果表已经按列排序，SELECT 中的 ORDER BY 排序可能会更快捷（ORDER BY 子句将在第 5 章中具体介绍）。

（10）table_options：用于修改表选项，具体定义与 CREATE TABLE 语句中一样。

可以在一个 ALTER TABLE 语句中写入多个 ADD、ALTER、DROP 和 CHANGE 子句，中间用逗号分开。

【例 4 – 14】假设已经在 CP 数据库中创建了 C 表，增加 FName 列和 LName 列，并将表中的 CName 列删除。

使用如下语句：

```
USE CP
ALTER TABLE C
    ADD FName varchar(10),LName varchar(10),
    DROP COLUMN CName;
```

4.5.3 修改表名

除 ALTER TABLE 命令以外，还可以直接用 RENAME TABLE 语句来更改表的名字。其语法格式为

```
RENAME TABLE tbl_name TO new_tbl_name
                [, tbl_name2 TO new_tbl_name2] ...
```

（1）tbl_name：用于修改之前的表名。

（2）new_tbl_name：用于修改之后的表名。

4.5.4 复制表

复制表的语法格式为

```
CREATE [TEMPORARY] TABLE [IF NOT EXISTS] tbl_name
    [( ) LIKE old_tbl_name [ ] ]
    |[AS (select_statement)];
```

说明：使用 LIKE 关键字创建一个与 old_tbl_name 表的结构相同的新表，列名、数据类型、空指定和索引也将被复制，但是表的内容不会被复制，因此，创建的新表是一个空表。使用 AS 关键字，可以复制表的内容，但索引和完整性约束是不会被复制的。select_statement 表示一个完整的 SELECT 语句。

【例 4 – 15】CP 数据库中有一个 C 表，创建 C 表的一个名为 test 的拷贝。

使用如下语句：

```
CREATE TABLE test LIKE C;
```

【例 4 – 16】创建 C 表的一个名为 test1 的拷贝，并且复制其内容。

使用如下语句：

```
CREATE TABLE test1 AS
    (SELECT * FROM C);
```

4.5.5 删除表

当需要删除一个表时，可以使用 DROP TABLE 语句。其语法格式为

```
DROP [TEMPORARY] TABLE [IF EXISTS] tbl_name [, tbl_name] ...
```

（1）IF EXISTS：避免要删除的表不存在时出现错误信息。

（2）tbl_name：要被删除的表名。

这个命令将表的描述、表的完整性约束、索引及与表相关的权限等全部删除。

【例 4 – 17】删除评论表 Comment。

使用如下语句：

```
DROP TABLE Comment;
```

4.5.6 MySQL 表结构定义说明

1. 空值（Null）与列的 Identity（标识）属性

（1）空值（Null）。空值通常表示未知、不可用或将在以后添加的数据。若一个列允许为空值，则向表中输入记录值时可不给出该列的具体值；若一个列不允许为空值，则在输入时必须给出该列的具体值。

注意：表的关键字不允许为空值；空值不能与数值数据 0 或字符类型的空字符混为一谈；任意两个空值都不相等。

（2）列的 Identity（标识）属性。对任何表都可创建包含系统所生成序号值的一个标识列，该序号值唯一标识表中的一列，可以作为键值。每个表只能有一个列设置为标识属性，该列只能是 DECIMAL、INT、NUMERIC、SMALLINT、BIGINT 或 TINYINT 类型。定义标识属性时，可指定其起始值、增量值，两者的默认值均为 1。系统自动更新标识列值，标识列不允许为空值。

2. MySQL 隐含地改变列类型

在下列情况下，MySQL 隐含地改变在一个 CREATE TABLE 语句中给出的一个列类型（这也可能在 ALTER TABLE 语句中出现）：

（1）长度小于 4 的 VARCHAR 类型被改变为 CHAR 类型。

（2）如果在一个表中的某个列是可变长度的，那么整个行也是可变长的。因此，如果一个表包含变长的列（VARCHAR、TEXT 或 BLOB 类型），所有大于 3 个字符的 CHAR 列被改变为 VARCHAR 列。这在任何方面都不影响用户如何使用列，在 MySQL 中，这种改变可以节省空间，并且使表操作更快捷。

（3）TIMESTAMP 的显示尺寸必须是偶数且在 2～14 范围内。如果指定 0 显示尺寸或比 14 大，则尺寸被强制为 14。1～13 范围内的奇数值尺寸被强制为下一个更大的偶数。

（4）不能在一个 TIMESTAMP 列中存储一个 Null，若将它设为 Null，则默认为当前的日期和时间。

4.6　用图形化工具创建、删除和修改表

1. 创建表

在数据库中创建表，步骤如下：

（1）在 MySQL Administrator 窗口中展开 Catalogs 选项栏，如图 4－16 所示。单击指定数据库，在右方的快捷选单上选择 Create New Table 子菜单，或者直接单击 Create Table 按钮。

（2）在弹出的 MySQL Table Editor 窗口中填写表名，在 Columns and Indices 中填写表的各列及数据类型，单击 Apply Changes 按钮，在弹出的 Confirm Table Editor 对话框中，单击 Execute 按钮，即可成功创建表。

2. 删除表

如果要在数据库中删除表，步骤如下：在 MySQL Administrator 窗口中展开 Catalogs 选项栏，选择数据库（如 CP），在右方的快捷选单上右击该数据库下的某个表，选择 Drop Table 子菜单，选择确认，即可删除该表。

3. 修改表

在数据库中修改表，步骤如下：

（1）在 MySQL Administrator 窗口中展开 Catalogs 选项栏，选择数据库（如 CP），在右方的快捷选单上右击该数据库下的某个表，选择 Edit Table 子菜单。

（2）在弹出的 MySQL Table Editor 窗口中即可修改该表的结构。修改完毕后，单击 Apply Changes 按钮，在弹出的 Confirm Table Editor 对话框中，单击 Execute 按钮。

{ 本章小结 }

　　本章从实际操作的角度呼应了第 2 章的相关内容，从 MySQL 的下载安装方法开始，讲述了 MySQL 软件下数据库服务器的配置、数据库的创建方法、表的创建和维护方法。

　　MySQL 作为一款深受欢迎的 DBMS，可以创建若干个数据库，每个数据库下又可以创建属于该数据库的表。在 MySQL 下创建数据库，首先必须开启 MySQL 数据库服务

器（用图形化工具或者命令行 net start mysql 方式）、与 MySQL 数据库服务器创建连接（mysql 用户名 服务器所在地址 用户密码）。与 MySQL 数据库服务器连接成功之后，提示符变成了"mysql >"，然后可以通过 CREATE DATABASE 命令创建自己的数据库，也可以使用已经创建好的数据库，通过使用"USE 数据库名"命令可以指定后续操纵针对哪一个数据库。

在指定数据库后，可以在该数据库下创建表（关系模型中的关系），将数据库设计阶段得到的各种表创建在该数据库下。创建数据库表的语句是 CREATE TABLE，但是该语句下面又有很多子句，创建表必须回答该表叫什么名字、该表下面包括哪些字段，以及每个字段的类型、长度，完整性约束有哪些属于可选项（不是必须回答的问题）。

4.3 节介绍了 MySQL 支持的数据类型，包括字符串类型、数值类型、日期和时间类型，每一种类型又有不同的表现形式；也可以创建用户自定义的数据类型（建立在 MySQL 提供的基本类型的基础上），供创建表时指定某一字段类型为已经创建的用户自定义类型。

4.4 节介绍了关系模型中的关系完整性在 MySQL 环境下的具体表现，MySQL 中的主键约束（PRIMARY KEY 子句）、候选键约束（UNIQUE 子句）共同支撑关系模型下的实体完整性。参照完整性主要通过 FOREIGN KEY 子句来表达，用户自定义的完整性则通过 CHECK 子句完成。在定义关系完整性时，最好给完整性约束命名，方便进行后续完整性维护（完整性修改或者删除）。

4.5 节完整地介绍了 CREATE TABLE、ALTER TABLE、RENAME TABLE、DROP TABLE 语句的语法和实际操作方法。为了使读者自如地掌握 MySQL 数据库、表的创建和维护方法，建议结合 3.5 节给出的"汽车用品网上商城"数据库逻辑结构，完成 Shopping 数据库的创建、表 3-4 ~ 表 3-11 的创建。

习题与思考

1. 举例说明 MySQL 工具的作用。
2. 如何查看 MySQL 的安装配置信息？
3. 如何通过 mysql 命令连接 MySQL 服务器？
4. 如何理解 MySQL 中 DATABASE 的概念？如何创建 DATABASE？
5. MySQL 数据类型中 CHAR 和 VARCHAR 的区别是什么？
6. MySQL 数据类型中 DATE、TIME、DATETIME 之间有什么区别？
7. MySQL 中支持的数据完整性有哪些？
8. MySQL 中的参照完整性规则是什么？
9. 举例说明在 MySQL 中创建表时，如何定义完整性约束。

10. 举例说明在创建好的表中如何再增加一个字段。

11. 表的描述如表4-4所示。

表 4-4　商品表 Product

字段名称	字段含义	字段类型与长度	类型含义	约束
Product_id	商品 ID	VARCHAR(15)	字符	主键
Name	商品名称	VARCHAR(100)	字符	非空
Pic	商品图片	VARCHAR(100)	字符	
Amount	商品数量	SMALLINT	数值	
Price	商品价格	DECIMAL(9,2)	数值	
Describe	商品描述	VARCHAR(255)	字符	

(1) 写出创建该表的语句。

(2) 假定该表中已经有很多记录,现在要复制该表的结构和记录,试写出语句。

12. 表的描述如表4-5所示,写出创建该表的语句。

表 4-5　用户表 User

字段名称	字段含义	字段类型与长度	类型含义	约束
User_id	用户 ID	INT	自增	主键
Name	用户名	VARCHAR(10)	字符	非空

实验训练 1　在 MySQL 中创建数据库和表

实验目的

熟悉 MySQL 环境的使用,掌握在 MySQL 中创建数据库和表的方法,理解 MySQL 支持的数据类型、数据完整性在 MySQL 下的表现形式,练习 MySQL 数据库服务器的使用,练习 CREATE TABLE、SHOW TABLES、DESCRIBE TABLE、ALTER TABLE、DROP TABLE 语句的操作方法。

实验内容

【实验1-1】MySQL 的安装与配置。

参见4.1节内容,完成 MySQL 的安装与配置。

【实验1-2】创建"汽车用品网上商城"数据库。

用 CREATE DATABASE 语句创建 Shopping 数据库，或者通过 MySQL Workbench 图形化工具创建 Shopping 数据库。

【实验1-3】在 Shopping 数据库下，参见3.5节，创建表3-4~表3-11 的八个表。可以使用 CREATE TABLE 语句，也可以使用 MySQL Workbench 创建表。

【实验1-4】使用 SHOW、DESCRIBE 语句查看表。

【实验1-5】使用 ALTER TABLE、RENAME TABLE 语句管理表。

【实验1-6】使用 DROP TABLE 语句删除表，也可以使用 MySQL Workbench 删除表。（注意：删除前最好对已经创建的表进行复制。）

【实验1-7】连接、断开 MySQL 服务器，启动、停止 MySQL 服务器。

【实验1-8】使用 SHOW DATABASES、USE DATABASE、DROP DATABASE 语句管理"汽车用品网上商城" Shopping 数据库。

实验要求

1. 配合第1章和第3章的理论讲解，理解数据库系统。

2. 掌握 MySQL 工具的使用，通过 MySQL Workbench 图形化工具完成。

3. 每执行一种创建、删除或修改语句后，均要求通过 MySQL Workbench 查看执行结果。

4. 将操作过程以屏幕抓图的方式复制，形成实验文档。

第5章 数据的查询

使用数据库和表的主要目的是存储数据，以便在需要时进行检索、统计或组织输出。第 2 章中已经看到在关系数据库中如何构造关系代数查询来回答对数据库信息的查询请求，关系代数的八种运算集中表现了关系模型中强大的数据操纵能力。本章将学习 MySQL 下 SELECT 语句的语法，如何使用 SELECT 语句来构造相应的 SQL 查询，SQL 的 SELECT 语句可以实现对表的选择、投影及连接等关系代数中的全部运算。SELECT 语句是 SQL 中非常重要的语句，也是关系数据库中使用最多的语句，SELECT 语句在许多方面比关系代数更为灵活，但是从逻辑思路上，SELECT 语句并没有突破性改进，关系代数的经验可以成为 SELECT 语句的良好借鉴。

数据库查询是数据库的核心操作，本章讨论在 MySQL 数据库交互式环境下 SELECT 语句查询的各种形式。命令行方式下，在屏幕上输入一个查询立即可以得到答案。在进行数据的查询操作前，要使用 USE 语句将所在的数据库指定为当前数据库。

5.1 查询语句

通过 SQL 语句的查询，可以从表或视图中迅速、方便地检索数据。SELECT 语句可以从一个或多个表中选取特定的行和列，结果通常是生成一个临时表。在执行过程中，系统根据用户构造的 SELECT 语句从数据库中选出匹配的行和列，并将结果放到临时的表中。

5.1.1 查询语句的一般格式

1. SELECT 语句格式

SELECT 语句的一般格式为

SELECT［ALL｜DISTINCT］< 目标列表达式 >［AS newName］...
FROM < 表名或视图名［AS newName］>［, < 表名或视图名 >［AS newName］］...
［WHERE < 条件表达式 1 >］
［GROUP BY < 列名 1 >［HAVING < 条件表达式 2 >］］
［ORDER BY < 列名 2 >［ASC｜DESC］］;

整个 SELECT 语句的含义是，根据 WHERE 子句的条件表达式 1，从 FROM 子句指定的表或视图中（当 FROM 后面只有一个关系或者视图时）找出满足条件的元组（选择运算），再按 SELECT 子句中的目标列表达式选出元组中属性值形成的结果表（投影运算）。

各个参数的意义如下：

（1） < > : 必选项。

（2）［］: 可选项。

（3）ALL｜DISTINCT: 所有或者去掉重复，默认为不去掉重复。

（4）AS newName: 别名或者重新命名（仅仅作用在本语句中）。

（5）GROUP BY：GROUP 按列名 1 分组，列值相等的为一个组，列值的种类决定了组的个数。

（6）GROUP BY 子句后面的 HAVING：分组之后，满足条件表达式 2 的组才能输出。

（7）ORDER BY：最后结果按照列名 2 排序，ASC 为升序（默认），DESC 为降序。

2. SELECT 语句的深入理解

SELECT 语句的执行过程可以理解如下：

首先，对 FROM 子句中的所有表（或者视图）做关系的笛卡儿积。接着，删除不满足 WHERE 子句的行，根据 GROUP BY 子句对剩余的行进行分组。然后，删除不满足 HAVING 子句的组，求出 SELECT 子句选择列表的表达式的值。若有关键词 DISTINCT 存在，则删除重复的行，最后根据 ORDER BY 子句进行排序。

SELECT 语句与关系代数的对应可以理解如下：

SELECT［ALL│DISTINCT］<目标列表达式>...，对应关系代数的投影运算；

FROM <表名或视图名>［,<表名或视图名>］...，对应关系代数中的笛卡儿积运算；

WHERE <条件表达式 1>，对应关系代数中的选择运算。

将 2.2 节中的关系代数理论与 SQL 查询操作的实践密切结合，不仅可以深刻领会关系模型的本质内涵，而且可以理解 SQL 语言的基本原理，快速、全面地掌握 SELECT 语句。在 SELECT 语句中，SELECT 对应投影运算，FROM 对应笛卡儿积运算，WHERE 对应选择运算，JOIN 对应连接运算（见 5.1.2 小节），UNION 对应并运算（见 5.9 节），INSTERSECT 对应交运算（见 5.9 节），EXCEPT 对应差运算（见 5.9 节），SQL 中没有专门的除运算语句，但是通过 EXISTS 谓词可以完成，详细参见 5.4 节。

【例 5 - 1】针对例 4 - 12，检索客户李广购买过的商品编号和商品名称，用关系代数可以表达为

$$\Pi\text{Pid},\text{PName}(\sigma\text{CName}='李广'(C\infty O\infty P))$$

或者

$$\Pi\text{Pid},\text{PName}(\sigma\text{CName}='李广'\wedge C.\text{Cid}=O.\text{Cid}\wedge O.\text{Pid}=P.\text{Pid}(C\times O\times P))$$

SQL 语句可以写成

```
SELECT O. Pid,P. PName
FROM C,O,P
WHERE C. Cid = O. Cid
AND O. Pid = P. Pid
AND C. CName = '李广';
```

例 5 - 1 鲜明地体现了关系代数表达式与 SELECT 语句的对应。

3. SELECT 语句中的运算与函数

在 SELECT 语句中，无论投影的目标列表达式，还是选择的条件表达式，甚至 HAVING 子句的条件表达式，都需要写表达式。按照程序设计课程中的概念，表达式可以是数值表达式、字符串表达式和日期表达式等。其中，数值表达式由常数、表字段、算术运算符、算术函数组成；字符串表达式由常数、表字段、字符串运算符、字符串函数组成；日期表达式由常数、表字段、日期运算符、日期函数组成。

WHERE 中使用条件表达式，SQL 中的条件可以通过数值表达式、字符串表达式和日期表达式表示条件，也可以通过谓词表达条件，谓词的运算结果为 TRUE 或 FALSE，但如果遇到空值，则可能为 UNKNOWN。

【例 5 – 2】针对例 4 – 12 的 CP 数据库中的 C 表，查询性别为 "女" 的客户姓名、性别和年龄。

查询条件（或者说，选择的条件）可以是一个字符串表达式：CSex = '女'。

最后结果要求显示姓名、性别和年龄。姓名和性别有对应的字段，直接投影即可，但是表中只有出生日期，没有年龄，需要通过表达式求得。

首先，通过 CURDATE( ) 函数获取当前日期。然后，通过 YEAR( ) 函数转换成当前年份［CURDATE( ) 函数、YEAR( ) 函数参见 5.3.3 小节］，减去出生年份，最后得到年龄。使用如下语句：

```
YEAR(CURDATE( )) – YEAR(CBrith)
```

SQL 语句可以写作

```
SELECT CName, CSex, YEAR(CURDATE( )) – YEAR(CBrith) AS CAGE
FROM C
WHERE CSex = '女'
```

其中，YEAR(CURDATE( )) – YEAR(Cbrith) AS CAGE 将表达式的计算结果命名为 CAGE 列，5.2 节 ~5.4 节将详细讲述 MySQL 中的运算符、函数和条件谓词。

5.1.2　MySQL 中的查询语句

MySQL 中的 SELECT 语法格式为

```
SELECT
    [ ALL | DISTINCT | DISTINCTROW ]
    [ HIGH_PRIORITY ]
    [ STRAIGHT_JOIN ]
    [ SQL_SMALL_RESULT ] [ SQL_BIG_RESULT ] [ SQL_BUFFER_RESULT ]
```

```
        [SQL_CACHE|SQL_NO_CACHE] [SQL_CALC_FOUND_ROWS]
select_expr, ...
        [INTO OUTFILE 'file_name' export_options|INTO DUMPFILE 'file_name']
[FROM table_reference [, table_reference] ... ]          /* FROM 子句 */
[WHERE where_definition]                                  /* WHERE 子句 */
[GROUP BY {col_name|expr|position}[ASC|DESC], ... [WITH ROLLUP]]
                                                          /* GROUP BY 子句 */
[HAVING where_definition]                                 /* HAVING 子句 */
[ORDER BY {col_name|expr|position}[ASC|DESC], ... ]      /* ORDER BY 子句 */
[LIMIT {[offset,] row_count|row_count OFFSET offset}]     /* LIMIT 子句 */
```

从这个语句的基本语法可以看出，最简单的 SELECT 语句是 SELECT select_ expr。利用这个最简单的 SELECT 语句，可以进行 MySQL 所支持的任何运算或者函数。例如，SELECT '张三'，将返回字符串"张三"；SELECT 1 + 1，将返回 2；SELECT CURDATE()，将返回当前日期；SELECT CName FROM C，将返回 C 表中的所有 CName。

☞ **MySQL 中 SELECT 语句的简单理解**

MySQL 查询数据库使用 SELECT 语句，其语法格式为

```
SELECT column_name
FROM table_name
WHERE 条件
```

如果查询多个列名，则使用逗号隔开，星号（*）代表查询所有列；如果查询多个表名，则使用逗号隔开。在使用 SELECT 语句查询时，常常用到别名（或者称为重命名）。使用 AS 可以为列或者表重命名，但是 AS 关键字也可以省略。使用重命名，在显示查询结果时，显示的字段名是重命名以后的字段名，但是数据库中表的字段没有改变。SELECT 语句后面跟 WHERE 子句，用于有选择地显示数据，常用的条件有大于（>）、小于（<）、等于（=）、不等于（< >）等。当有多个条件时，使用 AND（并且，同时满足时显示）、OR（或者，满足其中一个即显示）。字符类型数据必须使用单引号（' '），数值类型的数据单引号可以省略。

1. SELECT 选项

SELECT 关键词后面可以使用很多选项。

（1）ALL|DISTINCT|DISTINCTROW：指定是否重复行应被返回。如果这些选项没有被给定，则默认值为 ALL（所有的匹配行被返回）。DISTINCT 和 DISTINCTROW 是同义词，用于消除结果集合中的重复行。

（2）HIGH_PRIORITY、STRAIGHT_JOIN 和以 SQL_ 为开头的选项：是 MySQL 相对于标

145

准 SQL 的扩展，涉及 MySQL 底层处理方式（一个查询 SELECT 在 MySQL 内部如何执行，是查询优化的专门内容，关于查询优化理论本书不过多介绍）。在多数情况下，对于初学者，可以不必关心这些选项（除非针对存放很多记录的表的查询，特别关注查询执行的速度或者性能），但是对于熟练的 MySQL 高手，应该关心。

① HIGH_PRIORITY：给予 SELECT 更高的优先权，使查询立刻执行，加快查询速度。

② STRAIGHT_JOIN：用于促使 MySQL 优化器把表联合在一起，加快查询速度。

③ SQL_SMALL_RESULT：可以与 GROUP BY 或 DISTINCT 同时使用，以告知 MySQL 优化器结果集合是较小的。在此情况下，MySQL 使用快速临时表来储存生成的表，不使用分类。

④ SQL_BIG_RESULT：可以与 GROUP BY 或 DISTINCT 同时使用，以告知 MySQL 优化器结果集合有很多行。在这种情况下，MySQL 会优先进行分类，不优先使用临时表。

⑤ SQL_BUFFER_RESULT：用于查询结果被放入一个临时表中。这可以帮助 MySQL 提前解开表锁定，在需要花费较长时间的情况下，也可以帮助把结果集合发送到客户端。

⑥ SQL_CACHE：用于告知 MySQL 把查询结果存储在查询缓存中。对于使用 UNION 的查询或子查询，该选项会影响查询中的所有 SELECT。

⑦ SQL_NO_CACHE：用于告知 MySQL 不要把查询结果存储在查询缓存中。

⑧ SQL_CALC_FOUND_ROWS：用于告知 MySQL 计算有多少行应位于结果集合中，不考虑任何 LIMIT 子句。

（3）select_expr,...：目标列表达式，各列表达式名之间要以逗号分隔。当希望查询结果中的某些列显示，且使用自己选择的列标题时，可以在列名之后使用 AS 子句来更改查询结果的列别名。

INTO OUTFILE 'file_name'：可以将表中的行导出到一个文件中，这个文件被创建在服务器主机中，file_name 为文件名。

注意：当自定义的列标题中含有空格时，必须使用引号将标题括起来。

目标列表达式可以使用运算符、函数（包括条件判断函数）、聚合函数等。

所有被使用的子句必须按语法说明中显示的顺序严格地使用。例如，一个 HAVING 子句必须位于 GROUP BY 子句之后，并位于 ORDER BY 子句之前。

【例 5 - 3】针对例 4 - 12 的 CP 数据库中的 C 表，查询客户的姓名、性别、年龄、所在城市。使用如下语句：

```
SELECT CName,CSex,YEAR(CURDATE()) - YEAR(CBrith) AS CAGE,CCity
FROM C
```

2. FORM 子句

其语法格式为

```
FROM table_reference [ , table_reference]...
```

（1）table_reference：指出了要查询的表或视图，其格式为

```
tbl_name [ [ AS] tbl_name_alias ] [ {USE | IGNORE | FORCE} INDEX (key_list)]
                                                              / * 查询表 * /
| join_table                                                  / * 连接表 * /
```

① tbl_name：要查询的表名。与列别名一样，可以使用 AS 选项为表指定别名。tbl_name_alias 为表指定的别名，表别名主要用在相关子查询及连接查询中。如果 FROM 子句指定了表别名，则这条 SELECT 语句中的其他子句都必须使用表别名来代替原来的表名。当同一个表在 SELECT 语句中被多次提到时，就必须使用表别名来加以区分。

② {USE | IGNORE | FORCE} INDEX：USE INDEX 告知 MySQL 选择一个索引来查找表中的行（指定在该表的索引上查找，速度会更快，但是指定的索引必须前期已经建立）；IGNORE INDEX 告知 MySQL 不要使用某些特定的索引；FORCE INDEX 的作用接近 USE INDEX（key_list），只有当无法使用一个给定的索引来查找表中的行时，才使用表扫描。

table_reference 中可以包含一个或多个表。

（2）FROM 后面只有一个表：可以用两种方式。第一种方式是使用 USE 语句让一个数据库成为当前数据库。这种情况下，如果在 FROM 子句中指定表名，则该表应该属于当前数据库。第二种方式是指定时在表名前带上表所属数据库的名字。当然，在 SELECT 关键字后指定列名时，也可以在列名前带上所属数据库和表的名字。但是一般来说，如果选择的字段在各表中是唯一的，就没有必要特别指定。

（3）FROM 后面有多个表：如果要在不同表中查询数据，则必须在 FROM 子句中指定多个表。FROM 后面的多个表之间用逗号分开，如果没有 WHERE 条件，则可以看作这几个表之间的笛卡儿积运算；如果有 WHERE 条件，则结合 WHERE 后面的选择条件，笛卡儿积加选择也可以理解为连接。FORM 后面可以指定多个表之间进行连接运算（关系代数中的连接运算，参见 2.2.2 小节）。使用 JOIN 关键字的连接，join_table 中定义了如何使用 JOIN 关键字来连接表，其语法格式为

```
join_table：
    table_reference INNER JOIN table_reference [ join_condition ]
    | table_reference {LEFT | RIGHT} [ OUTER ] JOIN table_reference join_condition
    | table_reference NATURAL [ {RIGHT | LEFT} [ OUTER ] ] JOIN table_reference
    | table_reference CROSS JOIN table_reference [ join_condition ]
    | table_reference STRAIGHT_JOIN table_reference [ ON condition_exp ]
```

其中，join_condition 的格式为

```
join_condition：ON condition_exp | USING (column_list)
```

table_reference 中指定了要连接的表名，ON condition_exp 中指定了连接条件。

① 内连接：指定了 INNER 关键字的连接是内连接。

② 外连接：指定了 OUTER 关键字的连接是外连接。外连接包括左外连接（LEFT OUTER JOIN）、右外连接（RIGHT OUTER JOIN）、自然连接（NATURAL JOIN，NATURAL JOIN 的语义定义与使用了 ON 条件的 INNER JOIN 相同）。

③ 交叉连接：指定了 CROSS JOIN 关键字的连接是交叉连接。在不包含连接条件时，交叉连接实际上是将两个表进行笛卡儿积运算，结果表是由第一个表的每一行与第二个表的每一行拼接后形成的表。因此，结果表的行数等于两个表的行数之积。在 MySQL 中，CROSS JOIN 从语法上来说与 INNER JOIN 等同，两者可以互换。

④ STRAIGHT_JOIN 连接用法和 INNER JOIN 连接基本相同。不同的是，STRAIGHT_JOIN 后不可以使用 USING 子句替代 ON 条件。

具体示例参见 5.5 节的单表查询、5.6 节的连接查询。

3. WHERE 子句

WHERE 子句必须紧跟在 FROM 子句之后。在 WHERE 子句中，使用一个条件从 FROM 子句的中间结果中选取行。其基本格式为

```
WHERE where_definition
```

其中，where_definition 为查询条件，其语法格式为

```
where_definition：
    <precdicate>
      | <precdicate> {AND|OR} <precdicate>
      | (where_definition)
      | NOT where_definition
```

这里，predicate 为判定运算，结果为 TRUE、FALSE 或 UNKNOWN。

```
<predicate>：
    expression { = | < | < = | > | > = | < = > | < > | ! = } expression     /* 比较运算 */
    | match_expression [NOT] LIKE match_expression [ ESCAPE 'escape_character' ]
                                                                            /* LIKE 运算符 */
    | match_expression [NOT][REGEXP|RLIKE] match_expression
                                                                            /* REGEXP 运算符 */
    | expression [NOT] BETWEEN expression AND expression          /* 指定范围 */
    | expression IS [NOT] Null                                   /* 判断是否空值 */
    | expression [NOT] IN (subquery|expression [,...n])          /* IN 子句 */
    | expression { = | < | < = | > | > = | < = > | < > | ! = }{ALL|SOME|ANY}(subquery)
                                                                            /* 比较子查询 */
    | EXIST (subquery)                                           /* EXIST 子查询 */
```

具体示例参见 5.4 节和 5.8 节。

4. GROUP BY 子句

GROUP BY 子句主要用于根据字段对行分组。例如，根据学生的年龄对 S 表中的所有行分组，结果是每一个年龄段的学生成为一组。其语法格式为

GROUP BY {col_name|expr|position} [ASC|DESC],... [WITH ROLLUP]

GROUP BY 子句后通常包含列名或表达式。MySQL 对 GROUP BY 子句进行了扩展，可以在列的后面指定 ASC（升序）或 DESC（降序）。GROUP BY 子句可以根据一个或多个列进行分组，也可以根据表达式进行分组，它经常和聚合函数一起使用。

具体示例参见 5.7 节。

5. HAVING 子句

使用 HAVING 子句的目的与 WHERE 子句类似。不同的是，WHERE 子句用来在 FROM 子句之后选择行，而 HAVING 子句用来在 GROUP BY 子句后选择行。其语法格式为

HAVING where_definition

其中，where_definition 是选择条件，条件的定义和 WHERE 子句中的条件类似。不过，HAVING 子句中的条件可以包含聚合函数，而 WHERE 子句中的条件不可以。

SQL 标准要求 HAVING 子句必须引用 GROUP BY 子句中的列或用于聚合函数中的列。不过，MySQL 支持对此工作性质的扩展，并允许 HAVING 子句引用 SELECT 清单中的列和外部子查询中的列。

具体示例参见 5.7 节。

6. ORDER BY 子句

在一个 SELECT 语句中，如果不使用 ORDER BY 子句，则结果中行的顺序是不可预料的（也许是按照记录录入时间先后顺序，也许是按照记录在磁盘上存放的物理顺序）。使用 ORDER BY 子句后，可以保证结果中的行按一定顺序排列。其语法格式为

ORDER BY {col_name|expr|position} [ASC|DESC],...

ORDER BY 子句后可以是一个列、一个表达式或一个正整数。正整数表示按照结果表中该位置上的列排序。例如，使用"ORDER BY 3"表示对 SELECT 的列清单上的第 3 列进行排序。关键字 ASC 表示升序排列，DESC 表示降序排列，系统默认值为 ASC。

7. LIMIT 子句

LIMIT 子句是 SELECT 语句的最后一个子句，主要用于限制被 SELECT 语句返回的行数，就是 SELECT 结果中的记录数。其语法格式为

LIMIT {[offset,] row_count|row_count OFFSET offset}

其中，offset 和 row_count 都必须是非负的整数常数，offset 指定返回的第一行的偏移量，

row_count 是返回的行数。例如，"LIMIT 5"表示返回 SELECT 语句的结果集中最前面 5 行，而"LIMIT 3,5"表示从第 4 行开始返回 5 行。值得注意的是，初始行的偏移量是 0，而不是 1。

【例 5 - 4】针对例 4 - 12 的 CP 数据库中的 C 表，查找 C 表中 Cid 最靠前的 5 位客户的信息。

使用如下语句：

```
SELECT Cid,CName,CSex,CBrith,CCity
FROM C
ORDER BY Cid
LIMIT 5;
```

查找 C 表中从第 4 位客户开始的 5 位客户的信息。使用如下语句：

```
SELECT Cid,CName,CSex,CBrith,CCity
FROM C
ORDER BY Cid
LIMIT 3 , 5;
```

5.2 MySQL 运算符

当数据库中的表定义好以后，表中的数据代表的意义就已经确定了。通过使用运算符进行运算，可以得到包含另一层意义的数据。正如例 5 - 2，学生表中存在一个年龄的字段，如果现在希望查找这个学生的出生年份，而学生表中只有年龄，没字段表示出生年份，这就需要进行运算，用当前的年份减去学生的年龄，就可以计算出学生的出生年份了。

运算符是用来连接表达式中各个操作数据的符号，其作用是指明对操作数据进行的运算。MySQL 数据库支持使用运算符，MySQL 运算符可以指明对表中数据进行的运算，以便得到用户希望得到的数据。通过运算符，可以使 MySQL 数据库更加灵活，数据库的运算功能、查询功能更加强大，而且可以更加灵活地使用表中的数据。MySQL 运算符包括四类，分别是算术运算符、比较运算符、逻辑运算符和位运算符。

5.2.1 算术运算符

算术运算符是 MySQL 中最常用的一类运算符。MySQL 支持的算术运算符包括加、减、乘、除、求余等，具体如表 5 - 1 所示，可以对数值型字段进行算术运算。

表 5 – 1 算术运算符

符号	表达式的形式	作　用
+	x1 + x2 + … + xn	加法运算
–	x1 – x2 – … – xn	减法运算
*	x1 * x2 * … * xn	乘法运算
/	x1/x2	除法运算，返回 x1 除以 x2 的商
%	x1% x2	求余运算，返回 x1 除以 x2 的余数

5.2.2　比较运算符

比较运算符是查询数据时最常用的一类运算符。SELECT 语句中的条件语句经常要使用比较运算符，通过这些比较运算符，可以判断表中的哪些记录是符合条件的。比较运算符包括等于、不等于、小于、小于等于、大于、大于等于等，具体如表 5 – 2 所示。

表 5 – 2　比较运算符

符号	表达式的形式	作　用
=	x1 = x2	等于
< > 或! =	x1 < > x2	不等于
< = >	x1 < = > x2	安全地等于
<	x1 < x2	小于
< =	x1 < = x2	小于等于
>	x1 > x2	大于
> =	x1 > = x2	大于等于

MySQL 有一个特殊的等于运算符 " < = > "，当两个表达式彼此相等或都等于空值时，它的值为 TRUE；当其中有一个空值或都是非空值但不相等时，它的值为 FALSE。没有 UNKNOWN 的情况。

5.2.3　逻辑运算符

逻辑运算符用来判断表达式的真假。逻辑运算符的返回结果只有 1 和 0。如果表达式是真的，则结果返回 1；如果表达式是假的，则结果返回 0。逻辑运算符又称为布尔运算符。MySQL 中支持四种逻辑运算符：非、与、或、异或。具体如表 5 - 3 所示。

表 5 - 3 　逻辑运算符

符号	作用
NOT 或 !	逻辑非
AND 或 &&	逻辑与
OR 或 ‖	逻辑或
XOR 或 ^	逻辑异或

5.2.4 　位运算符

位运算符是在二进制数上进行计算的运算符。位运算会将操作数据变成二进制数，然后进行位运算，再将计算结果从二进制数变回十进制数。MySQL 中支持六种位运算符，如表 5 - 4 所示。

表 5 - 4 　位运算符

符　号	作　用
&	按位与
|	按位或
^	按位取反
~	按位异或
> >	按位左移
< <	按位右移

5.2.5 　运算符的优先级

由于在实际应用中可能需要同时使用多个运算符，这就必须考虑运算符的运算顺序，到底谁先运算、谁后运算。如表 5 - 5 所示，运算符的优先级从最高到最低对应表的每一行。在表同一行中的运算符具有相同的优先级。

表5-5 运算符的优先级

优先级	运算符
1（最高）	: =
2	||, OR, XOR
3	&&, AND
4	BETWEEN, CASE, WHEN, THEN, ELSE
5	=, <=>, >=, >, <=, <, <>,!=, IS, LIKE, REGEXP, IN
6	|
7	&
8	<<, >>
9	-, +
10	*, /, DIV, %, MOD
11	^
12	- (unary minus), ~ (unary bit inversion)
13	!, NOT
14	BINARY COLLATE

5.3 MySQL 函数

MySQL 函数是 MySQL 数据库提供的内部函数，这些内部函数可以帮助用户更加方便地处理表中的数据。SELECT 语句及其条件表达式都可以使用这些函数，同时，INSERT、UPDATE、DELETE 语句及其条件表达式也可以使用这些函数。MySQL 函数可以对表中的数据进行相应的处理，以便得到用户希望得到的数据。例如，表中的某个数据是负数，现在需要将这个数据显示为正数，这时就可以使用绝对值函数。MySQL 函数包括数学函数、字符串函数、日期和时间函数、条件判断函数、系统信息函数、加密函数等。其中，数学函数、字符串函数、日期和时间函数是本节的重点。

5.3.1 数学函数

数学函数是 MySQL 中常用的一类函数，主要用于处理数值类型，包括整形、浮点数等。数学函数包括绝对值函数、随机数函数、正弦函数、余弦函数等，具体如表5-6所示。所有的数学函数在发生错误的情况下，均返回 Null。

表 5 – 6　MySQL 中的数学函数

函数说明	函数形式	作用与示例
绝对值函数	ABS(x)	ABS(0.5)和 ABS(−0.5)均返回 0.5
圆周率函数	PI( )	PI( )返回 3.141 593
平方根函数	SQRT(x)	SQRT(3)返回 1.732 050 807 568 877 2
求余函数	MOD(x,y)	MOD(13,4)返回 1
向上取整函数	CELL(x)和 CELLING(x)	返回大于或等于 x 的最小整数
向下取整函数	FLOOR(x)	返回小于或等于 x 的最大整数
随机数函数	RAND( )	返回 0 ~ 1 的随机数
指定随机数函数	RAND(x)	指定 x 的随机数，如两个 RAND(2)函数返回的数是相同的
四舍五入函数	ROUND(x)	返回离 x 最近的整数，即对 x 进行四舍五入处理
确定小数位数的四舍五入函数	ROUND(x,y)	返回 x 保留到小数点后 y 位的值，截断时需要进行四舍五入处理
确定小数位数的直接截断函数	TRUNCATE(x,y)	返回 x 保留到小数点后 y 位的值，截断时不进行四舍五入操作，直接截断
符号函数	SIGN(x)	返回 x 的符号。当 x 是负数、0、正数时，分别为 −1、0、1
指数函数	POW(x,y)和 POWER(x,y)	计算 x 的 y 次方，即计算 x^y 的值
自然指数函数	EXP(x)	计算 e 的 x 次方，即计算 e^x 的值
自然对数函数	LOG(x)	EXP(x)和 LOG(x)两个函数互为反函数
以 b 为底的对数	LOG(b,x)	返回 x 以 b 为底的对数
以 2 和 10 为底的对数	LOG2(x)和 LOG10(x)	返回以 2 为底的对数和以 10 为底的对数
三角函数	SIN(x)、COS(x)、TAN(x)、COT(x)	正弦函数、余弦函数、正切函数、余切函数，其中 x 是弧度
反三角函数	ASIN(x)、ACOS(x) ATAN(x)	反正弦函数、反余弦函数，x 的值须为 −1 ~ 1，否则返回 Null 反正切函数

5.3.2　字符串函数

字符串函数是 MySQL 中最常用的一类函数，主要用于处理表中的字符串。字符串函数包括求字符串的长度、合并字符串、在字符串中插入子串、大小字母之间切换等函数。

1. ASCII 码转换函数

ASCII(s) 函数返回字符表达式最左端字符的 ASCII 值。参数 s 的类型为字符型表达式，返回值为整型。CHAR(x1,x2,x3,...) 将 x1，x2，x3，…的 ASCII 码转换为字符，结果组合成一个字符串。参数 x1，x2，x3，…为 0 ~ 255 的整数，返回值为字符型。

例如，CHAR(65,66,67) 返回一个字符串 ABC。

2. 计算字符串字符数和长度函数

CHAR_LENGTH(s) 函数计算字符串 s 的字符数；LENGTH(s) 函数返回字符串的长度。一个多字节字符算作一个单字符。对于一个包含 5 个二字节字符的字符集，LENGTH() 的返回值为 10，CHAR_LENGTH 的返回值为 5。

例如，CHAR_LENGTH ('你是') 返回 2，LENGTH ('你是') 返回 6。

3. 合并字符串的函数

合并字符串的函数有两个，分别是 CONCAT(s1,s2,...) 函数和 CONCAT_WS(x,s1,s2,...) 函数。两者的返回结果都是连接参数产生的字符串。CONCAT() 函数的任意一个参数都不能为 Null，否则返回值将是 Null。CONCAT_WS(x,s1,s2,...) 函数可以将各字符串直接用参数 x 隔开，第一个参数是其他参数的分隔符，如果分隔符为 Null，则结果为 Null。CONCAT_WS() 函数会忽略任何分隔符参数后的 Null 值。

例如，CONCAT('11','22','33') 返回 112233 字符串，CONCAT_WS(',','11','22','33') 返回 11，22，33 字符串，CONCAT_WS(',','11','22',Null) 返回 11，22 字符串。

4. 替换字符串的函数

替换字符串的函数为 INSERT(s1,x,len,s2)，它的功能是将字符串 s1 中 x 位置开始长度为 len 的字符串用 s2 替换。

例如，INSERT('Quadratic',3,4,'What') 返回 QuWhattic。

5. 字母大小写转换函数

UPPER(s) 函数和 UCASE(s) 函数将字符串 s 的所有字母变成大写字母；LOWER(s) 函数和 LCASE(s) 函数将字符串 s 的所有字母变成小写字母。

6. 获取指定长度的字符串函数

获取指定长度的字符串函数总共两个，分别是 LEFT(s,n) 和 RIGHT(s,n)。其中，LEFT(s,n) 函数返回字符串 s 的前 n 个字符，RIGHT(s,n) 函数返回字符串 s 的后 n 个字符。

例如，LEFT('sqlstudy. com',3) 返回 sql，RIGHT('sqlstudy. com',3) 返回 com。

7. 填充字符串的函数

LPAD(s1,len,s2) 函数将字符串 s2 填充到 s1 的开始处，使字符串长度达到 len；RPAD(s1,len,s2) 函数将字符串 s2 填充到 s1 的结尾处，使字符串长度达到 len。

例如，LPAD('hi',4,'?? ') 返回 ?? hi，RPAD('hi',4,'?? ') 返回 hi??。

8. 删除空格的函数

删除空格的函数有三个,分别是 LTRIM(s)、RTRIM(s)、TRIM(s)。LTRIM(s)函数将去掉字符串 s 开始处的空格;RTRIM(s)函数将去掉字符串 s 结尾处的空格;TRIM 将去掉字符串 s 开始处和结尾处的空格。

例如,LTRIM('   barbar')返回 barbar,RTRIM('barbar   ')返回 barbar,TRIM('   barbar   ')返回 barbar。

9. 删除指定字符串的函数

TRIM(s1 FROM s)函数将去掉字符串 s 中开始和结尾处的字符串 s1。

例如,TRIM('ab',FROM,'ababdddddabddab')返回 ddddabdd。

10. 重复生成字符串的函数

REPEAT(s,n)函数将字符串 s 重复 n 次。

例如,REPEAT('mysql',2)返回 mysqlmysql。

11. 空格函数和替换函数

SPACE(n)函数返回 n 个空格;REPLACE(s,s1,s2)函数将字符串 s2 替换字符串 s 中的字符串 s1。

例如,SPACE(6)返回 6 个空格,REPLACE('mysql','m','M')返回 Mysql。

12. 比较字符串大小的函数

STRCMP(s1,s2)函数用来比较字符串 s1 和 s2。如果字符串 s1 大于 s2,则结果返回 1;如果字符串 s1 等于 s2,则结果返回 0;如果字符串 s1 小于 s2,则结果返回 -1。

例如,STRCMP('text2','text')返回 1,STRCMP('text','text')返回 0,STRCMP('text','text2')返回 -1。

13. 获取子串的函数

获取子串的函数有两个,功能完全一样。函数 SUBSTRING(s,n,len)和函数 MID(s,n,len)都是从字符串 s 的第 n 个位置开始获取长度为 len 的字符串。

例如,SUBSTRING('beijing',4,3)返回 jin,MID('beijing',4,3)返回 jin。

14. 匹配子串开始位置的函数

匹配子串开始位置的函数有三个,分别是 LOCATE(s1,s)、POSITION(s1 IN s)和 INSTR(s,s1)。它们的功能是从字符串 s 中获取 s1 的开始位置。

例如,对于 s='Beijin',LOCATE('jin',s)返回 4,POSITION('jin' IN s)返回 4,INSTR('jin',s)返回 4。

15. 字符串逆序的函数

REVERSE(s)函数将字符串 s 的顺序反过来。

例如,REVERSE('beijing')返回 gnijieb。

16. 返回指定位置的字符串和返回指定字符串位置的函数

返回指定位置的字符串函数为 ELT(n,s1,s2,…),返回 s1,s2,…序列中的第 n 个字符串。返回指定字符串位置的函数为 FIELD(s,s1,s2,…)返回在 s1，s2，…序列中第一个与 s 相匹配的字符串的位置。

例如，ELT(2,'me','my','he','she')返回 my，FIELD('he','me','my','he','she')返回 3。

17. 选定字符串的函数

选定字符串的函数为 MAKE_SET(x,s1,s2,…)，它是按 x 的二进制从 s1，s2，…的序列中选取字符串的。例如，12 的二进制是 1100，这个二进制从右到左的第三位和第四位是 1，所以选取 s3、s4。

例如，MAKE_SET(11,'a','b','c','d')返回 a，b，d。11 的二进制是 1011，这个二进制从右到左的第一位、第二位和第四位是 1，所以选取 a，b，d。

5.3.3 日期和时间函数

日期和时间函数是 MySQL 中另一类最常用的函数。日期和时间函数主要用于处理表中的日期和时间数据。日期和时间函数包括获取当前日期的函数、获取当前时间的函数、计算日期的函数、计算时间的函数。

1. 获取当前日期的函数和获取当前时间的函数

CURDATE()函数和 CURRENT_DATE()函数是用来获取当前日期的函数；CURTIME()函数和 CURRENT_TIME()函数是用来获取当前时间的函数。

例如，CURDATE()和 CURRENT_DATE()均返回 2015 – 11 – 25，CURTIME()和 CUR-RENT_TIME()均返回 11：15：34。

2. 获取当前日期和时间的函数

NOW()、CURRENT_TIMESTAMP()、LOCALTIME()和 SYSDATE()四个函数都可以用来获取当前的日期和时间。

例如，这四个函数均返回 2015 – 11 – 25 11：15：34。

3. 获取月份的函数

MONTH(d)函数返回日期 d 中的月份值，其取值范围是 1 ~ 12；MONTHNAME(d)函数返回日期 d 中月份的英文名称，如 January、February 等。其中，参数 d 可以是日期和时间，也可以只是日期。

4. 获取星期的函数

DAYNAME(d)函数返回日期 d 是星期几，返回值显示英文名称；DAYOFWEEK(d)函数也返回日期 d 是星期几，d 的取值范围是 1 ~ 7，1 表示星期日，2 表示星期一，依此类推；WEEKDAY(d)函数也返回日期 d 是星期几，0 表示星期一，1 表示星期二，依此类推。其中，d 可以是日期和时间，也可以只是日期。

5. 获取星期数的函数

WEEK(d)函数和 WEEKOFYEAR(d)函数都是计算日期 d 是本年的第几个星期，返回值的范围是 1 ~ 53。

6. 获取天数的函数

DAYOFYEAR(d)函数返回日期 d 是本年的第几天;DAYOFMONTH(d)函数返回计算日期 d 是本月的第几天。

7. 获取年份、季度、小时、分钟、秒钟的函数

YEAR(d)函数返回日期 d 中的年份值;QUARTER(d)函数返回日期 d 是本年的第几季度,取值范围是 1 ~ 4;HOUR(t)函数返回时间 t 中的小时值;MINUTE(t)函数返回时间 t 中的分钟值;SECOND(t)函数返回时间 t 中的秒钟值。

8. 获取日期的指定值的函数

EXTRACT(type FROM d)函数从日期 d 中获取指定的值。这个值是由 type 的值决定的。type 的取值可以是 YEAR、MONTH、DAY、HOUR、MINUTE、SECOND。如果 type 的值是 YEAR,则结果返回年份值;如果 type 的值是 MONTH,则结果返回月份值;如果 type 的值是 DAY,则结果返回几号;如果 type 的值是 HOUR,则结果返回小时值;如果 type 的值是 MINUTE,则结果返回分钟值;如果 type 的值是 SECOND,则结果返回秒钟值。

例如,EXTRACT(YEAR FROM '2015 – 12 – 01')返回 2015。

9. 日期加减的函数

DATE_ADD(date,INTERVAL expr type)函数和 DATE_SUB(date,INTERVAL expr type)函数是执行日期运算的。其中,date 是一个 DATETIME 或 DATE 值,用来指定起始时间;expr 是一个表达式,用来指定从起始日期添加或减去的时间间隔值,且 expr 是一个字符串,对于负值的时间间隔,它可以以一个 " – " 开头;type 为关键字,指示了表达式被解释的方式。

例如,DATE_ADD ('2015 – 11 – 09 23:59:59',INTERVAL 1 DAY)返回 2015 – 11 – 10 23:59:59;

DATE_ADD ('2015 – 11 – 09 23:59:59',INTERVAL 1 SECOND)返回 2015 – 11 – 10 00:00:00;

DATE_SUB ('2015 – 11 – 09 00:00:00',INTERVAL 1 SECOND)返回 2015 – 11 – 8 23:59:59;

DATE_SUB ('2015 – 11 – 09 23:59:59',INTERVAL – 1 DAY)返回 2015 – 11 – 10 23:59:59。

5.3.4 条件判断函数

条件判断函数用来在 SQL 语句中执行条件判断。根据是否满足判断条件,SQL 语句执行不同的分支。例如,从学生成绩表中查询学生的成绩,如果成绩高于指定值 n,则输出"优秀"；否则，输出"良好"。下面介绍各种条件判断函数的表达式、作用和使用方法。

1. IF(expr,v1,v2)函数

在 IF(expr,v1,v2)函数中，如果表达式 expr 成立，则返回结果 v1；否则，返回结果 v2。

【例 5 - 5】从 SC 表中查询学号（SNO）、课程号（CNO）、分数（GRADE），如果分数大于等于 60，则显示"及格"；否则，显示"不及格"。SELECT 语句如下：

```
SELECT SNO,CNO,GRADE,IF(GRADE > = 60,'及格','不及格') FROM SC；
```

2. IFNULL(v1,v2)函数

在 IFNULL(v1,v2)函数中，如果 v1 的值不为空，则显示 v1 的值；否则，显示 v2 的值。

【例 5 - 6】针对例 4 - 12 中的 CP 数据库，从 C 表中查询 Cid、CCity，如果 CCity 的值不为 Null，则显示 CCity 的值；否则，显示"未知"。SELECT 语句如下：

```
SELECT Cid,IFNULL(CCity,'未知') FROM C；
```

3. CASE 函数

对于 CASE 函数来说，有两种格式：简单的 CASE 函数和 CASE 搜索函数。

（1）简单 CASE 函数的表达格式为

```
CASE input_expression
    WHEN when_expression THEN result_expression
        [...n]
    WHEN when_expression THEN result_expression
    ELSE else_result_expression
END
```

（2）CASE 搜索函数的表达格式为

```
CASE
    WHEN Boolean_expression THEN result_expression
        [...n]
    WHEN Boolean _expression THEN result_expression
    ELSE else_result_expression
END
```

参数解释如下：

（1）input_expression：使用简单 CASE 函数格式时所计算的表达式，它是任何有效的 MySQL 表达式。

（2）WHEN when_expression：使用简单 CASE 函数格式时 input_expression 比较的简单表

达式。when_expression 是任意有效的 MySQL 表达式。input_expression 和每个 when_expression 的数据类型必须相同，或者是隐性转换。

（3）[...n]：占位符，表明可以使用多个 WHEN when_expression THEN result_expression 子句或 WHEN Boolean_expression THEN result_expression 子句。

（4）THEN result_expression：当 input_expression = when_expression 取值为 TRUE，或者 Boolean_expression 取值为 TRUE 时返回的表达式。

（5）ELSE else_result_expression：当比较运算取值不为 TRUE 时返回的表达式。如果省略此参数，并且比较运算取值不为 TRUE，则 CASE 将返回 Null 值。else_result_expression 是任意有效的 MySQL 表达式。else_result_expression 和所有 result_expression 的数据类型必须相同，或者是隐性转换。

（6）WHEN Boolean_expression：使用 CASE 搜索函数格式时所计算的布尔表达式。Boolean_expression 是任意有效的布尔表达式。

【例 5 - 7】简单 CASE 函数举例。针对例 4 - 12 中的 CP 数据库，C 表的 CSex 一列做 CASE 函数。当 CSex 值为 "男" 时，返回 1；当 CSex 值为 "女" 时，返回 2。具体代码如下：

```
SELECT Cid,CName,
    CASE CSex
        WHEN '男' THEN '1'
        WHEN '女' THEN '2'
        ELSE '3'
    END
FROM C;
```

【例 5 - 8】CASE 搜索函数举例。针对例 4 - 12 中的 CP 数据库，对于 C 表的 CSex 一列做 CASE 函数。当 CSex 值为 "男" 时，返回 1；当 CSex 值为 "女" 时，返回 2。具体代码如下：

```
SELECT Cid,Cname,
    CASE
        WHEN CSex = '男' THEN '1'
        WHEN CSex = '女' THEN '2'
        ELSE '3'
    END AS SEX
FROM C;
```

注意：简单 CASE 函数和 CASE 搜索函数可以实现相同的功能。简单 CASE 函数的写法相对比较简洁，但是与 CASE 搜索函数相比，在功能方面会有些限制，如写判断式。另外，还有一个需要注意的问题，CASE 搜索函数只返回第一个符合条件的值，剩下的 CASE 部分将会被自动忽略。例如，下面这段 SQL 代码，永远无法得到"第二类"这个结果。

```
CASE
    WHEN col_1 in('A','B') THEN '第一类'
    WHEN col_1 in('A' ) THEN '第二类'
    ELSE '其他'
END
```

条件判断函数是本节的难点，因为条件判断函数涉及很多条件判断和跳转的语句。这些函数经常与 SELECT 语句一起使用，用来方便用户的查询。同时，INSERT、UPDATE、DELETE 语句和条件表达式也可以使用这些函数。

5.3.5 系统信息函数

系统信息函数用来查询 MySQL 数据库的系统信息。例如，查询数据库的版本、查询数据库的当前用户等。

1. 获取 MySQL 版本号、连接数、数据库名的函数

VERSION( )函数返回数据库的版本号；CONNECTION_ID( )函数返回服务器的连接数，即到现在为止 MySQL 服务的连接次数；DATEBASE( )和 SCHEMA( )函数返回当前的数据库名。

例如，VERSION( )函数返回 5.5.28 – 0ubuntu0.12.10.2；CONNECTION_ID( )函数返回数据库的连接次数 36；DATABASE( )和 SCHEMA( )函数返回当前的数据库名 JWGL。

2. 获取用户名的函数

USER( )、SYSTEM_USER( )、SESSION_USER( )、CURRENT_USER( )和 CURRENT_USER 几个函数都可以返回当前用户的名称。

例如，USER( )、SYSTEM_USER( )、SESSION_USER( )、CURRENT_USER( )、CURRENT_USER 函数均返回 root@ localhost。

3. 获取字符串的字符集和排序方式的函数

CHARSET(str)函数返回字符串 str 的字符集，在一般情况下，这个字符集就是系统的默认字符集；COLLATION(str)函数返回字符串 str 的字符排列方式。

例如，CHARSET('张三')返回 utf8；COLLATION('张三')返回 utf8_general_ci。

4. 获取最后一个自动生成的 ID 值的函数

LAST_INSERT_ID( )函数返回最后生成的 AUTO_INCREMENT 值。

【例 5 – 9】通过 CREATE TABLE 创建一个包括自增长类型字段 ID 的表 T（id INT PRIMARY KEY AUTO_INCREMENT，name），假设表中已经有了三条记录。

> SELECT * FROM T；

可以列出三条记录，其中 ID 分别为 1、2、3；

> SELECT LAST_INSERT_ID( )；

可以获取最后自动生成的值 3。

5.3.6 加密函数

加密函数是 MySQL 中用来对数据进行加密的函数。如果数据库中有些很敏感的信息不希望被其他人看到，就应该通过加密方式来使这些数据变成看似乱码的数据。例如，用户的密码就应该经过加密。

1. 密码加密函数

PASSWORD(str) 函数可以对字符串 str 进行加密。在一般情况下，PASSWORD(str) 函数主要是用来给用户的密码加密的。

例如，PASSWORD('abcd') 返回 A154C52565E9E7E94BFC08A1FE702624ED8EFFDA。

2. 普通数据加密函数

MD5(str) 函数可以对字符串 str 进行加密，主要对普通的数据进行加密。

例如，MD5('abcd') 返回 e2fc714c4727ee9395f324cd2e7f331f。

3. 二进制加密解密函数

ENCODE(str,pswd_str) 函数可以使用字符串 pswd_str 来加密字符串 str。加密的结果是一个二进制数，必须使用 BLOB 类型的字段来保存它。DECODE(crypt_str,pswd_str) 函数可以使用字符串 pswd_str 来为 crypt_str 解密，crypt_str 是通过 ENCODE(crypt_str,pswd_str) 加密后的二进制数据。字符串 pswd_str 应该与加密时的字符串 pswd_str 是相同的。

例如，使用 DECODE(crypt_str,pswd_str) 函数为 ENCODE(str,pswd_str) 加密的数据解密，SELECT DECODE(ENCODE('abcd','aa'),'aa')，结果还是 abcd。

5.4 MySQL 查询中的条件谓词

SELECT 查询中，在 WHERE 子句和 HAVING 子句中可以使用谓词来构造条件，在其他逻辑值的表达式（如 FROM 子句的连接条件、CHECK 约束）中，也可以指定谓词。MySQL 中的谓词包括 IN、BETWEEN、LIKE、EXISTS、定量谓词、IS NULL，如表 5 - 7 所示。

表 5 - 7 MySQL 中的谓词

谓 词	形 式	例 子
IN	expr [NOT] IN (subquery)	SNO IN(SELECT SNO FROM SC)
BETWEEN	BETWEEN expr2 and expr3	S. AGE BETWEEN 18 AND 22
LIKE	cloname [NOT] LIKE val [ESCAPE val]	SNAME LIKE '李%'
EXISTS	[NOT] EXISTS (subquery)	EXISTS(SELECT * . . .)
定量谓词	expr θ [SOME | ANY | ALL] (subquery)	S. AGE > = ALL(subquery)
IS Null	colname IS [NOT] Null	S. SEX IS Null

注：表中的例子针对例 2 - 29 中的数据库：S、C、SC 三个表。

1. IN 谓词

当子查询返回一组值时，可使用 IN 和 NOT IN 运算符。IN 前面往往是一个变量，IN 后面往往是一个集合，当 IN 前面的变量值在后面的集合中时，IN 谓词返回为真；否则，返回为假。IN 谓词也可以称为集合谓词。

【例 5 - 10】针对例 4 - 12 中的 CP 数据库，查询购买了 P001 或者 P002 商品的客户姓名。查询语句如下：

> SELECT CName FROM C WHERE Cid IN
>   (SELECT Cid FROM O WHERE Pid = 'P001' OR Pid = 'P002');

子查询（SELECT Cid FROM O WHERE Pid = 'P001' OR Pid = 'P002'），返回购买了 P001 或者 P002 商品的客户 Cid，再在 C 表中查找客户姓名，其条件是对应的 Cid 在该子查询中。

2. BETWEEN 谓词

使用 BETWEEN 谓词将一个值与某个范围内的值进行比较。范围两边的值是包括在内的，即两个范围值，形成一个闭区间。当 BETWEEN 前面的变量值在该闭区间中时，返回为真。

【例 5 - 11】针对例 4 - 12 中的 CP 数据库，查询价格为 10 ~ 20 的商品名称。查询语句如下：

> SELECT PName FROM P WHERE PPrice BETWEEN 10 AND 20;

这相当于

> SELECT PName FROM P WHERE PPrice > = 10 AND PPrice < = 20;

3. LIKE 谓词

使用 LIKE 谓词搜索具有某些特征的字符串，通过百分号和下划线指定特征，下划线字符（_）表示任何单个字符，百分号（%）表示零或多个任何其他字符的字符串，LIKE 谓词也称为通配符比较。

【例5-12】针对例4-12中的CP数据库，查询姓"李"的客户姓名。查询语句如下：

SELECT CName FROM C WHERE CName LIKE /'李%/';

其中，% 表示任意多个字符，"李明""李晓红"等"李"字开头的字符串都满足条件。

查询姓名是"李×"的学生姓名。查询语句如下：

SELECT CName FROM C WHERE CName LIKE /'李_/';

其中，_表示单个字符，"李明"满足条件，"李晓红"不满足条件，因为"晓红"为2个字符。

4. EXISTS 谓词

正像它的 EXISTS 英文解释"存在"一样，当 EXISTS 后面的集合非空时，EXISTS 谓词返回为真；否则，返回为假。就因为 EXISTS 返回的是真值或假值，所以它所带的子查询一般直接用"SELECT *"，因为给出列名也没多大意义。

EXISTS 后面一般是一个子查询，如果子查询的返回集合包含一个或更多个行，则 EXISTS 谓词为真；如果返回集合不包含任何行（空集），则 EXISTS 谓词为假。通常，将 EXISTS 谓词与相关子查询一起使用。

【例5-13】针对例4-12中的CP数据库，查询没有购买商品的客户编号和姓名。查询语句如下：

SELECT Cid, CName FROM C WHERE NOT EXISTS
    （SELECT * FROM O WHERE O. Cid = C. Cid）;

该 SELECT 语句可以理解为"没有（不存在）订单记录的客户编号和姓名"。

此外，还可以在外层查询的 WHERE 子句中使用 AND 和 OR，将 EXISTS 和 NOT EXISTS 谓词与其他谓词联合起来，构造查询条件。

例如，查询没有购买商品的北京客户的客户编号和姓名。查询语句如下：

SELECT Cid, CName FROM C WHERE CCity ='北京' AND NOT EXISTS
    （SELECT * FROM O WHERE O. Cid = C. Cid）;

在关系代数中介绍过除运算（参见2.2.2小节），在 SQL 中没有显式的除运算，需要通过两个 NOT EXISTS 来构造。在 SQL 中可以如下操作：

（1）表述要检索的候选对象的一个反例（至少一个对象不符合条件），并建立 SELECT 语句（选出所有反例）。

（2）建立表示这类反例不存在的条件（NOT EXISTS）。

（3）建立最终 SELECT 语句。

【例5-14】针对例4-12中的CP数据库，查询购买了"文具"类所有商品的客户 ID 和客户姓名。

关系代数表达式为

$$\Pi Cid, Pid(O) \div \Pi Pid(\sigma PCategory = '文具'(P))$$

此问题可以理解如下：不存在任何一个"文具"类的商品，该客户没有买过。

（1）反例：是"文具"类商品但没有被所求客户 C. Cid 购买的商品。

SELECT * FROM P WHERE P. PCategory = '文具' AND NOT EXISTS
　　（SELECT * FROM O WHERE O. Cid = C. Cid AND O. Pid = P. Pid）

（2）反例不存在：NOT EXISTS（反例）。

（3）最终：

SELECT C. Cid, C. CName FROM C WHERE NOT EXISTS
　　（SELECT * FROM P WHERE P. PCategory = '文具' AND NOT EXISTS
　　（SELECT * FROM O WHERE O. Cid = C. Cid AND O. Pid = P. Pid））；

5. 定量谓词

SQL 支持三个定量比较谓词，即 SOME、ANY 和 ALL，它们都是判断某一条记录或者全部记录是否满足查询要求的。

定量谓词将一个值和值的集合进行比较。如果子查询返回多个值，则必须通过附加后缀 ALL、SOME 或 ANY 来修饰谓词中的比较运算符，这些后缀确定如何在外层谓词中处理返回的这组值。下面使用" > "比较运算符作为示例（下面的注释也适用于其他运算符）。

（1）附加后缀 ALL。

表达式 > ALL（子查询）

如果该表达式大于由子查询返回的每个单值（大于子查询中的所有值），则该谓词为真；如果子查询未返回值，则该谓词为真；如果子查询至少有一个值为假，则结果为假。

注意：< > ALL 定量谓词相当于 NOT IN 谓词。

【例 5 - 15】针对例 4 - 12 中的 CP 数据库，使用子查询和" > = ALL"来寻找价格最贵的商品 ID 和商品名称。查询语句如下：

SELECT Pid, PName FROM P WHERE PPrice > = ALL
　　（SELECT PPrice FROM P）；

（2）附加后缀 SOME 或 ANY。

表达式 > SOME（或者 ANY）（子查询）

如果表达式至少大于由子查询返回的值之一（大于子查询中的某个单值），则该谓词为真；如果子查询未返回值，则该谓词为假。

注意：= SOME（或者 ANY）定量运算符相当于 IN 谓词。

6. IS NULL 谓词

使用 IS NULL 谓词，可以判断一个字段的值是否为空。判断一个字段的值是否为空（参见 4.5.6 小节）时，不能使用 =" "来进行，更不能采用 =0，因为" "和 0 均代表了一个值，不是空值。

【例 5 - 16】针对例 4 - 12 中的 CP 数据库，查询性别为空的客户信息。查询语句如下：

SELECT * FROM C WHERE CSex IS Null;

5.5   单表查询

单表查询是指仅涉及一个表的查询，FROM 子句后面只有一个表或者视图。

1. 单表查询表中的若干列

（1）指定的列（最简单的列表达式形式）。例如，针对例 4 - 12 中的 CP 数据库，查询客户 ID 和客户姓名。查询语句如下：

SELECT Cid,CName FROM C;

（2）列表达式（经过运算符、函数等计算的列）。例如，针对例 4 - 12 中的 CP 数据库，查询客户 ID、客户姓名、客户年龄。查询语句如下：

SELECT Cid,CName,YEAR(CURDATE( )) - YEAR(CBrith) FROM C;

（3）全部列（注意"*"的用法）。例如，查询客户信息。查询语句如下：

SELECT * FROM C;

2. 选择表中若干满足条件的行

（1）消除取值重复的行（DISTINCT 的用法）。例如，针对例 4 - 12 中的 CP 数据库，查询购买过商品的客户 ID。查询语句如下：

SELECT DISTINCT Cid FROM O;

注意：SELECT DISTINCT Cid FROM O 和 SELECT Cid FROM O 是有区别的。

（2）查询满足条件的元组（WHERE 的用法）。例如，针对例 4 - 12 中的 CP 数据库，查询来自"北京"的客户姓名。查询语句如下：

SELECT CName FROM C WHERE CCity ='北京';

（3）查询满足条件的元组（WHERE 的条件可以通过各种函数、运算符、谓词构造）。例如，针对例 4 - 12 中的 CP 数据库，查询数量最多的商品 ID 和商品名称。查询语句如下：

```
SELECT Pid,PName FROM P
    WHERE PQuantity > = ALL ( SELECT PQuantity FROM P );
```

3. 对查询结果排序

例如,针对例 4 - 12 中的 CP 数据库,查询客户信息,结果按照出生日期排序。查询语句如下:

```
SELECT *  FROM C ORDER BY CBrith;
```

4. 对查询结果分组

SQL 允许用户把一个表中的记录用 GROUP BY 分成组,对记录的分组是通过关键字 GROUP BY 实现的, GROUP BY 后面跟着一个定义组的属性列表。如果使用语句 GROUP BY A1 , ... , Ak , 就把表中的记录分成了组,当且仅当两条记录在所有属性 A1 , …, Ak 上的值完全一致时,它们才是同一组的。

当在 GROUP BY 子句中使用 HAVING 子句时,查询结果中只返回满足 HAVING 条件的组。在一个 SQL 语句中,可以有 WHERE 子句和 HAVING 子句。HAVING 子句与 WHERE 子句类似,均用于设置限定条件,WHERE 子句的作用是在对查询结果进行分组前,将不符合 WHERE 条件的行去掉,即在分组之前过滤数据,使用 WHERE 条件显示特定的行;HAVING 子句作用于满足 WHERE 条件之后的组。

例如,针对例 4 - 12 中的 CP 数据库,查询客户来自哪些城市。查询语句如下:

```
SELECT CCity FROM C GROUP BY CCity;
```

针对例 4 - 12 中的 CP 数据库,查询各类别商品中最贵的价格(按照类别先分组,再求各组中价格最大的)。查询语句如下:

```
SELECT PCategory,MAX(PPrice) FROM P GROUP BY PCategory;
```

(聚合函数 MAX 参见 5.7 节)。

5.6 连接查询

连接查询是指一个查询同时涉及两个以上的表,也可以称为多表查询。连接查询是关系数据库中最主要的查询。在 2.2.2 小节中学习了关系代数的连接运算,SQL 查询可以直接采用关系代数中的连接规则来构造连接查询,通过连接运算符可以实现多个表查询。连接是关系数据库的主要特点,也是它区别于其他类型 DBMS 的一个标志。在关系型 DBMS 中,表建立时通常把一个实体的所有信息存放在一个表中,当检索数据时,通过连接运算查询出存放在多个表中的不同实体的信息,连接操作给用户带来了很大的灵活性。

☞ **Join 和 Connect**

4.1.3 小节中，在操纵 MySQL 数据库之前，应当先与 MySQL 数据库建立连接，连接成功之后才能操纵 MySQL 数据库。本节的连接查询都使用了汉字"连接"，但是 4.1.3 小节中的"连接"对应的英文是 Connect，本节中的"连接"对应的英文是 Join，两者之间有很显著的区别，具体如下：

Join 的英文原意是把原来不相连接的事物紧密地连接在一起，但仍可再分开。Join 在数据库中，属于关系代数的一种运算（参见 2.2.2 小节），用于将两个或多个表按照相互关联的列整合在一起，像 TABLEA INNER JOIN TABLEB、TABLEA LEFT OUTER JOIN TABLEB 这样的语句说明了整合的方式。

Connect 的英文原意是指两个事物在某一点上相连接，但彼此又保持独立。Connect 在数据库中，是指客户端要操纵服务器上的数据库，首先要将客户端与服务器建立一个通道，这样客户端的请求才能传递到数据库服务器上。使用 MySQL 客户端工具，首先要回答对话框中的用户名、密码等，验证通过后连接才能成功，程序中可以使用 mysql_connect( ) 函数建立非持久的 MySQL 连接，该函数有服务器名、用户名、密码等参数。

1. JOIN

多表查询时，可以使用 JOIN 语句。

【例 5 - 17】针对例 4 - 12 中的 CP 数据库，查询购买了商品 ID 为 P002 的商品的客户姓名。查询语句如下：

```
SELECT C. CName FROM C JOIN O ON( C. Cid = O. Cid) WHERE O. Pid = 'P002';
```

这就是 JOIN 语句的语法，JOIN 两边是参加连接的表或者视图名字，ON 后面给出了连接条件。

按照关系代数中的内容，连接分为内连接、左外连接、右外连接、全外连接，对应语法分别为 INNER JOIN、LEFT OUTER JOIN、RIGHT OUTER JOIN、FULL OUTER JOIN。

例 5 - 17 用的是默认参数 INNER，当用户直接用 JOIN 时，就默认是这个参数。

2. 内连接

内连接是一种最常用的连接类型。当使用内连接时，如果两个表的相关字段满足连接条件，就从这两个表中提取数据并组合成新的记录。也就是说，在内连接查询中，只有满足条件的元组才能出现在结果关系中。

【例 5 - 18】针对例 4 - 12 中的 CP 数据库，要查询购买过商品的客户情况。查询语句如下：

```
SELECT C. Cid, C. CName, C. CSex, CBrith, CCity
FROM C JOIN O ON C. Cid = O. Cid;
```

3. 自连接

如果在一个连接查询中涉及的两个表都是同一个表，这种查询就称为自连接查询。同一个表在 FROM 字句中多次出现，为了区别该表的每一次出现，需要为表定义一个别名。自连接是一种特殊的内连接，它是指相互连接的表在数据库中为同一个表，但可以在连接运算时看作两个表。

【例 5-19】针对例 4-12 中的 CP 数据库，要查询与"李广"客户同城（CCity 相等）的客户信息。查询语句如下：

```
SELECT C. * FROM C JOIN C AS C1 ON C. CCity = C1. CCity
WHERE C1. CName = '李广';
```

4. 左外连接

如果在连接查询中，将连接关键字左端表中所有的元组都列出来，并且能在右端的表中找到匹配的元组，那么连接成功；如果在右端的表中没能找到匹配的元组，那么对应的元组是空值（Null）。这时，查询语句使用关键字 LEFT OUTER JOIN。也就是说，左外连接的含义是限制连接关键字右端表中的数据必须满足连接条件，而不管左端表中的数据是否满足连接条件，均输出左端表中的内容。

【例 5-20】针对例 4-12 中的 CP 数据库，要查询所有客户的购买情况，包括已经购买的客户和还没有购买的客户。查询语句如下：

```
SELECT * FROM C LEFT OUTER JOIN O ON C. Cid = O. Cid;
```

左外连接查询的左端表中所有元组的信息都得到了保留。

5. 右外连接

右外连接与左外连接类似，只是右端表中的所有元组都列出，限制左端表中的数据必须满足连接条件，而不管右端表中的数据是否满足连接条件，均输出表中的内容。

例如，同例 5-20 中的内容，查询语句如下：

```
SELECT C. * FROM O RIGHT OUTER JOIN C ON O. Cid = C. Cid;
```

右外连接查询的右端表中所有元组的信息都得到了保留。

6. 全外连接

全外连接查询的特点是左、右两端表中的元组都输出，如果没能找到匹配的元组，就使用 Null 来代替，MySQL 目前还不支持全外连接。

5.7　聚合函数查询

聚合函数对一组值执行计算并返回单一的值，聚合函数忽略空值。聚合函数经常与

SELECT 语句中的 GROUP BY 子句一起使用。常用的聚合函数有 SUM、AVG、COUNT、MIN、MAX 等，MySQL 聚合函数如表 5 - 8 所示。

表 5 - 8　MySQL 聚合函数一览表

函数名	说　明
SUM	返回表达式中所有值的和
AVG	求组中值的平均值
COUNT	求组中项数，返回 INT 类型整数
MIN	求最小值
MAX	求最大值
VARIANCE	返回给定表达式中所有值的方差
STD 或 STDDEV	返回给定表达式中所有值的标准差
GROUP_CONCAT	返回由属于一组的列值连接组合而成的结果
BIT_AND	逻辑或
BIT_OR	逻辑与
BIT_XOR	逻辑异或

1. 求和函数 SUM

SUM 函数用于计算查询表的指定字段中所有记录值的总和。显然，求和字段的类型应该为数值型（字符类型和日期类型字段上的求和没有意义）。其语法格式为

SUM([ALL|DISTINCT] exp)

说明：exp 是常量、列、函数或表达式，其数据类型只能是数值型，该函数不计算包含 Null 值的字段。

【例 5 - 21】针对例 4 - 12 中的 CP 数据库，要查询所有订单的金额总和。查询语句如下：

SELECT SUM(Dollars) FROM O;

这里的 SUM 函数作用在 O 表中所有记录的 Dollars 字段上，结果就是该查询只返回一个结果，即所有订单的金额总和。

要查询今天的销售额，查询语句如下：

SELECT SUM(Dollars) FROM O WHERE Odate = CURDATE();

这里的 SUM 函数作用在 O 表中所有的 Odate 等于今天的记录的 Dollars 字段上，即今天

所有订单的金额总和，即今天的销售额。

2. 求平均函数 AVG

AVG 函数用来计算特定查询字段中一组数值的算术平均值（将全部值的总和除以值的数目）。其语法格式为

```
AVG([ ALL | DISTINCT] exp)
```

说明：exp 是常量、列、函数或表达式，该函数只能对数值类型的字段进行计算。

【例 5 - 22】针对例 4 - 12 中的 CP 数据库，要查询商品价格的均值。查询语句如下：

```
SELECT AVG(PPrice) FROM P;
```

这里的 AVG 函数作用在 P 表中所有记录的 PPrice 字段上，结果就是该查询只返回一个结果，即所有价格的均值（平均售价）。

要查询 P002 商品的平均销售数量，查询语句如下：

```
SELECT AVG(Oqty) FROM O WHERE O. Pid = 'P002';
```

3. 计数函数 COUNT

COUNT 函数用来计算查询表中的记录数。其语法格式为

```
COUNT([ ALL | DISTINCT] exp)
```

说明：ALL 表示对所有值进行运算；DISTINCT 表示去除重复值，默认为 ALL；exp 是一个表达式，其数据类型是除 BLOB 或 TEXT 以外的任何类型。COUNT（字段）函数不计算该字段上值为 Null 的记录，但如果是 COUNT(∗)，则 COUNT 函数将计算所有记录的总量，包括值为 Null 的字段的记录。DISTINCT 短句可以取消指定列中的重复值，SQL 除不允许对 COUNT(∗)使用 DISTINCT 以外，对其余情况都能使用 DISTINCT。

【例 5 - 23】针对例 4 - 12 中的 CP 数据库，要查询客户的总数。查询语句如下：

```
SELECT COUNT( ∗ ) FROM C;
```

要查询所有北京客户的总数。查询语句如下：

```
SELECT COUNT( ∗ ) FROM C WHERE CCity = '北京';
```

4. 求最小函数 MIN

MIN 函数用来从查询表中返回指定字段中的最小值。其语法格式为

```
MIN([ ALL | DISTINCT]exp)
```

说明：exp 是常量、列、函数或表达式，其数据类型可以是数字、字符和时间日期类型。

【例 5 - 24】针对例 4 - 12 中的 CP 数据库，要查询价格最便宜的商品。查询语句如下：

SELECT Pid,PName,MIN(PPrice) FROM P;

该查询返回计算机设备类商品中最便宜的商品价格，查询语句如下：

SELECT Pid,PName,MIN(PPrice) FROM P WHERE PCategory = '计算机设备';

5. 求最大函数 MAX

MAX 函数用来从查询表中返回指定字段中的最大值。其语法格式为

MAX([ALL|DISTINCT]exp)

说明：exp 是常量、列、函数或表达式，其数据类型可以是数字、字符、时间和日期类型。

【例 5－25】针对例 4－12 中的 CP 数据库，要查询最贵的商品。查询语句如下：

SELECT Pid,PName,MAX(PPrice) FROM P;

查询所有文具类商品中最贵的商品。查询语句如下：

SELECT Pid,PName,MAX(PPrice) FROM P WHERE PCategory = '文具';

以上五个聚合函数是 SQL 标准中的集合函数，MySQL 除支持标准 SQL 聚合函数以外，还有自己的扩展。

6. 求方差函数 VARIANCE

VARIANCE 函数用来计算特定表达式中所有值的方差。其语法格式为

VARIANCE([ALL|DISTINCT]exp)

【例 5－26】针对例 4－12 中的 CP 数据库，要查询商品价格的方差。查询语句如下：

SELECT VARINCE(PPrice) FROM P;

说明：方差的计算按照以下几个步骤进行：

（1）计算相关列的平均值。

（2）求列中每一个值与平均值的差。

（3）计算差值的平方的总和。

（4）用总和除以（列中的）值得到结果。

7. 求标准差函数 STDDEV

STDDEV 函数用于计算特定表达式中所有值的标准差。标准差等于方差的平均根，所以 STDDEV(...)和 SQRT(VARIANCE(...))两个表达式是相等的。其语法格式为

STDDEV([ALL|DISTINCT]exp)

【例 5－27】针对例 4－12 中的 CP 数据库，要查询商品价格的标准差。查询语句如下：

SELECT STDDEV（PPrice）FROM P；

8. GROUP_CONCAT 函数

MySQL 支持一个特殊的聚合函数 GROUP_CONCAT 函数。该函数返回来自一个组指定列的所有非 Null 值，这些值一个接着一个放置，中间用逗号隔开，并表示为一个长长的字符串。这个字符串的长度是有限制的，标准值是 1 024。其语法格式为

GROUP_CONCAT（{[ALL｜DISTINCT] expression }｜ * ）

【例 5 - 28】针对例 4 - 12 中的 CP 数据库，查询购买了商品的客户 ID。查询语句如下：

SELECT GROUP_CONCAT（DISTINCT Cid）FROM O；

执行结果为

C01，C02，C03

9. BIT_AND、BIT_OR 和 BIT_XOR 函数

与二进制运算符 &（与）、｜（或）和^（异或）相对应的聚合函数也存在，分别是 BIT_AND、BIT_OR、BIT_XOR。例如，函数 BIT_OR 在一列中的所有值上执行一个二进制 OR。其语法格式为

BIT_AND｜BIT_OR｜BIT_XOR（{[ALL｜DISTINCT] expression }｜ * ）

【例 5 - 29】有一个表 BITS，其中有一列 bin_value 上有三个 INTEGER 值：1、3、7，获取在该列上执行 BIT_OR 的结果，使用如下语句：

SELECT BIN（BIT_OR（bin_value））FROM BITS；

说明：MySQL 在后台执行如下表达式：（001｜011）｜111，结果为 111。其中，BIN 函数用于将结果转换为二进制位。

10. 使用 GROUP BY 子句

GROUP BY 子句将查询结果按某一列或多列的值分组，值相等的为一组。对查询结果分组的目的是细化聚合函数的作用对象，分组后聚合函数将作用于每一个组，即每一组都有一个函数值。

SQL 允许用户把一个表中的记录用 GROUP BY 子句分成组，然后上面描述的聚合函数可以应用于这些组上（也就是说，聚合函数不再是对所有声明的列的值进行操作，而是对一个组的所有值进行操作，这样聚合函数是为每个组独立地进行计算的）。

当在查询中没有使用 GROUP BY 子句时，数据库就把表中的所有记录作为一个组来处理。如果有一列在 GROUP BY 子句中提到，就必须对该组进行聚合。换句话说，对 SELECT 语句中那些包括在 GROUP BY 子句中的所有列使用聚合函数。

如果要让一个使用 GROUP BY 子句和聚合函数的查询结果有意义，那么用于分组的属

性就应该出现在目标列表达式中。需要注意的是，在聚合结果上再聚合是没有意义的，如 AVG(MAX(SNO))，因为 SELECT 只做一个回合的分组和聚合。用户可以获得这样的结果，方法是使用临时表或者在 FROM 子句中使用一个子 SELECT 做第一个层次的聚合。

查询语句的 SELECT 和 GROUP BY、HAVING 子句是聚合函数能出现的地方，在 WHERE 子句中不能使用聚合函数。

在查询过程中，聚合语句（SUM、AVG、COUNT、MIN、MAX）要比 HAVING 子句优先执行，而 WHERE 子句在查询过程中的执行优先级别高于聚合语句（SUM、AVG、COUNT、MIN、MAX）。

【例 5 - 30】针对例 4 - 12 中的 CP 数据库，要查询每一类商品的平均售价。查询语句如下：

```
SELECT PCategory, AVG(PPrice) FROM P GROUP BY PCategory;
```

【例 5 - 31】针对例 4 - 12 中的 CP 数据库，要查询今天每个客户的消费总额。查询语句如下：

```
SELECT C. Cid, C. CName, SUM(Dollars) FROM C, O
WHERE C. Cid = O. Cid AND O. Odate = CURDATE()
GROUP BY C. Cid;
```

【例 5 - 32】针对例 4 - 12 中的 CP 数据库，要查询今天消费总额大于 1 000 的客户信息。查询语句如下：

```
SELECT C. Cid, C. CName, SUM(Dollars) FROM C, O
WHERE C. Cid = O. Cid AND O. Odate = CURDATE()
GROUP BY C. Cid HAVING SUM(Dollars) > 1000;
```

聚合函数、GROUP BY 子句和 HAVING 子句的综合应用，可以实现复杂的数据统计功能。

（1）GROUP BY 子句的功能是将在分组表达式上具有相同值的元组放在一个组内，分组表达式可以是一个或者多个属性。

（2）在带有 GROUP BY 子句的查询语句中，SELECT 子句的列名必须包括分组表达式，还可以包括聚合函数，除此之外，不能有其他列名。

（3）利用 HAVING 子句对 GROUP BY 分组的结果进行筛选，保留满足条件的分组。

（4）WHERE 和 HAVING 子句都有条件表达式，要注意两者之间的区别。WHERE 子句中的条件表达式在 GROUP BY 分组之前起作用，而 HAVING 子句的条件表达式在形成分组后起作用，所以在 HAVING 子句的条件表达式中可以使用聚合函数（这一点与 WHERE 子句不同）。

5.8 嵌套查询

1. 嵌套查询的概念

在 SQL 语言中，一个 SELECT…FROM…WHERE 语句称为一个查询块，将一个查询块嵌套在另一个查询块的 WHERE 子句或 HAVING 短语的条件中的查询称为嵌套查询。上层称为父查询（外层查询），下层称为子查询（内层查询）。

（1）嵌套查询是指在一个外层查询中包含一个内层查询。其中，外层查询称为主查询，内层查询称为子查询。

（2）SQL 允许多层嵌套，由内而外地进行分析，子查询的结果作为主查询的查询条件。

（3）子查询中一般不使用 ORDER BY 子句，只能对最终查询结果进行排序。

2. 嵌套查询的语句格式

子查询是 SQL 语句的扩展，其语句格式为

```
SELECT ＜目标表达式1＞[,…]
FROM ＜表或视图名1＞
WHERE [表达式]（SELECT ＜目标表达式2＞[,…]
                    FROM ＜表或视图名2＞）
[GROUP BY ＜分组条件＞
[HAVING [＜表达式＞比较运算符]（SELECT ＜目标表达式2＞[,…]
                    FROM ＜表或视图名2＞)]]
```

（1）子查询的 SELECT 总使用圆括号括起来。

（2）任何可以使用表达式的地方都可以使用子查询，只要它返回的是单个值。

（3）如果某个表只出现在子查询中而不出现在主查询中，那么该表中的列就无法包含在输出中。

3. 嵌套查询的表现形式

使用 5.4 节中的 IN 谓词、定量谓词、EXISTS 谓词的查询就是嵌套查询。

（1）简单嵌套查询。嵌套查询的子查询通常作为搜索条件的一部分呈现在 WHERE 子句或 HAVING 子句中。例如，把一个表达式的值和一个由子查询生成的一个值相比较。

【例 5-33】针对例 4-12 中的 CP 数据库，要查询与"钢笔"同价（价格相等）的商品信息。查询语句如下：

```
SELECT * FROM P WHERE PPrice =（SELECT PPrice FROM P WHERE PName ='钢笔'）;
```

（2）使用 [NOT] IN 的嵌套查询。

① 带 IN 的嵌套查询的语法格式为

WHERE 查询表达式 IN(子查询)

② 带 NOT IN 的嵌套查询的语法格式为

WHERE 查询表达式 NOT IN(子查询)

一些嵌套的子查询会产生一个值，也有可能子查询会返回一个值的集合。当子查询产生一个值的集合时，适合用带 IN 的嵌套查询。

当子查询存在 Null 值时，避免使用 NOT IN。因为当子查询的结果包括 Null 值的集合时，把 Null 值当成一个未知数据，不会存在查询值不在列表中的记录。

【例 5 – 34】 针对例 4 – 12 中的 CP 数据库，要查询被选购过的商品信息。查询语句如下：

SELECT * FROM P WHERE Pid IN(SELECT Pid FROM O);

查询从来没被选购过的商品信息（从来没人买过的商品）。查询语句如下：

SELECT * FROM P WHERE Pid NOT IN(SELECT Pid FROM O);

（3）使用定量谓词比较运算符［ANY│ALL］的嵌套查询。其语法格式为

WHERE 查询表达式 比较运算符［ANY│ALL］(子查询)

这里，比较运算符包括 = 、＜ ＞、＜、＜ = 、＞、＞ = 。此时，子查询必须产生只包含一个字段的合适数据类型的结果记录。具体例子参见例 5 – 15。

（4）使用 EXISTS 谓词的嵌套查询。其语法格式为

WHERE［NOT］EXISTS(子查询)

EXISTS 谓词只注重子查询是否返回行。如果子查询返回一个或多个行，则谓词返回为真；否则，为假。EXISTS 搜索条件并不真正地使用子查询的结果，它仅仅测试子查询是否产生任何结果。具体例子参见例 5 – 13 和例 5 – 14。

5.9　集合查询

SELECT 语句的查询结果是元组的集合，所以多个 SELECT 语句的结果可进行集合操作。集合操作主要包括并操作 UNION、交操作 INSTERSECT 和差操作 EXCEPT（参见 2.2.1 小节）。

SQL 集合操作的表达形式如下：

＜查询块＞
UNION 或者 INSTERSECT 或者 EXCEPT［ALL］
＜查询块＞

MySQL 只支持 UNION（并集）集合运算，对于交集 INTERSECT、差集 EXCEPT，一般的解决方案是用 IN 和 NOT IN 来解决，少量数据还可以，当数据量大时效率就很低了。

UNION 的语法格式为

```
SELECT ...
UNION [ALL | DISTINCT]
SELECT ...
[UNION [ALL | DISTINCT]
SELECT ... ]
```

其中，SELECT 语句为常规的选择语句，但必须遵守以下规则：

（1）列于每个 SELECT 语句对应位置的被选择的列，应具有相同的数目和类型。例如，被第一个语句选择的第一列应和被其他语句选择的第一列具有相同的类型。

（2）只有最后一个 SELECT 语句可以使用 INTO OUTFILE。

（3）HIGH_PRIORITY 不能与作为 UNION 一部分的 SELECT 语句同时使用。

（4）ORDER BY 和 LIMIT 子句只能在整个语句最后指定，同时，还应对单个的 SELECT 语句加圆括号。排序和限制行数对整个最终结果起作用。

使用 UNION 时，在第一个 SELECT 语句中使用的列名称被用于结果的列名称。MySQL 自动从最终结果中去除重复行，所以附加的 DISTINCT 是多余的。但根据 SQL 标准，在语法上允许采用。要得到所有匹配的行，可以指定关键字 ALL。

【例 5 – 35】针对例 4 – 12 中的 CP 数据库，要查询购买过"键盘"或者"鼠标"的客户 ID。使用 UNION，查询语句如下：

```
SELECT Cid FROM O,P WHERE O. Pid = P. Pid AND PName = '键盘'
UNION
SELECT Cid FROM O,P WHERE O. Pid = P. Pid AND PName = '鼠标';
```

【例 5 – 36】针对例 4 – 12 中的 CP 数据库，要查询既购买过"键盘"又购买过"鼠标"的客户 ID。使用 INTERSECT，查询语句如下：

```
SELECT Cid FROM O,P WHERE O. Pid = P. Pid AND PName = '键盘'
INTERSECT
SELECT Cid FROM O,P WHERE O. Pid = P. Pid AND PName = '鼠标';
```

在不支持 INTERSECT 的情况下，语句变为

```
SELECT Cid FROM O,P
WHERE O. Pid = P. Pid AND PName = '键盘' AND Cid IN
    (SELECT Cid FROM O,P WHERE O. Pid = P. Pid AND PName = '鼠标');
```

【例 5 - 37】针对例 4 - 12 中的 CP 数据库，要查询购买过"键盘"但是没有购买过"鼠标"的客户 ID。使用 EXCEPT，查询语句如下：

SELECT Cid FROM O,P WHERE O. Pid = P. Pid AND PName = '键盘'
EXCEPT
SELECT Cid FROM O,P WHERE O. Pid = P. Pid AND PName = '鼠标';

在不支持 EXCEPT 的情况下，语句变为

SELECT Cid FROM O,P
WHERE O. Pid = P. Pid AND PName = '键盘' AND Cid NOT IN
　　（SELECT Cid FROM O,P WHERE O. Pid = P. Pid AND PName = '鼠标'）;

5.10　使用查询工具

除用命令行进行查询以外，还可以用 MySQL 的查询工具 MySQL Query Browser 和 MySQL Workbench 来进行数据查询。以 MySQL Query Browser 为例，查询方法如下：

启动 MySQL Query Browser，输入服务器名、用户名和密码（与 MySQL Administrator 工具一样），在 Default Schema 栏后的文本框中填写要设定的当前数据库名。连接后，进入 MySQL Query Browser 查询界面，如图 5 - 1 所示。

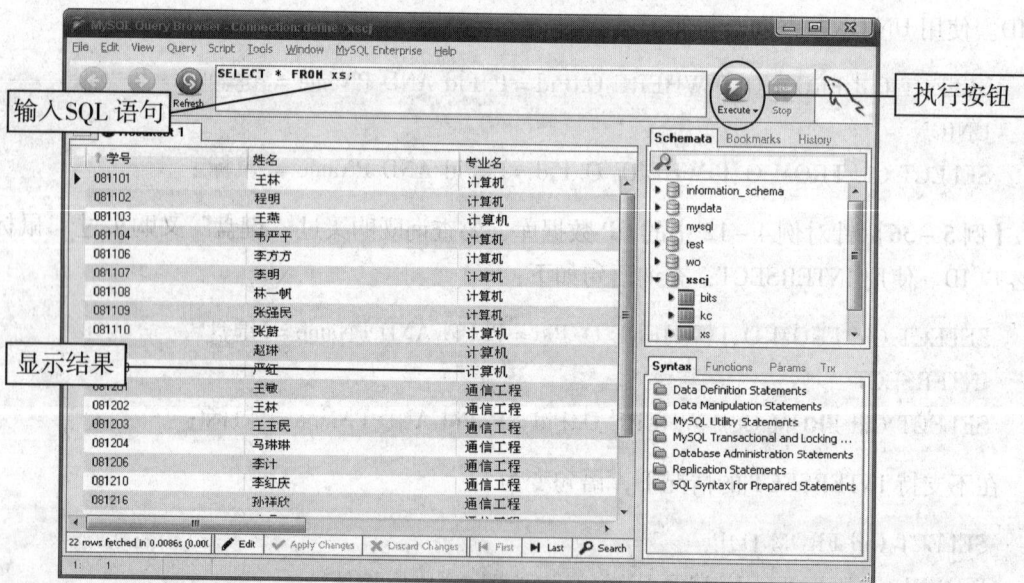

图 5 - 1　MySQL Query Browser 查询界面

{本章小结}

对于 MySQL 下已经创建好的数据库，使用 SELECT 语句进行各种数据查询和统计，无论程序员在应用程序编程中，还是在数据库服务器端的 DBA 维护中，都是经常要面对的问题。例如，买方查看网上商城中的商品分类、每一类别下的商品信息、已经购买的商品，卖方查看已经提交的订单信息等。数据库应用程序开发人员就是在程序中使用了 SELECT 语句，从后台数据库中查询信息。SELECT 语句是 SQL 语言中非常重要的一条语句，SQL 掌握得扎实与否，在很大程度上取决于对 SELECT 语句的掌握程度。本章详细讲述了 SELECT 语句中的关键词、字句、运算符、函数、谓词的使用方法。

5.1 节给出了 SELECT 语句的一般形式和 MySQL 中的 SELECT 语法；5.2 节介绍了 MySQL 支持的运算符，包括算术运算符、比较运算符、逻辑运算符和位运算符，以及运算符的优先级，其中，算术运算符、比较运算符、逻辑运算符十分常用；5.3 节介绍了 MySQL 中的函数，包括数学函数、字符串函数、日期和时间函数、条件判断函数、系统信息函数、加密函数，其中，数学函数、字符串函数、日期和时间函数最为常用；5.4 节介绍了 MySQL 支持的条件谓词，其中，常用 IN 谓词、LIKE 谓词、EXISTS 谓词。这些运算符、函数、谓词可供用户构造 SELECT 语句时使用。

从查询的分类的角度，本章说明了单表查询、连接查询、聚合函数查询、嵌套查询、集合查询的概念和具体的 SELECT 语句构造方法，进一步认识了连接、分组、聚合、谓词、子查询在 SELECT 语句中的使用方法。使用分组、聚合，可以实现很多的统计功能。

读者应该完全掌握 SELECT 语句的基本语法，熟练掌握 SELECT 语句中出现的 GROUP BY、ORDER BY、DISTINCT、IN、NOT IN、EXISTS、NOT EXISTS、LIKE、NOT LIKE、BETWEEN 等子句。结合第 2 章的关系代数理论，充分体会关系代数和 SELECT 语句的区别与联系，理解 SELECT 实现投影、FROM 实现笛卡儿积、WHERE 实现选择、JOIN 实现连接、UNION 实现并、INSTERSECT 实现交、EXCEPT 实现差的实质内涵。对于 MySQL 中不显式支持的除、交、差，可以通过变通的方法完成。

因为运算符、函数的种类繁多，语法规则又多样，要完全记清楚所有的运算符和函数显然困难，但熟练掌握其中一些常用的函数运算符是非常必要的。对于一些不常用的运算符和函数，通常在具体使用时再查阅资料。

实际使用的 SQL 中的 SELECT 语句无论种类还是数量，都是繁多的，本章例子中仅仅使用 CP 数据库的表结构。为了使读者自如地掌握 SELECT 语句的用法，建议结合实验训练 1 中创建的"汽车用品网上商城"数据库 Shopping，进行 SELECT 语句的练习。

{习题与思考}

1. SELECT 语句中 DISTINCT 的作用是什么?
2. 列举三种 MySQL 中的字符串函数,并说明使用方法。
3. 列举三种 MySQL 中的日期和时间函数,并说明使用方法。
4. 列举三种 MySQL 中的聚合函数,并说明使用方法。
5. 列举三种 MySQL 中的谓词,并说明使用方法。
6. 举例说明 MySQL 中如何实现选择、投影、连接、笛卡儿积、并、交、差、除运算。
7. 名词解释:单表查询、连接查询、聚合函数查询、嵌套查询、集合查询。
8. 举例说明 SELECT 的分组统计功能。
9. 写出第 2 章习题 11 的 SQL 查询语句。

实验训练 2 数据查询操作

实验目的

基于实验训练 1 中创建的"汽车用品网上商城"数据库 Shopping,理解 MySQL 中的运算符、函数、谓词,练习 SELECT 语句的操作方法。

实验内容

1. 单表查询

【实验 2-1】字段查询。

(1) 查询商品名称为"挡风玻璃"的商品信息。

分析:商品信息存在于商品表中,而且商品表中包含"商品名称"此被查询信息,因此,这是只需要涉及一个表就可以完成的简单单表查询。

(2) 查询订单 ID 为 1 的订单。

分析:所有的订单信息都存在于订单表中,而且订单 ID 存在于此表中,因此,这是只需要查询订单表就可以完成的查询。

【实验 2-2】多条件查询。

查询所有促销价格小于 1 000 的商品信息。

分析:此查询过程包含两个条件:第一个是是否促销;第二个是价格。在商品表中均有此信息,因此,这是一个多重条件的查询。

【实验 2-3】DISTINCT。

(1) 查询所有对商品 ID 为 1 的商品发表过评论的用户 ID。

分析:条件和查询对象存在于评论表中,对此商品发表过评论的用户不止一个,而且一个用户可以对此商品发表多个评论，因此，结果需要进行去重，这里使用 DISTINCT 实现。

（2）查询"汽车用品网上商城"会员的创建时间段，一年为一段。

分析：通过用户表可以完成查询，每年可能包含多个会员，如果把此表中的创建年份都列出来会有重复，因此，使用 DISTINCT 去重。

【实验 2-4】ORDER BY。

（1）查询类别 ID 为 1 的所有商品，结果按照商品 ID 降序排列。

分析：从商品表中可以查询所有类别 ID 为 1 的商品信息，结果按照商品 ID 的降序排列，所以使用 ORDER BY 语句，降序使用 DESC 关键字。

（2）查询今年新增的所有会员，结果按照用户名排序。

分析：在用户表中可以完成查询，将创建日期条件设置为今年，此处使用 ORDER BY 语句。

【实验 2-5】GROUP BY。

（1）查询每个用户的消费总金额（所有订单）。

分析：订单表中包含每个订单的订单总价和用户 ID。现在需要将每个用户的所有订单提取出来分为一类，通过 SUM( ) 函数取得总金额。此处使用 GROUP BY 语句和 SUM( ) 函数。

（2）查询类别价格一样的各种商品数量的总和。

分析：此查询中需要对商品进行分类，分类依据是同类别和价格，这是"多列分组"，较本实验（1）更为复杂。

2. 连接查询

【实验 2-6】内连接查询。

（1）查询所有订单发出者的姓名。

分析：此处订单的信息需要从订单表中得到，订单表中的主键是"订单号"，外键是"用户 ID"，同时，查询需要得到订单发出者的姓名，即用户名，因此，需要将订单表和用户表通过用户 ID 进行连接。使用内连接的（INNER）JOIN 语句。

（2）查询每个用户购物车中的商品名称。

分析：购物车中的信息可以从购物车表中得到，购物车表中有用户 ID 和商品 ID 两项，通过这两项可以与商品表连接，从而可以获得商品名称。与本实验（1）相似，此查询使用（INNER）JOIN 语句。

【实验 2-7】外连接查询。

（1）查询列出所有用户 ID，以及他们的评论（如果有的话）。

分析：此查询首先需列出所有用户 ID，如果用户参与过评论，再列出相关的评论。此处使用主查询中的 LEFT（OUTER）JOIN 语句，注意：需将全部显示的列名写在 JOIN 语句左边。

（2）查询列出所有用户 ID，以及他们的评论（如果有的话）。

分析：依然是本实验（1），还可以使用 RIGHT（OUTER）JOIN 语句，注意：需将全部显示的列名写在 JOIN 语句右边。

【实验 2-8】复合条件连接查询。

（1）查询用户 ID 为 1 的客户的订单信息和客户名称。

分析：复合条件连接查询是在连接查询的过程中，通过添加过滤条件，限制查询结果，使查询结果更加准确。此查询需在子查询的基础上加上另一个条件，用户 ID 为 1，使用 AND 语句添加精确条件。

（2）查询每个用户的购物车中的商品价格，并且按照价格顺序排列。

分析：此查询需要先使用内连接对商品表和购物车表进行连接，得到商品的价格，再使用 ORDER BY 语句对价格进行顺序排列。

3. 聚合函数查询

【实验 2-9】SUM（）。

查询该商城每天的销售额。

分析：在订单表中，有一列是"订单总价"，将所有订单的订单总价求和，按照下单日期分组，使用 SUM（）函数和 GROUP BY 子句。

【实验 2-10】AVG（）。

查询所有订单的平均销售金额。

分析：与实验 2-7 相同，还是在订单表中，依然取用"订单总价"列，使用 AVG（）函数，对指定列的值求平均数。

【实验 2-11】COUNT（）。

（1）查询类别的数量。

分析：此查询利用 COUNT（）函数，返回指定列中值的数目，此处指定列是类别表中的 ID（或者名称均可）。

（2）查询"汽车用品网上商城"每天的接单数。

分析：订单相关，此处使用聚合函数 COUNT（）和 GROUP BY 子句。

【实验 2-12】MIN（）。

查询所有商品中的价格最低者。

分析：与 MAX（）函数的用法相同，找到表和列，使用 MIN（）函数。

【实验 2-13】MAX（）。

（1）查询所有商品中的数量最大者。

分析：商品的数量信息存在于商品表中，此处查询应该针对商品表，在商品数量指定列中求值最大者，使用 MAX（）函数。

（2）查询所有用户按字母排序中名字最靠前者。

分析：MAX（）或者 MIN（）函数也可以用在文本列，以获得按字母顺序排列的最高者或最低者。同本实验（1）一样，使用 MAX（）函数。

4. 嵌套查询

【实验 2-14】IN。

（1）查询订购商品 ID 为 1 的订单 ID，并根据订单 ID 查询发出此订单的用户 ID。

分析：此查询需要使用 IN 关键字进行子查询，子查询是通过 SELECT 语句在订单明细表中先确定此订单 ID，再通过 SELECT 语句在订单表中查询用户 ID。

（2）查询订购商品 ID 为 1 的订单 ID，并根据订单 ID 查询未发出此订单的用户 ID。

分析：此查询和本实验（1）相似，只是需使用 NOT IN 语句。

【实验 2-15】比较运算符。

（1）查询今年新增会员的订单，并且列出所有订单总价小于 100 的订单 ID。

分析：此查询需要使用嵌套查询，子查询需先查询用户表得到今年创建的用户信息，再将用户 ID 匹配找到订单信息，其中，使用比较运算符提供订单总价小于 100 的条件。

（2）查询所有订单商品数量总和小于 100 的商品 ID，并将不在此商品所在类别的其他类别 ID 列出来。

分析：此查询需要进行嵌套查询，子查询过程中需要使用 SUM( ) 函数和 GROUP BY 子句求出同种商品的所有被订数量，使用比较运算符得到数量总和小于 100 的商品 ID，再使用比较运算符"不等于"得到非此商品所在类的类别 ID。

【实验 2-16】ANY。

查询所有商品表中价格比订单表中商品 ID 对应的价格高的商品 ID。

分析：ANY 关键字在一个比较操作符的后面，表示若与子查询返回的任何值比较为 TRUE，则返回 TRUE。此处使用 ANY 来引出子查询。

【实验 2-17】ALL。

查询所有商品表中价格比订单表中所有商品 ID 对应的价格高的商品 ID。

分析：使用 ALL 时需要同时满足所有内层查询的条件。ALL 关键字在一个比较操作符的后面，表示与子查询返回的所有值比较为 TRUE，则返回 TRUE。此处使用 ALL 来引出子查询。

【实验 2-18】EXISTS。

（1）查询表中是否存在用户 ID 为 100 的用户，如果存在，列出此用户的信息。

分析：EXISTS 关键字后面的参数是一个任意的子查询，系统对子查询进行运算，以判断它是否返回行。如果至少返回一行，则以 EXISTS 的结果为 TRUE，此时，主查询语句将进行查询。此查询需要对用户 ID 进行 EXIST 操作。

（2）查询表中是否存在类别 ID 为 100 的商品类别，如果存在，列出此类别中商品价格小于 5 的商品 ID。

分析：与本实验（1）相似，此实验在主查询过程中添加了比较运算符。

5. 集合查询

【实验 2-19】集合查询。

（1）查询所有价格小于 5 的商品，查询类别 ID 为 1 和 2 的所有商品，使用 UNION 连接查询结果。

分析：由前所述，UNION 将多个 SELECT 语句的结果组合成一个结果集合，第 1 条 SELECT 语句查询价格小于 5 的商品，第 2 条 SELECT 语句查询类别 ID 为 1 和 2 的商品。使用 UNION 将两条 SELECT 语句分隔开，执行完毕后，把输出结果组合为单个的结果集，并删除重复的记录。

（2）查询所有价格小于 5 的商品，查询类别 ID 为 1 和 2 的所有商品，使用 UNION ALL 连接查询结果。

分析：使用 UNION ALL 包含重复的行，在本实验（1）中，分开查询时，两个返回结果中有相同的记录，使用 UNION 会自动去除重复行。UNION ALL 从查询结果集中自动返回所有匹配行，而不进行删除。

实验要求

1. 所有操作都必须通过 MySQL Workbench 完成。

2. 每执行一种查询语句后，均要求通过 MySQL Workbench 查看执行结果。

3. 将操作过程以屏幕抓图的方式复制，形成实验文档。

第6章 数据的更新

本章导读

从广义上来讲，数据更新是以新数据项或记录替换表中与之相对应的旧数据项或记录的过程，通过数据插入、删除和修改的操作来实现。数据更新包括三种操作：向表中添加若干数据、删除表中的若干行数据和修改表中的数据。在 SQL 中有相应的三类语句：INSERT、DELETE、UPDATE。在数据库应用系统中，终端用户通过应用程序完成对数据库中数据的更新，DBA 一般不进行数据库的更新，只是定时完成数据的备份。

本章将讲述 MySQL 数据库中数据的更新语句及其语法。MySQL 支持标准 SQL 中的 INSERT、DELETE、UPDATE 语句，同时，也做了适当的扩展。在学习时，应该首先掌握标准 SQL 中的语法句法，从完成单条记录的插入、删除、修改等具体操作入手，结合第 5 章中的表达式构成，多学多练。

学习目标

1. 理解数据更新的含义。
2. 理解单记录插入和批量记录插入、部分数据删除和全部数据删除、单表数据修改和多表数据修改的区别。
3. 掌握 INSERT、DELETE、UPDATE 操作。

第 5 章讲述了数据库的查询操作，数据库的更新操作包括对表中数据的增加、删除、修改，可以通过 SQL 语句 INSERT、DELETE、UPDATE 完成，本章讲述数据的更新操作。在 MySQL 中，可以通过命令行方式进行数据的更新，也可以通过图形化工具方式进行数据的更新。与图形化工具操作相比较，通过 SQL 语句操作更为灵活，功能更为强大。在进行数据的更新操作前，要使用 USE 语句将所在的数据库指定为当前数据库。

6.1 插入数据

一旦创建了数据库和表，下一步就是向表中插入数据。通过 INSERT 或 REPLACE 语句可以向表中插入一行或多行数据。在 MySQL 中插入数据，可以指定被插入的一条记录的值，即单记录插入；也可以把用查询语句选出的一批记录插入表中，即批量记录插入。

1. INSERT 语句格式

INSERT 语句格式为

> INSERT〔LOW_PRIORITY｜DELAYED｜HIGH_PRIORITY〕〔IGNORE〕
> 　　　〔INTO〕tbl_name〔(col_name,…)〕
> 　　　VALUES ({expr｜DEFAULT},…),(…),…
> 　　　｜SET col_name = {expr｜DEFAULT},…
> 　　　〔ON DUPLICATE KEY UPDATE col_name = expr,…〕

INSERT 语句把 VALUES 指定的值插入 tbl_name 中，VALUES 中的值依次放入 tbl_name 〔(col_name,…)〕的列中。如果没有指定 tbl_name 的列，则按照 tbl_name 定义时的列顺序依次放入。

（1）tbl_name：被操作的表名。

（2）col_name：需要插入数据的列名。如果要给全部列插入数据，则列名可以省略；如果只给表的部分列插入数据，则需要指定这些列。对于没有指出的列，它们的值根据列默认值或有关定义来确定。MySQL 处理的原则如下：

① 具有 IDENTITY 属性的列（自增长类型），系统生成序号值来唯一标识列（无须在 INSERT 语句中赋值）。

② 具有默认值的列，其值为默认值。

③ 没有默认值的列，若允许为空值，则其值为空值；若不允许为空值，则出错。

④ 类型为 TIMESTAMP 的列，系统自动赋值。

（3）VALUES 子句：包含各列需要插入的数据清单，数据的顺序要与列的顺序相对应。若 tbl_name 后不给出列名，则要在 VALUES 子句中给出每一列（IDENTITY 和 TIMESTAMP 类型的列除外）的值。如果列值为空，则值必须置为 Null，否则会出错。VALUES 子句中的值如下：

① expr：可以是一个常量、变量或表达式，也可以是 Null，其值的数据类型要与列的数据类型一致。例如，列的数据类型为 INT，当插入的数据是"aaa"时就会出错。当数据为字符型时，要用单引号括起来。

② DEFAULT：指定为该列的默认值，前提是该列已经指定了默认值。

如果列清单和 VALUES 清单都为空，则 INSERT 会创建一行，将每个列都设置成默认值。

（4）SET 子句：SET 子句用于给列指定值，使用 SET 子句时，表名的后面省略列名。要插入数据的列名在 SET 子句中指定，col_name 为指定列名，等号后面为指定数据。对于未指定的列，列值指定为默认值。

（5）INSERT 语句支持下列修饰符：

① LOW_PRIORITY：可以在 INSERT、DELETE 和 UPDATE 等操作中使用。当其他客户端正在读取数据时（MySQL 支持多个用户或者客户端同时对数据库进行操纵），延迟操作的执行，直至没有其他客户端从表中读取。

② DELAYED：若使用此关键字，则服务器会把待插入的行放到一个缓冲器中，而发送 INSERT DELAYED 语句的客户端会继续运行。如果表正在被使用，则服务器会保留这些行。当表空闲时，服务器开始插入行，并定期检查是否有新的读取请求（仅适用于 MyISAM、MEMORY 和 ARCHIVE 表）。

③ HIGH_PRIORITY：可以在 SELECT 和 INSERT 操作中使用，使操作优先执行。

④ IGNORE：使用此关键字，在执行语句时出现的错误会被当作警告处理。

⑤ ON DUPLICATE KEY UPDATE...：使用此选项插入行后，若导致 UNIQUE KEY 或 PRIMARY KEY 出现重复值，则根据 UPDATE 后的语句修改旧行（使用此选项时，DELAYED 被忽略）。

从 INSERT 的语法格式可以看到，使用 INSERT 语句，可以向表中插入一行数据，也可以插入多行数据。插入的行可以给出每一列的值，也可以只给出部分列的值，还可以向表中插入其他表的数据。

2. 单记录插入

【例 6-1】向例 4-12 创建的 CP 数据库的表 C 中插入如下一行：

C88，王林，男，1990-02-10，北京

使用下列语句：

```
USE CP
INSERT INTO C
    VALUES ('C88','王林','男','1990-02-10','北京');
```

【例 6-2】若例 4-12 创建的 CP 数据库的表 C 中 CCity 的默认值为"北京"，则插入例 6-1 中那一行数据时可以使用如下命令：

```
INSERT INTO C (Cid, CName, CSex, CBrith)
    VALUES ('C88', '王林','男', '1990-02-10');
```

与下列命令的效果相同：

```
INSERT INTO C
    VALUES ('C88', '王林','男', '1990 - 02 - 10');
```

当然，也可以使用 SET 子句来实现，即

```
INSERT INTO C
    SET Cid = 'C88',CName = '王林',CSex = '男',CBrith = '1990 - 02 - 10';
```

【例 6 - 3】假设例 4 - 12 创建的 CP 数据库的 C 表中新增一字段 CPhoto 用来存储客户的照片，向 C 表中插入一行数据：

C89，程明，女，1991 - 02 - 01，天津，picture1. jpg

其中，照片的存储路径为 D:\IMAGE\picture1. jpg。

使用如下语句：

```
INSERT INTO C
    VALUES ('C89','程明','女','1991 - 02 - 01','天津','D:\IMAGE\picture1. jpg');
```

C 表的 CPhoto 字段中保存了照片的存储路径，下列语句是直接存储图片本身：

```
INSERT INTO C
    VALUES ('C89','程明','女','1991 - 02 - 01','天津', LOAD_FILE('D:\IMAGE\pic-
ture1. jpg'));
```

3. 批量记录插入

使用 INSERT INTO…SELECT…，可以快速地从一个或多个表中向一个表插入多个行。其语法格式如下：

```
INSERT [LOW_PRIORITY | HIGH_PRIORITY] [IGNORE]
    [INTO] tbl_name [(col_name,…)]
    SELECT <列名 1 >,…, <列名 n >
    FROM <数据表 1 >[, <EL 数据表 n >] WHERE <查询条件表达式 >
```

【例 6 - 4】从例 4 - 12 创建的 CP 数据库的 P 表中查询 "文具" 类商品，插入新建的 P_P 表中。

使用如下语句：

```
INSERT INTO P_P
    SELECT ∗ FROM P
    WHERE PCategory = '文具';
```

6.2　删除数据

在 MySQL 中有两种方法可以删除数据：一种是使用 DELETE 语句；另一种是使用 TRUNCATE TABLE 语句。DELETE 语句可以通过 WHERE 子句对要删除的记录进行选择；而使用 TRUNCATE TABLE 将删除表中的所有记录。因此，用 DELETE 语句删除数据更灵活一些。

1. DELETE 语句格式

从单个表中删除，其语法格式为

> DELETE ［LOW_PRIORITY］［QUICK］［IGNORE］FROM tbl_name
> 　　［WHERE where_definition］
> 　　［ORDER BY ...］
> 　　［LIMIT row_count］

DELETE 语句可以从 tbl_name 中删除满足 WHERE 条件的记录。

（1）QUICK 修饰符：可以加快部分种类的删除操作的速度。

（2）FROM 子句：用于说明从何处删除数据，tbl_name 为要删除数据的表名。

（3）WHERE 子句：where_definition 中的内容为指定的删除条件。如果省略 WHERE 子句，则删除该表的所有行，WHERE 子句的详细描述参见第 5 章。

（4）ORDER BY 子句：各行按照子句中指定的顺序进行删除，此子句只在与 LIMIT 联合使用时才起作用。

（5）LIMIT 子句：用于告知服务器在控制命令返回客户端前被删除的行的最大值。

与标准的 SQL 语句不同，MySQL DELETE 语句支持 ORDER BY 子句和 LIMIT 子句。通过这两个子句，用户可以更好地控制要删除的记录。当只想删除 WHERE 子句过滤出来的记录的一部分时，可以使用 LIMIT 子句；当要删除后几条记录时，可以通过 ORDER BY 子句和 LIMIT 子句配合使用。

【例 6-5】假设要删除 User 表中 Name 等于"张三"的前 6 条记录，可以使用如下的 DELETE 语句：

> DELETE FROM User WHERE Name ='张三' LIMIT 6;

一般地，MySQL 并不确定删除的这 6 条记录是哪 6 条。为了更保险，可以使用 ORDER BY 子句对记录进行排序。使用如下语句：

> DELETE FROM User WHERE Name ='张三' ORDER BY id DESC LIMIT 6;

这样确保了删除 User 表中姓名为"张三"的按照 id 排序的前 6 条记录。

【**例6-6**】删除例6-1中客户表 C 中姓名为"王林"的客户信息。

使用如下语句：

> DELETE FROM C WHERE CName = '王林';

2. TRUNCATE TABLE 语句格式

使用 TRUNCATE TABLE 语句将删除指定表中的所有数据，因此，也称之为清除表数据语句。其语法格式为

> TRUNCATE TABLE tbl_name

由于 TRUNCATE TABLE 语句将删除表中的所有数据，且无法恢复，因此，使用时必须十分小心。

TRUNCATE TABLE 在功能上与不带 WHERE 子句的 DELETE 语句（如 DELETE FROM XS）相同，两者均删除表中的全部行。但 TRUNCATE TABLE 比 DELETE 语句速度快，且使用的系统和事务日志资源少。DELETE 语句每次删除一行，并在事务日志中为所删除的每一行记录一项；而 TRUNCATE TABLE 通过释放存储表数据所用的数据页来删除数据，并且只在事务日志中记录页的释放。使用 TRUNCATE TABLE 后，可以使得 AUTO_INCREMENT 自增长字段的计数器被重新设置为该列的初始值。

对于参与了索引和视图的表，不能使用 TRUNCATE TABLE 删除数据，而应使用 DELETE 语句。

☞ **TRUNCATE TABLE 语句、DELETE 语句和 DROP 语句的区别**

三者的相同点是，TRUNCATE TABLE 语句和不带 WHERE 子句的 DELETE 语句，以及 DROP 语句都会删除表内的数据。

不同点如下：

（1）从删除内容上区分。TRUNCATE TABLE 语句和 DELETE 语句只删除数据，而不删除表的结构（定义），且 TRUNCATE TABLE 语句在删除表中所有行的同时，表的结构及其列、约束、索引等保持不变；DROP 语句不仅可以删除表的结构（定义），还可以删除约束、索引等。

（2）从语句类型上区分。DELETE 语句是 DML，这个操作会被记录（放到日志和回滚段中），事务提交之后才生效；TRUNCATE TABLE、DROP 语句是 DDL，操作立即生效，操作不会被记录（原数据不放到日志和回滚段中，不能回滚）。

（3）从对表空间的影响上区分。TRUNCATE TABLE 语句在默认情况下将空间释放到 minextents（最小区间数）个 extent（区间），也就是说，将空间释放到开始定义表时申请的资源；DELETE 语句不影响表所占用的磁盘资源表空间（extent 区间），属于该表的磁盘资源还归该表，后续添加的记录可以占用；DROP 语句将表所占用的空间全部释放。

（4）从速度上区分。一般来说，DROP 语句 > TRUNCATE 语句 > DELETE 语句，TRUNCATE

TABLE 语句比 DELETE 语句速度快，且使用的系统和事务日志资源少，因为 DELETE 语句每次删除一行，并在事务日志中为所删除的每一行记录一项；TRUNCATE TABLE 语句通过释放存储表数据所用的数据页来删除数据，并且只在事务日志中记录页的释放。

（5）从安全性上区分。小心使用 TRUNCATE TABLE 语句和 DROP 语句，尤其当没有备份时；在使用上，当想删除部分数据行时，使用 DELETE 语句，注意带上 WHERE 子句。当想删除表时，当然使用 DROP 语句。当想保留表而将所有数据删除时，如果与事务无关，则使用 TRUNCATE TABLE 语句即可；如果与事务有关，则还是使用 DELETE 语句。当整理表内部的碎片时，可以使用 TRUNCATE TABLE 语句跟上 REUSE STROAGE，再重新导入/插入数据。

6.3　修改数据

要修改表中的一行数据，可以使用 UPDATE 语句。UPDATE 语句可以用来修改单个表中的数据，也可以用来修改多个表中的数据。

1. 修改单个表的语句格式

其语句格式为

```
UPDATE [LOW_PRIORITY] [IGNORE] tbl_name
    SET col_name1 = expr1 [ , col_name2 = expr2 ... ]
    [WHERE where_definition]
    [ORDER BY ... ]
    [LIMIT row_count]
```

UPDATE 语句按照 SET 设置来修改 tbl_name 表中满足 WHERE 条件的记录，根据 WHERE 子句中指定的条件对符合条件的数据行进行修改。若语句中不设定 WHERE 子句，则更新所有行。col_name1，col_name2，…为要修改列值的列名，expr1，expr2，…可以是常量、变量或表达式。可以同时修改所在数据行的多个列值，中间用逗号隔开。

UPDATE 语句支持的修饰符如下：

（1）如果使用 LOW_PRIORITY 关键词，则 UPDATE 的执行被延迟，直至没有其他的客户端从表中读取。

（2）如果使用 IGNORE 关键词，则即使在更新过程中出现错误，更新语句也不会中断。如果出现了重复关键字冲突，则这些行不会被更新。如果列被更新后，新值会导致数据转化错误，则这些行被更新为最接近的合法的值。

（3）如果一个 UPDATE 语句包括一个 ORDER BY 子句，则按照由 ORDER BY 子句指定的顺序更新行。

【例 6 - 7】针对例 4 - 12 创建的 CP 数据库中所有的商品价格上调10% 。使用如下语句：

> UPDATE P SET PPrice = PPrice * 1.1 ;

将姓名为"罗林琳"的客户所在城市改为"上海",客户 ID 改为 C66。使用如下语句:

> UPDATE C SET Cid = 'C66', CCity = '上海' WHERE CName = '罗林琳';

2. 修改多个表的语句格式

其语句格式为

> UPDATE [LOW_PRIORITY] [IGNORE] table_references
>   SET col_name1 = expr1 [, col_name2 = expr2 ...]
>   [WHERE where_definition]

其中,table_references 中包含了多个表的联合,各表之间用逗号隔开。

6.4　用图形化工具操作表数据

用图形化工具操作表数据可以使用 MySQL Administrator 和 MySQL Workbench 进行。下面以对 CP 数据库中的 C 表进行记录的插入、修改和删除操作为例,说明使用 MySQL Administrator 操作表数据的方法。

(1)启动 MySQL Administrator,在 Catalogs 菜单中选中 CP 数据库,再选中需要操作的表 C,右击,在弹出的快捷菜单中,选择 Edit Table Data。

(2)在选择 Edit Table Data 之后,将进入操作所选择的表数据窗口。在此窗口中,表中的记录按行显示,每条记录占一行。在此界面中,可向表中插入记录,也可以删除和修改记录。

插入记录的操作方法如下:单击第(2)步界面下方工具栏中的 Edit 选项,双击需要输入的地方,将数据写入。每输入一个值,按一次 Enter 键。每输入完一行值,将光标移到下一行中。数据输入完毕后,单击 Apply Changes 保存结果。

双击右侧 Schemata 栏内 CP 数据库中的 C 表,单击 Execute 按钮,可以查看插入数据后的 C 表。

说明:

(1)在操作表数据时,若表的某列不允许为空值,则必须为该列输入值,如 C 表的 Cid、CName 等列;若允许为空值,则可不输入该列值,在表格中将显示 Null 字样,如 C 表的 CCity 列。

(2)输入数据时,要防止出现不必要的空格,否则检索数据时可能会出现遗漏。

(3)图片(BLOB 类型)的插入方法如下:假设 C 表中有 CPhoto 用来存放客户的照片,进入 C 表数据操作界面,单击 Edit→CPhoto 列,单击 CPhoto 列的文件夹图案,在跳出的文件夹选项中选择要插入的图片，单击确定即可。图片的大小、格式要正确，一般 BLOB 类型的数据最大可为 64 KB。

〔本章小结〕

　　对于 MySQL 已经创建好的数据库，可以使用 INSERT、DELETE、UPDATE 语句进行各种数据更新。在数据库应用系统中，终端用户通过应用程序完成后台数据库的数据更新，如买方提交订单、往购物车内添加商品、从购物车中删除商品、卖方修改商品价格等，数据库应用程序的开发人员就是在程序中使用了 INSERT、DELETE、UPDATE 语句。相对于 SQL 中 SELECT 语句，INSERT、DELETE、UPDATE 语句比较简单。

　　6.1 节给出了 INSERT 语句的一般格式，分别介绍了单条记录插入、批量记录插入的语句构建方法；6.2 节描述了 DELETE 语句的一般格式，专门描述了 MySQL 数据库特有的 TRUNCATE TABLE 语句；6.3 节说明了 UPDATE 语句的使用格式；6.4 节简单地展现了图形化界面下数据更新的方法。

　　读者应该完全掌握 INSERT、DELETE、UPDATE 语句的基本语法，结合第 5 章的内容，理解 WHERE 条件的构造方法，在实际应用中，能够通过命令行方式完成数据的更新。建议结合实验训练 1 中创建的"汽车用品网上商城"Shopping 数据库，进行 INSERT、DELETE、UPDATE 语句的练习。

〔习题与思考〕

1. SQL 中的数据更新语句有哪些？
2. 请说明使用 INSERT 语句添加数据时的注意事项。
3. 举例说明批量数据添加的操纵语句。
4. 写出第 4 章习题 11 表 4－4 中数据插入、删除、修改的语句。

│实验训练 3　数据更新操作│

实验目的

　　基于实验训练 1 中创建的"汽车用品网上商城"Shopping 数据库，练习 INSERT、DELETE、TRUNCATE TABLE、UPDATE 语句的操作方法，理解单记录插入与批量记录插入、DELETE 与 TRUNCATE TABLE 语句、单表修改与多表修改的区别。

实验内容

【实验 3 - 1】插入数据。

（1）使用单记录插入 INSERT 语句，分别完成汽车配件表 Autoparts、商品类别表 Category、用户表 Client、用户类别表 Clientkind、购物车表 Shoppingcart、订单表 Order、订单明细表 Order_has_Autoparts、评论表 Comment 的数据插入，数据值自定；并通过 SELECT 语句检查插入前后的记录情况。

（2）使用带 SELECT 的 INSERT 语句完成汽车配件表 Autoparts 中数据的批量添加；并通过 SELECT 语句检查插入前后的记录情况。

【实验 3 - 2】删除数据。

（1）使用 DELETE 语句分别完成购物车表 Shoppingcart、订单表 Order、订单明细表 Order_has_Autoparts、评论表 Comment 的数据删除，删除条件自定；并通过 SELECT 语句检查删除前后的记录情况。

（2）使用 TRUNCATE TABLE 语句分别完成购物车表 Shoppingcart、评论表 Comment 的数据删除。

【实验 3 - 3】修改数据。

使用 UPDATE 语句分别完成汽车配件表 Autoparts、商品类别表 Category、用户表 Client、用户类别表 Clientkind、购物车表 Shoppingcart、订单表 Order、订单明细表 Order_has_Autoparts、评论表 Comment 的数据修改，修改后数据值自定，修改条件自定；并通过 SELECT 语句检查修改前后的记录情况。

实验要求

1. 所有操作都必须通过 MySQL Workbench 完成。

2. 每执行一种插入、删除或修改语句后，均要求通过 MySQL Workbench 查看执行结果及表中数据的变化情况。

3. 将操作过程以屏幕抓图的方式复制，形成实验文档。

第 7 章　视图与索引

本章导读

回顾第 1 章中的数据库体系结构，包括外模式、模式、内模式。在 MySQL 中，所有的表构成数据库的模式，所有的视图构成数据库的外模式，所有的索引构成数据库的内模式。通过前面介绍，对表的作用已经有了深刻的体会，视图和索引也有重要的作用。视图就像一个窗口，透过它可以看到数据库中自己感兴趣的数据及其变化；索引是对数据库表中一列或多列值进行排序的一种结构，使用索引可加快查询数据库的速度。

视图一经定义，就保存在数据库中。视图可以和基本表一样被查询、删除。在一个视图之上还可以再定义新的视图。通过视图，不仅可以简化用户的数据操作，而且视图机制保证了数据库一定程度的逻辑独立性和数据安全性。

索引可以理解为由一系列存储在磁盘上的索引项组成的一个 B 树。通过创建唯一性索引，可以保证数据库表中每一行数据的唯一性。基于 B 树上的查询数据，可以显著减少查询中的时间。索引创建之后，当用户查询表中数据时，MySQL 首先确定在相应的列上是否存在索引和该索引是否对查询有意义。如果索引存在，并且该索引非常有意义，那么 MySQL 就使用该索引访问表中的记录。在查询过程中也可以指定查询使用的索引。

在数据库应用中，设计合适的视图和索引有至关重要的作用。本章将介绍视图和索引的创建语句语法与使用原则。

学习目标

1. 理解视图和索引的概念与作用。
2. 掌握视图的创建语句。
3. 掌握索引的创建语句。

在 1.4.3 小节中已经提到，DBMS 提供了用户数据层、概念数据层、物理数据层（外模式、模式、内模式）三种角度来观察数据的功能，2.3.3 小节的 SQL 概念中也说明了视图、基本表、索引的基本概念。MySQL 是一个关系型 DBMS，除基本表以外，也提供视图和索引的功能。表的维护（创建、修改、删除）、表中数据的增加、删除、修改、查询已经在第 4～6 章做了详细介绍，本章主要说明 MySQL 下视图和索引的创建与使用。

7.1 视图的创建和使用

7.1.1 视图的概念和作用

1. 视图的概念

视图是关系数据库系统提供给用户以多种角度观察数据库中数据的重要机制。视图是从一个或几个基本表（或视图）导出的表。视图与基本表（有时为与视图区别，也称表为基本表）不同，视图是一个虚表，即视图所对应的数据不进行实际存储，数据库中只存储视图的定义。对视图的数据进行操作时，系统根据视图的定义操作与视图相关联的基本表。视图中的数据来源于原来的基本表，所以当基本表中的数据发生变化时，从视图中查询出的数据也就随之改变。视图就像一个窗口，透过它可以看到数据库中自己感兴趣的数据及其变化。

视图一经定义，就可以和基本表一样被查询、删除，用户也可以在一个视图之上再定义新的视图，但对视图的更新（插入、删除、修改）操作有一定的限制。

视图使用时与表一样，其主要作用是不让所有的人都能看到整个表。例如，对于一个学校，其学生的情况存储于数据库的一个或多个表中，而作为学校的不同职能部门，所关心的学生数据的内容是不同的。即使是同样的数据，也可能有不同的操作要求，于是就可以根据他们的不同需求，在数据库上定义他们对数据库所要求的数据结构。这种根据用户观点所定义的数据结构就是视图。

2. 视图的作用

视图最终是定义在基本表之上的，对视图的一切操作最终也要转换为对基本表的操作，而且对于非行列子集视图进行查询或更新时有可能出现问题。既然如此，为什么还要定义视图呢？这是因为，合理使用视图能够带来以下好处：

（1）简化用户的数据操作。视图机制使用户可以将注意力集中在所关心的数据上，如果这些数据不是基本表中的全部，则可以通过定义视图，使数据库看起来结构简单、清晰，并且简化用户的数据查询操作。例如，定义了若干个表连接的视图，就将表与表之间的连接操作对用户隐藏起来。换句话说，用户所做的只是对一个虚表的简单查询，而这个虚表是怎样得来的，用户无须了解。

（2）使用户能以多种角度看待同一数据。视图机制能使不同的用户以不同的方式看待同一数据，当许多不同种类的用户共享同一个数据库时，这种灵活性是非常必要的。

（3）提供了一定程度的逻辑独立性。数据的逻辑独立性（参见 1.4.3 小节）是指用户的应用程序不依赖数据库的逻辑结构。当数据库重构造（数据库结构改变），如增加新的表或对原有的表增加新的字段时，用户的应用程序尽量不会受到影响（否则要重新开发程序，耗时、费力且成本增加）。

【例 7 - 1】针对例 4 - 12 创建的 CP 数据库中的表 C（Cid，CName，CSex，CBrith，CCity），假设基于 C 表创建了视图 C_V（Cid，CName，CSex，CBrith，CCity）（创建视图的语句语法参见 7.1.2 小节），应用程序访问视图 C_V。当数据库基表 C 的结构发生变化，增加了字段 Cemail 且改变了字段 Cbirthday 名称，变为 C（Cid，CName，CSex，Cbirthday，CCity，Cemail）之后，重新修改视图定义：

```
CREATE VIEW C_V（Cid，CName，CSex，CBrith，CCity）
    AS SELECT Cid，CName，CSex，Cbirthday，CCity，Cemail
    FROM C；
```

这样，尽管数据库中 C 表的逻辑结构改变了，但应用程序不必修改，因为新建立的视图定义了用户原来的关系，使用户的外模式保持不变，应用程序通过视图仍然能够查找数据。

当然，视图只能在一定程度上提供数据的逻辑独立性。由于对视图的更新是有条件的，因此，应用程序中修改数据的语句可能仍会因基本表结构的改变而改变。

（4）视图能够对机密数据提供安全保护。有了视图机制，就可以在设计数据库应用系统时，对不同的用户定义不同的视图，使机密数据不出现在不应看到这些数据的用户视图中，这样视图机制就自动提供了对机密数据的安全保护功能。

7.1.2　定义视图

视图定义主要是指明视图的名字、其数据来源于关系数据库中的哪些表、视图中的新列名称。DBMS 执行 CREATE VIEW 语句的结果只是把视图的定义存入数据字典，并不执行其中的 SELECT 语句，只是在对视图查询时，才按视图的定义从基本表中将数据查出。

1. 创建视图语句

定义或创建视图使用 CREATE VIEW 语句，其语法格式为

```
CREATE [ OR REPLACE ] [ ALGORITHM = {UNDEFINED|MERGE|TEMPTABLE} ]
    VIEW view_name [ ( column_list ) ]
        AS select_statement
        [ WITH [ CASCADED|LOCAL ] CHECK OPTION ]
```

（1）OR REPLACE：给定了 OR REPLACE 子句，语句能够替换已有的同名视图。

（2）ALGORITHM 子句：可选的 ALGORITHM 子句是对标准 SQL 的 MySQL 扩展，规定了 MySQL 的算法，算法会影响 MySQL 处理视图的方式。ALGORITHM 可取三个值：UNDEFINED、MERGE 或 TEMPTABLE。

① 如果没有 ALGORITHM 子句，则默认算法是 UNDEFINED（未定义的）。

② MERGE 选项：会将引用视图的语句的文本与视图定义合并起来，使得视图定义的某一部分取代语句的对应部分。MERGE 算法要求视图中的行和基本表中的行具有一对一的关系，如果不具有该关系，则必须使用临时表取而代之。

③ TEMPTABLE 选项：将视图的结果置于临时表中，然后使用它执行语句。

（3）view_name：视图名。

（4）column_list：要想为视图的列定义明确的名称，可使用可选的 column_list 子句，列出由逗号隔开的列名。column_list 中的名称数目必须等于 SELECT 语句检索的列数。当使用与源表或视图中相同的列名时，可以省略 column_list。如果 CREATE VIEW 语句仅指定了视图名，省略了组成视图的各个属性列名，则隐含该视图子查询的 SELECT 子句目标列中的各字段。但在下列三种情况下，必须明确指定组成视图的所有列名：

① 其中某个目标列不是单纯的属性名，而是聚合函数或列表达式。

② 多表连接时选出了几个同名列作为视图的字段。

③ 需要在视图中为某个列启用新的、更合适的名字。

需要说明的是，组成视图的属性列名必须依照上面的原则，或者全部省略，或者全部指定，没有第三种选择。

（5）select_statement：用来创建视图的 SELECT 语句，可在 SELECT 语句中查询多个表或视图。但对 SELECT 语句有以下限制：

① 定义视图的用户必须对所参照的表或视图有查询（可执行 SELECT 语句）权限。

② 不能包含 FROM 子句中的子查询。

③ 不能引用系统或用户变量。

④ 不能引用预处理语句参数。

⑤ 在定义中引用的表或视图必须存在。

⑥ 若引用的不是当前数据库的表或视图，则要在表或视图前加上数据库的名称。

⑦ 在视图定义中允许使用 ORDER BY 子句，但是，如果从特定视图进行了选择，而该视图使用了具有自己 ORDER BY 子句的语句，则视图定义中的 ORDER BY 子句将被忽略。

⑧ 对于 SELECT 语句中的其他选项或子句，若视图中也包含这些选项，则效果未定义。例如，如果在视图定义中包含 LIMIT 子句，而 SELECT 语句使用了自己的 LIMIT 子句，MySQL 对使用哪个 LIMIT 子句未做定义。

（6）WITH CHECK OPTION：指出在可更新视图上所进行的修改都要符合 select_statement 所指定的限制条件，这样可以确保数据修改后仍可通过视图看到修改的数据。当视图根据另一个视图定义时，WITH CHECK OPTION 给出两个参数：CASCADED 和 LOCAL，它们决定了检查测试的范围。CASCADED 会对所有视图进行检查；LOCAL 关键字使得 CHECK OPTION 只对定义的视图进行检查。如果未给定任一关键字，则默认值为 CASCADED。

在使用视图时，要注意下列事项：

（1）在默认情况下，将在当前数据库中创建新视图。要想在给定数据库中明确创建视图，创建时，应将名称指定为 db_name. view_name。

（2）视图的命名必须遵循标识符命名规则，不能与表同名，且对每个用户，视图名必须是唯一的，即对不同的用户，即使是定义相同的视图，也必须使用不同的名字。

（3）不能把规则、默认值或触发器与视图相关联。

（4）不能在视图上建立任何索引，包括全文索引。

2. 单源表视图

视图的数据可以来自一个基本表的部分行、列，这样的视图可以称为单源表视图。

【例 7 - 2】在例 4 - 12 创建的 CP 数据库中，客户表 C 上定义北京客户的视图，要保证对该视图的修改都符合 "CCity 为北京" 这个条件。

使用如下语句：

```
CREATE OR REPLACE VIEW_C_BEIJING
    AS SELECT *
    FROM C
    WHERE C. CCity = '北京'
WITH CHECK OPTION;
```

【例 7 - 3】在例 4 - 12 创建的 CP 数据库上，建立每天的营业额视图 VIEW_O_DAY。
使用如下语句：

```
CREATE VIEW VIEW_O_DAY(Oday, Ototal)
    AS SELECT Odate, SUM(Dollars)
    FROM O
    GROUP BY Odate;
```

若一个视图是从单个基本表导出的，并且只是去掉了基本表的某些行和某些列，但保留了码，则称这类视图为行列子集视图。例如，VIEW_C_BEIJING 视图就是一个行列子集视图。行列子集视图是可更新的。

3. 多源表视图

视图不仅可以建立在单个基本表上，也可以建立在多个基本表上。视图的数据可以来自多个表中，这样定义的视图称为多源表视图。多源表视图一般只用于查询，不用于修改数据。

【例 7 - 4】在例 4 - 12 创建的 CP 数据库上，建立每个商品的销售额视图 VIEW_O_P，包括 Pid、PName、PTotal。

使用如下语句：

```
CREATE VIEW VIEW_O_P(Pid,PName,PTotal)
   AS SELECT O. Pid,P. PName,SUM(Dollars)
   FROM O,P
   WHERE O. Pid = P. Pid
   GROUP BY O. Pid;
```

4. 在已有的视图上定义新视图

视图不仅可以建立在一个或多个基本表上，也可以建立在一个或多个已定义好的视图上，或建立在基本表与视图上。

【例 7 – 5】在例 7 – 4 的基础上，建立销售额超过 1 000 的商品视图 VIEW_O_P_1K。

使用如下语句：

```
CREATE VIEW VIEW_O_P_1K
   AS SELECT Pid,PName,PTotal
   FROM VIEW_O_P
   WHERE PTotal > 1000;
```

5. 带表达式的视图

定义基本表时，为了减少数据库中的冗余数据，表中只存放基本数据，由基本数据经过各种计算派生出的数据一般是不存储的。但由于视图中的数据并不实际存储，所以定义视图时，可以根据应用的需要，设置一些派生属性列。这些派生属性列由于在基本表中并不实际存在，故也称它们为虚拟列。带虚拟列的视图也称为带表达式的视图。

【例 7 – 6】在例 4 – 12 创建的 CP 数据库上，建立客户的视图，包括 Cid、CName、CSex、CBrith、CAge、CCity。

使用如下语句：

```
CREATE VIEW VIEW_C(Cid,CName,CSex,CBrith,CAge,CCity)
   AS SELECT Cid,CName,CSex,CBrith,YEAR(CURDATE()) – YEAR(CBrith),CCity
   FROM C;
```

6. 分组视图

可以用带有聚合函数和 GROUP BY 子句的查询来定义视图，这种视图称为分组视图。这样的视图只能用于查询，不能用于修改。

【例 7 – 7】在例 4 – 12 创建的 CP 数据库上，建立销售额在前 20 位的商品视图。

使用如下语句：

```
CREATE VIEW VIEW_O_P_20(Pid, PName, PTotal)
    AS SELECT O. Pid, PName, SUM(Dollars)
    FROM O, P
    WHERE O. Pid = P. Pid
    GROUP BY O. Pid
    ORDER BY SUM(Dollars)
    LIMIT 20;
```

7. 在 MySQL Administrator 中创建视图

下面以例 7-2 为例，说明在 MySQL Administrator 中创建视图的过程。具体步骤如下：

（1）进入 MySQL Administrator，首先选中 CP 数据库，在右边框中单击 Views 选项卡，在窗口中单击 Create View 按钮，如图 7-1 所示。

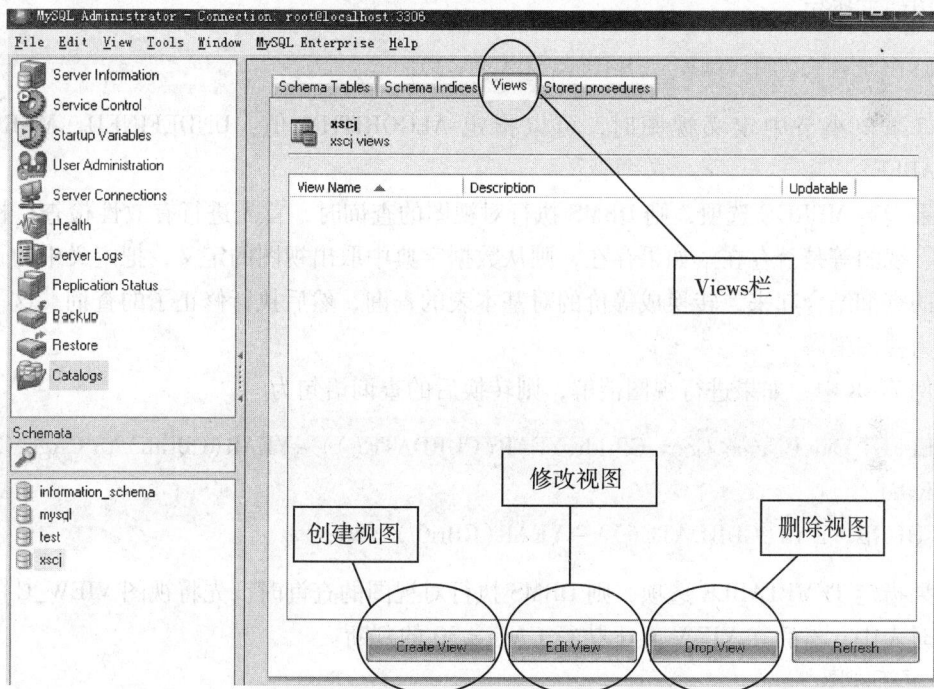

图 7-1 创建视图界面

（2）在弹出的窗口中，写出将创建的视图名称（如 View_C_BEIJING）。

（3）在弹出的窗口文本框中，将定义视图的 SQL 语句补全。完成后，单击 Execute SQL 按钮。这样，视图 VIEW_C_BEIJING 就创建完成了。

8. 修改视图定义

使用 ALTER VIEW 语句可以对已有视图的定义进行修改。其语法格式为

> ALTER〔ALGORITHM = {UNDEFINED|MERGE|TEMPTABLE}〕
> VIEW view_name〔(column_list)〕
>   AS select_statement
>   〔WITH〔CASCADED|LOCAL〕CHECK OPTION〕

ALTER VIEW 语句语法和 CREATE VIEW 类似，这里不过多叙述。

7.1.3　使用视图

1. 查询视图

视图定义以后，用户就可以像对基本表一样对视图进行查询了。

【**例 7 - 8**】基于例 7 - 6 中的视图，查询年龄小于 30 的客户。

使用如下语句：

> SELECT * FROM VIEW_C WHERE CAge < 30;

在 7.1.2 小节中定义视图时，可以指定 ALGORITHM 值：UNDEFINED、MERGE 或 TEMPTABLE。

如果指定 MERGE 选项，则 DBMS 执行对视图的查询时，首先进行有效性检查，检查查询的表、视图等是否存在。如果存在，则从数据字典中取出视图的定义，把定义中的子查询和用户的查询结合起来，转换成等价的对基本表的查询，然后执行修正了的查询。这一转换过程称为视图消解。

在例 7 - 8 中，如果进行视图消解，则转换后的查询语句为

> SELECT Cid,CName,CSex,CBrith,YEAR(CURDATE()) - YEAR(CBrith) AS CAge,CCity
> FROM C
> WHERE YEAR(CURDATE()) - YEAR(CBrith) < 30;

如果指定 TEMPTABLE 选项，则 DBMS 执行对视图的查询时，先将视图 VIEW_C 的结果置于临时表中，然后在 VIEW_C 上执行 CAge < 30 的判断。

2. 更新视图

更新视图是指通过视图来完成插入（INSERT）、删除（DELETE）和修改（UPDATE）数据。由于视图是不实际存储数据的虚表，因此，对视图的更新最终要转换为对基本表的更新。

为防止用户通过视图对数据进行插入、删除、修改时，不经意间对不属于视图范围内的基本表数据进行操作，可在定义视图时加上 WITH CHECK OPTION 子句。这样，在视图上更新数据时，DBMS 会检查视图定义中的条件。若不满足条件，则拒绝执行该操作，从而可以避免因为修改视图与基本表发生冲突的错误。

视图的可更新性是指只有行列子集视图是可更新的，因为视图中的行和基本表中的行之间具有一对一的关系，所以对视图的更新可以转换为对基本表的更新。视图中如果包含了聚合函数、DISTINCT、GROUP BY、ORDER BY、JOIN 等，那么对视图的更新不能转换为对基本表的更新，所以这样的视图是不可更新的。

对可更新的视图的插入、删除、修改语句与基本表一样，使用 INSERT、DELETE、UPDATE，此处不再赘述。

3. 删除视图

由于视图的操作与表的操作基本类似，所以在 MySQL 中，删除视图的语法格式为

```
DROP VIEW［IF EXISTS］
    view_name［，view_name］...
```

其中，view_name 是视图名，声明了 IF EXISTS，若视图不存在，也不会出现错误信息。使用 DROP VIEW 一次可删除多个视图。

视图被删除后，其定义将从数据字典中被删除，但是由该视图导出的其他视图定义仍在数据字典中，不过，该视图已失效。用户使用时会出错，要用 DROP VIEW 语句将它们一一删除。

7.2 索引的创建和使用

7.2.1 索引的概念与数据结构

在现实生活中，用户经常借用索引的手段来实现快速查找。例如，一本书，开始有目录，目录中包含了章节名称以及对应的页码，用户可以使用开始的目录尽快找到书中自己想看的内容的页码，然后翻到该页码查看具体内容；字典词典，开始有字词的索引，如果要查 mysql 这个单词，用户肯定需要先定位到 m 字母，然后从上往下找到 y 字母，再找到剩下的 s、q、l。通过索引，可以尽快查到自己想查的字词的页码，然后去该页码详细查看。如果没有索引，那么可能需要把所有单词都看一遍才能找到。除书和字典词典以外，生活中随处可见索引的例子，如火车站的车次表、图书的目录等。它们的原理都是一样的，通过不断地缩小想要获得数据的范围来筛选出最终想要的结果，同时把随机事件变成顺序事件，即用户总是通过同一种查找方式来锁定数据。同样的道理，数据库中的索引是为了加速对表中元组（或记录）的检索而创建的一种分散存储结构（如 B + 树数据结构），它实际上是记录了关键字与其相应地址的对应表（类似于一本书的目录）。数据库索引设计的重要目标是减少读取数据所需的磁盘访问次数，索引的目的在于提高查询效率。

1. 索引的概念

数据库的索引要复杂许多，因为不仅面临着等值查询，还有范围查询（>、<、BETWEEN、IN）、模糊查询（LIKE）、并集查询（OR）等。数据库应该选择什么样的方式来应对所有的问题呢？回想上面字典词典的例子，能不能把数据分成段，然后分段查询呢？最简单的，如果有 1 000 条记录，1～100 分成第一段，101～200 分成第二段，201～300 分成第三段，……这样查第 250 条记录，只要找第三段就可以了，一下子去除了 90% 的无效数据。但如果是 1 000 万条记录，分成几段比较好呢？稍有算法基础的读者会想到搜索树，其平均复杂度是 lg$N$（N 为记录数），具有不错的查询性能。但这里忽略了一个关键的问题：复杂度模型是基于每次相同的操作成本来考虑的，数据库的实现比较复杂，数据保存在磁盘上，而为了提高性能，每次又可以把部分数据读入内存来计算，因为访问磁盘的成本大概是访问内存的 10 万倍，所以简单的搜索树难以满足复杂的应用场景。

索引由一系列存储在磁盘上的索引项组成，索引项第一列是索引键，第二列是行的地址，索引项按索引键排序。索引是对表建立的，由索引项（键值加地址）组成的页面是把所有索引项专门放在磁盘上的一组页面（类似于一本书的目录也要占用一定数量的页码）。

改变表中的数据（如增加、删除、修改记录）时，索引将自动更新。索引建立后，在查询使用该列时，系统可以自动使用索引进行查询。索引是一把双刃剑，由于要建立索引页面，索引也会减慢更新的速度。索引数目无限制，但索引越多，更新数据的速度就越慢。仅用于查询的表可多建索引，数据更新频繁的表则应少建索引。

在关系数据库系统中，数据库设计及应用人员可完全不介入数据的存储结构及存取方法，因而其物理模式也就无须专门说明。通常所需要做的工作是决定在哪些属性上建立哪些索引，以达到提高执行效率的目标。

索引属于物理存储的概念（参见 1.4.3 小节、2.3.3 小节），而不是逻辑的概念。一个基本表可以根据需要建立多个索引，以提供多种存取路径，加快数据查询速度。

索引由 DBA 或 DBO（Db Owner，表的属主，即建表的用户）负责建立和删除，其他用户不能随意建立和删除索引，索引由系统自动选择和维护。也就是说，用户可以不必指定使用索引，也不需要用户打开索引或对索引执行重索引操作，这些工作都由 DBMS 自动完成。

2. 索引的数据结构

假设一个学生表 S（SNO（定长字符串，6 字节），SNAME（定长字符串，10 字节），SEX（定长字符串，2 字节），AGE（整型，4 字节））中有 100 万条记录，每一条记录的大小为 6＋10＋2＋4＝22 字节，该表总的大小为 22×100 万＝2 200 万字节。假设磁盘上一个页面的大小为 2 KB（2 048 字节），那么 100 万条记录总共占用了磁盘的 22 000 000/2 048 ≈ 10 743 个页面。

现在想要查找到 SNO 为 201402 的学生信息，如果没有索引，计算机在执行过程中，要从第一个页面开始匹配 SNO。若第一个页面中没有 201402，则转到下一个页面进行匹配，这样直至 SNO 匹配成功。也许第一个页面就能找到，也许第 10 743 个页面才能找到，平均计算，数据库服务器大约进行 10 743/2 = 5 374 次磁盘访问，才能找到给定的一个 SNO 为 201402 的学生信息。

如果用户要在 SNO 上创建索引，假设索引项占 10 字节（地址号占 4 字节，SNO 键值占 6 字节），一个 2 KB 的页面可存放 2 048/10≈205 个索引项，表中有 100 万个 SNO，也就是有 100 万个索引项，共需 1 000 000/205≈4 879 个页面。

如果 DBMS 采用二分法查找，4 879 个页面按照 SNO 从小到大的顺序存放，第一次读入第 4 879/2 = 2 440 个页面的数据，检查键值 SNO；第二次读入第 1 220 个页面的数据，检查键值 SNO；……最多第 13 次磁盘操作，一定能够找到键值 SNO，再根据该 SNO 的地址提取学生信息，总共最多需要 14 次磁盘操作，一定能够找到任意键值 SNO 对应的学生信息。显然，如果有索引，DBMS 采用二分法查找就比没有索引的顺序查找磁盘操作次数降低不少。

☞ **二分法与 B 树**

二分法查找又称为折半查找，要求表中元素按升序排列，将表中间位置记录的关键字与查找关键字相比较，如果两者相等，则查找成功；否则，利用中间位置记录，将表分成前、后两个子表。如果中间位置记录的关键字大于查找关键字，则进一步查找前一子表；否则，进一步查找后一子表。重复以上过程，直至找到满足条件的记录，使查找成功，或直至子表不存在，此时查找不成功。

1970 年，拜耳（R. Bayer）和麦克雷特（E. Mccreight）提出了一种适用于外查找的树。它是一种平衡的多叉树，称为 B 树，如图 7-2 所示。在 B 树中，每个节点中的关键字从小到大排列，并且当该节点的孩子是非叶子节点时，该 $k-1$ 个关键字正好是 k 个孩子包含的关键字的值域的分划。在 B 树中查找给定关键字的方法是，首先把根节点取来，在根节点所包含的关键字 K_1, …, K_n 查找给定的关键字（可用顺序查找法或二分查找法）。若找到等于给定值的关键字，则查找成功；否则，一定可以确定要查找的关键字在 K_i 与 K_{i+1} 之间，P_i 为指向子树节点的指针，此时取指针 P_i 所指的节点继续查找，直至找到，或当指针 P_i 为空时查找失败。

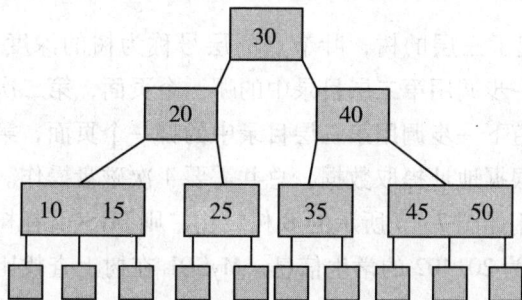

图 7-2 B 树

B 树结构是 MySQL 的主要索引结构，如图 7 – 3 所示，100 万个索引项形成了一个三层的 B 树，底层称为叶子层，中间层称为目录层，顶层称为根层。

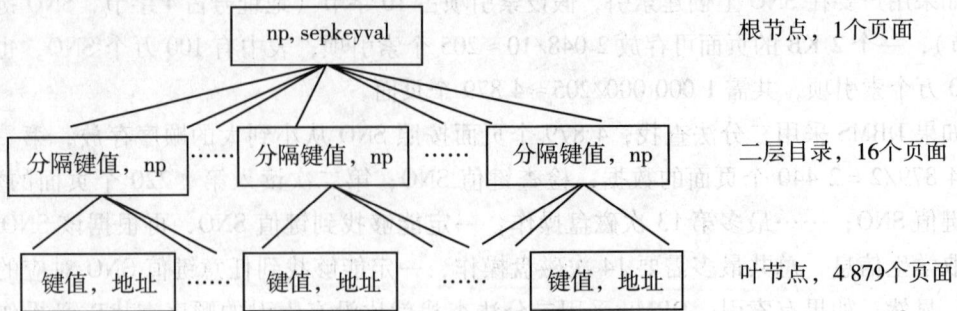

图 7 – 3　索引的 B 树结构示意图

B 树的最底层（叶子层）就是包含 100 万个索引项的 4 879 个页面，每个页面中都是按照 SNO 键值从小到大的排列，叶子层就是按照 SNO 排序的 4 879 个页面。显然，叶子层的每一页面中都有最大的键值 SNO，称为该页面的分隔键值。叶子层的每一页面中也有该页面的地址号，称为 np（np 为目录层指向下层节点页面的地址号），由分隔键值和 np 形成目录项，总共有 4 879 个目录项。

假定一个目录项所需空间大小也是 10 字节，一个 2 KB 的页面可存放 2 048/10 ≈ 205 个目录项，叶子层总共有 4 879 个目录项，则需要 4 879/205 ≈ 24 个页面来存放目录项，形成第二目录层。第二目录层的每个页面中也是按照分隔键值 SNO 从小到大的排列，第二目录层也是按照 SNO 排序的 24 个页面。显然，第二目录层的每一页面中都有最大的分隔键值 SNO，称为该页面的分隔键值，第二目录层的每一页面也有该页面的地址号，称为 np（np 为目录层指向下层节点页面的地址号），由分隔键值和 np 形成第二层目录项，总共有 24 个目录项。

一个第二层目录项所需空间大小也是 10 字节，一个 2 KB 的页面可存放 2 048/10 ≈ 205 个第二层目录项，第二层总共有 24 个目录项，则需要 24/205 ≈ 1 个页面来存放第二层目录项，形成根层。

100 万个索引项建起了三层的树，叶节点的层号称为树的深度，第一次磁盘操作根页面，比较后能够知道下一步调用第二层目录中的哪一个页面，第二次磁盘操作二层目录的某一块，再比较后能够知道下一步调用第三层目录中的哪一个页面，第三次磁盘操作即可找到键值对应的页面，然后根据地址提取数据，总共需要 4 次磁盘操作。

显然，如果索引采用如图 7 – 3 所示的 B 树结构，则 MySQL 在树上总共需要 4 次磁盘操作，肯定能够找到 SNO 为 201402 的学生信息。MySQL 在树上查找比采用二分法查找的磁盘操作次数又降低不少。

以上例子说明，在没有索引的情况下，全表扫描平均需要约 5 000 次磁盘操作；如果有索引，DBMS 采用二分法查找，则最多需要 14 次磁盘操作；如果索引采用 B 树结构构建，形成三层的树，则需要 3 次磁盘操作。MySQL 的索引实际上就是按照键值构建的 B 树结构，树的深度决定了磁盘的操作次数，应该比全表扫描至少快了 1 000 倍。

当执行涉及多个表的连接查询时，索引将更有价值。

假如有两个未索引的表 S(SNO,SNAME,SEX,AGE)、SC(SNO,CNO,CNAME,GRADE)，均包含列 SNO，每个表均含有 100 万个行，查找对应值 SNO 相等的表行组合的查询如下：

此查询的结果应该为 100 万行，如果在无索引的情况下处理此查询，则不可能知道哪些行包含这些值。因此，必须找出所有组合，以便得出与 WHERE 子句相匹配的那些组合。可能的组合数目为 100 万×100 万，比匹配数目多 100 万倍。很多工作都浪费了，并且这个查询将会非常慢，即使在像 MySQL 这样快的数据库中执行也会很慢。如果对每个表都进行索引，就能极大地加速查询进程。利用索引的查询处理如下：

（1）从 S 表中选择第一行，查看此行所包含的值。

（2）使用 SC 表上的索引，直接跳到 SC 表中与来自 S 表的值匹配的行。

（3）进到 S 表的下一行并重复前面的过程，直至 S 表中所有的行都已经查询过。

在此情形下，同样对 S 表执行一个完全扫描，但能够在 SC 表上进行索引查找，直接取出这些表中的行。从理论上说，这时的查询比未用索引时要快 100 万倍。

如上所述，MySQL 利用索引加速了 WHERE 子句中与条件相匹配的行的搜索，或者说，在执行连接时，加快了与其他表中的行相匹配的行的搜索。

7.2.2　索引的作用与创建原则

1. 索引的作用

创建索引可以大大提高系统的查询性能，此为正面作用。具体来讲，包括以下几方面：

（1）通过创建唯一性索引，可以保证数据库表中每一行数据的唯一性。

（2）可以大大加快数据的检索速度，这也是创建索引最主要的原因。

（3）可以加速表和表之间的连接，在实现数据的参考完整性方面特别有意义。

（4）在使用分组和排序子句进行数据检索时，同样可以显著减少查询中分组和排序的时间。

（5）通过使用索引，可以在查询的过程中，使用优化隐藏器，提高系统的性能。

与此同时，创建索引要消耗系统的一些资源，降低数据更新的性能，此为负面作用。此外，也有许多不利的方面，具体如下：

（1）创建索引和维护索引要耗费时间，这种时间随着数据量的增加而增加。

（2）索引需要占用物理空间，除数据表占用数据空间以外，每一个索引还要占用一定的物理空间。如果有大量的索引，则索引占用的空间可能会比数据表占用的空间还大。如果要建立聚簇索引，那么需要的空间会更大。

（3）当对表中的数据进行插入、删除和修改时，对索引也要进行动态维护，这样就降低了数据的维护速度。表中的索引越多，更新表的时间就越长。

2. 索引的创建原则

索引建立在数据库表中的某些列上。因此，创建索引时，应该仔细考虑在哪些列上可以创建索引，在哪些列上不能创建索引。一般来说，应该在如下这些列上创建索引：

（1）经常需要搜索的列，可以加快搜索的速度。

（2）作为主键的列，强制该列的唯一性和组织表中数据的排列结构。

（3）经常用在连接的列上，这些列主要是一些外键，可以加快连接的速度。

（4）经常需要根据范围进行搜索的列，因为索引已经排序，所以其指定的范围是连续的。

（5）经常需要排序的列，因为索引已经排序，这样查询可以利用索引的排序，加快排序查询时间。

（6）经常在 WHERE 子句中使用的列，可以加快条件的判断速度。

同样，对于有些列不应该创建索引。一般来说，不应该创建索引的列具有下列特点：

（1）对于那些在查询中很少使用或者参考的列，不应该创建索引。这是因为，既然这些列很少使用，因此，有索引或者无索引并不能提高查询速度。相反，由于增加了索引，反而降低了系统的维护速度，且增大了空间需求。

（2）对于那些只有很少数据值的列，不应该创建索引。这是因为，由于这些列的取值很少，如人事表的性别列，在查询的结果中，结果集的数据行占了表中数据行的很大比例，即需要在表中搜索的数据行的比例很大。增加索引并不能明显加快检索速度。

（3）对于那些定义为 TEXT、IMAGE 和 BIT 数据类型的列，不应该增加索引。这是因为，这些列的数据量要么相当大，要么取值很少。

（4）当更新性能远远大于检索性能时，不应该创建索引。这是因为，更新性能和检索性能是互相矛盾的。当增加索引时，会提高检索性能，但是会降低更新性能；当减少索引时，会提高更新性能，但是会降低检索性能。

7.2.3 索引的类型

目前，大部分 MySQL 索引都是以 B 树方式存储的。B 树方式构建为包含多个节点的一棵树，顶部的节点构成了索引的开始点，叫作根，每个节点中含有索引列的几个值，节点中的每个值又都指向另一个节点或者指向表中的一行，一个节点中的值必须是有序排列的。指向一行的节点叫作叶子页。叶子页本身也是相互连接的，一个叶子页有一个指针指向下一组。这样，表中的每一行都会在索引中有一个对应值，查询时就可以根据索引值直接找到所在的行。

索引中的节点是存储在文件中的，所以索引也要占用物理空间。MySQL 将一个表的所有索引都保存在同一个索引文件中。

如果更新表中的一个值或者向表中添加或删除一行，MySQL 会自动地更新索引。因此，索引树总是和表的内容保持一致。

1. 聚簇索引与非聚簇索引

根据索引的顺序与数据表的物理顺序是否相同，可以把索引分成两种类型：一种是数据表的物理顺序与索引顺序相同的聚簇索引；另一种是数据表的物理顺序与索引顺序不相同的非聚簇索引。

（1）聚簇索引。MySQL 聚簇索引构成了一个树状结构，树的叶子节点存储了表中所有字段上的数据，而不是存储了索引项（键值加地址）。在聚簇索引中，数据值的顺序总是按照升序排列。

应该在表中经常搜索的列或者按照顺序访问的列上创建聚簇索引。当创建聚簇索引时，应该考虑下面这些因素：每一个表只能有一个聚簇索引，因为表中数据的物理顺序只能有一个；表中行的物理顺序和索引中行的物理顺序是相同的，在创建任何非聚簇索引之前创建聚簇索引，这是因为聚簇索引改变了表中行的物理顺序，数据行按照一定的顺序排列，并且自动维护这个顺序；关键值的唯一性要么使用 UNIQUE 关键字明确维护，要么由一个内部的唯一标识符明确维护，这些唯一标识符是系统自己使用的，用户不能访问；聚簇索引的平均大小大约是数据表的5%，但是，实际聚簇索引的大小常常根据索引列的大小变化而变化；在索引的创建过程中，MySQL 临时使用当前数据库的磁盘空间，当创建聚簇索引时，需要 1.2 倍的表空间大小，因此，一定要保证有足够的空间来创建聚簇索引。

（2）非聚簇索引。非聚簇索引的结构也是树状结构，与聚簇索引的结构非常类似，但是也有明显的不同。在非聚簇索引中，树的叶子节点仅仅保存索引项（包含键值及其地址），而没有包含数据行。非聚簇索引表示行的逻辑顺序。

当需要以多种方式检索数据时，非聚簇索引是非常有用的。当创建非聚簇索引时，要考虑下面这些情况：在默认情况下，所创建的索引是非聚簇索引；在每一个表上，可以创建不多于 249 个非聚簇索引，而聚簇索引最多只能有一个。

2. 普通索引与主键索引

MySQL 按 B 树形式存储索引，根据索引键值的唯一性与否、索引字段的类型等，主要索引类型有普通索引、唯一性索引、主键索引、全文索引。

（1）普通索引。这是最基本的索引类型，它没有唯一性之类的限制。创建普通索引的关键字是 INDEX。

（2）唯一性索引。这种索引和普通索引基本相同，但有一个区别：索引列的所有值都只能出现一次，即必须是唯一的。创建唯一性索引的关键字是 UNIQUE。

（3）主键索引。主键索引是一种唯一性索引，它必须指定为 PRIMARY KEY。主键一般在创建表时指定，也可以通过修改表的方式加入主键。但是，每个表只能有一个主键。在创建主键约束时，系统自动创建了一个唯一性的聚簇索引。因此，可以理解为 MySQL 中的聚簇索引和主键索引实际上是一回事。

（4）全文索引。MySQL 支持全文检索和全文索引。在 MySQL 中，全文索引的索引类型为 FULLTEXT。全文索引只能在 VARCHAR 或 TEXT 类型的列上创建，并且只能在 MyISAM 表中创建。它可以通过 CREATE TABLE 命令创建，也可以通过 ALTER TABLE 或 CREATE INDEX 命令创建。对于大规模的数据集，通过 ALTER TABLE（或 CREATE INDEX）命令创建全文索引要比把记录插入带有全文索引的空表中更快。

另外，当表的类型为 MEMORY 时，除 B 树索引以外，MySQL 还支持哈希索引（HASH）。在使用哈希索引时，不需要建立树结构，但是所有的值都保存在一个列表中，这个列表指向相关页和行。当根据一个值获取一个特定的行时，哈希索引非常快。

7.2.4　创建、修改、删除索引

1. 创建索引

创建索引有多种方法，包括直接创建索引的方法（使用 CREATE INDEX 语句或者使用创建索引向导）和间接创建索引的方法（在表中定义主键约束或者唯一性约束时，同时也创建了索引）。虽然这两种方法都可以创建索引，但是它们创建索引的具体内容是有区别的。

使用 CREATE INDEX 语句或者使用创建索引向导来创建索引，是最基本的索引创建方法，并且这种方法最具有柔性，可以定制创建出符合自己需要的索引。在使用这种方法创建索引时，可以使用许多选项，如指定数据页的充满度、进行排序、整理统计信息等，这样可以优化索引。使用这种方法，可以指定索引的类型、唯一性和复合性。也就是说，既可以创建聚簇索引，也可以创建非聚簇索引；既可以在一个列上创建索引，也可以在两个或者两个以上的列上创建索引。

通过在表中定义主键约束或者唯一性约束可以间接创建索引。主键约束是一种保持数据完整性的逻辑（参见 4.1.1 小节和 4.1.2 小节），它限制表中的记录有相同的主键记录。在创建主键约束时，系统自动创建了一个唯一性的聚簇索引。虽然在逻辑上，主键约束是一种重要的结构，但是在物理结构上，与主键约束相对应的结构是唯一性的聚簇索引。换句话说，在物理实现上，不存在主键约束，而只存在唯一性的聚簇索引。同样，在创建唯一性约束时，也同时创建了索引，这种索引是唯一性的非聚簇索引。因此，当使用约束创建索引时，索引的类型和特征基本上都已经确定了，由用户定制的余地比较小。

当在表中定义主键约束或者唯一性约束时，如果表中已经有了使用 CREATE INDEX 语句创建的标准索引，那么主键约束或者唯一性约束创建的索引会覆盖以前创建的标准索引。也就是说，主键约束或者唯一性约束创建的索引的优先级高于使用 CREATE INDEX 语句创建的索引。

（1）直接创建索引。使用 CREATE INDEX 语句可以在一个已有表上创建索引，一个表可以创建多个索引。其语法格式为

> CREATE［UNIQUE｜FULLTEXT｜SPATIAL］INDEX index_name
>   ［USING index_type］
>   ON tbl_name（col_name［（length）］［ASC｜DESC］,...）

① UNIQUE｜FULLTEXT｜SPATIAL：UNIQUE 表示创建唯一性索引；FULLTEXT 表示创建全文索引；SPATIAL 表示创建空间索引，可以用来索引几何数据类型的列。本书不讨论 SPATIAL 索引。

② index_name：索引的名称，索引在一个表中的名称必须是唯一的。

③ USING index_type：部分存储引擎允许在创建索引时指定索引的类型。index_type 为存储引擎支持的索引类型的名称，MySQL 支持的索引类型有 BTREE（B 树）和 HASH。如果不指定 USING 子句，则 MySQL 自动创建一个 BTREE 索引。

④ col_name：创建索引的列名。length 表示使用列的前 length 个字符创建索引。使用列的一部分创建索引，可以使索引文件大大减小，从而节省磁盘空间。在某些情况下，只能对列的前缀进行索引。例如，索引列的长度有一个最大上限，如果索引列的长度超过了这个上限，就可能需要利用前缀进行索引。BLOB 或 TEXT 列必须用前缀索引。前缀最长为 255 字节，但对于 MyISAM 和 InnoDB 表，前缀最长为 1 000 字节。

另外，还可以规定索引按升序（ASC）还是降序（DESC）排列，默认为 ASC。如果一条 SELECT 语句中的某列按照降序排列，那么在该列上定义一个降序索引可以加快处理速度。

可以看出，CREATE INDEX 语句并不能创建主键。

【例 7 - 9】针对例 4 - 12 中的 CP 数据库，C 表的 CName 列上的前 6 个字符建立一个升序索引 N_C。

使用如下语句：

> CREATE INDEX N_C
>   ON C（CName（6）ASC）;

可以在一个索引的定义中包含多个列，中间用逗号隔开，但是它们要属于同一个表，这样的索引叫作复合索引。

【例 7 - 10】在例 4 - 12 中的 CP 数据库的 O 表上，建立 Cid 和 Pid 的一个复合索引 O_IN。

使用如下语句：

> CREATE INDEX O_IN
>   ON O（Cid,Pid）;

（2）间接创建索引。在创建表的 CREATE TABLE 语句中可以包含索引的定义。其语法格式为

CREATE［TEMPORARY］TABLE［IF NOT EXISTS］tbl_name

　　［（［column_definition］,...│［index_definition］）］

　　［table_option］［select_statement］;

其中，index_definition 为索引项，

［CONSTRAINT［symbol］］PRIMARY KEY［index_type］（index_col_name,...）

/＊主键＊/

│{INDEX│KEY}［index_name］［index_type］（index_col_name,...）　　/＊索引＊/

│［CONSTRAINT［symbol］］UNIQUE［INDEX］［index_name］［index_type］（col_name,...）

/＊唯一性索引＊/

│［FULLTEXT│SPATIAL］［INDEX］［index_name］（index_col_name,...）

/＊全文索引＊/

│［CONSTRAINT［symbol］］FOREIGN KEY［index_name］（index_col_name,...）［ref-
erence_definition］　　　　　　　　　　　　　　　　　　　　　　/＊外键＊/

　　说明：KEY 通常是 INDEX 的同义词。在定义列选项时，也可以将某列定义为主键，但当主键是由多个列组成的多列索引时，定义列时无法定义此主键，必须在语句最后加上一个PRIMARY KEY（col_name,...）子句，参见 4.5.1 小节中的 CREATE TABLE 语句。

　　MySQL 的聚簇索引是指 InnoDB 引擎的特性，MyISAM 并没有。如果需要该索引，在创建表时指定主键就完成了聚簇索引的创建。

　　【例7-11】在例 4-12 中 CP 数据库的 C 表上创建主键索引。

　　使用如下语句：

```
CREATE TABLE C
(  Cid     char(3)      NOT Null,
   CName  char(10)     NOT Null,
   CSex    tinyint(1)    NOT Null DEFAULT 1,
   CBrith  date         NOT Null,
   CCity   varchar(20) Null,
   PRIMARY KEY(Cid)
) ENGINE = InnoDB;
```

其中，PRIMARY KEY（Cid）就是聚簇索引。

　　创建的索引记录在数据库中，当查询数据库表中的数据时，首先确定在相应的列上是否存在已经创建的索引，判断该索引是否对检索有意义。如果索引存在并且非常有意义，那么系统使用该索引访问表中的记录。系统从索引开始浏览到数据，索引浏览则从树状索引的根部开始。从根部开始，搜索值与每一个关键值相比较，确定搜索值是否大于或者等于关键

值。这一步重复进行，直至碰上一个比搜索值大的关键值，或者该搜索值大于或者等于索引页上所有的关键值。

对于已经创建的索引，在 SELECT 查询语句中，也可以强制指定使用该索引（详见5.1.2 小节）。

【例 7 -12】在例 7 -10 的基础上，使用 O_IN 查询 C01 客户订购的商品 Pid。

使用如下语句：

```
SELECT Pid
FROM O USE INDEX(O_IN)
WHERE Cid = 'C01';
```

☞　　　　　　　　　　　　**索引使用的优化建议**

（1）组合索引是提高性能的有力工具，特别是针对只需从索引读出而不用从表中读出的查询。

（2）在 SELECT 语句中使用 USE INDEX 强制指定使用的索引。

（3）合理使用索引，WHERE 子句中变量的顺序应与索引建立的顺序相同。

（4）在关键字列上进行运算可以屏蔽定义在此列上的索引，因此，避免 WHERE 子句中有不等于（! =或 NOT）和 LIKE 通配符匹配的条件。通配符匹配查询特别耗费时间，即使在条件字段上建立了索引，这种情况下也还是采用顺序扫描的方式。

（5）避免或简化排序，当能够利用索引自动以适当的次序产生输出时，优化器就避免了排序的步骤。

2. 修改索引

4.5.2 小节介绍了如何使用 ALTER TABLE 语句修改表，其中也包括向表中添加索引。其语法格式为

```
ALTER [IGNORE] TABLE tbl_name
    ADD INDEX [index_name] [index_type] (index_col_name,...)      /*添加索引*/
    |ADD [CONSTRAINT [symbol]] PRIMARY KEY [index_type] (index_col_name,...)
                                                                  /*添加主键*/
    |ADD [CONSTRAINT [symbol]] UNIQUE [index_name] [index_type] (col_name,...)
                                                                  /*添加唯一性索引*/
    |ADD [FULLTEXT |SPATIAL] [index_name] (index_col_name,...)
                                                                  /*添加全文索引*/
    |ADD [CONSTRAINT [symbol]] FOREIGN KEY [index_name] (index_col_name,...)
    [reference_definition]                                        /*添加外键*/
```

（1）index_type：其语法格式为

USING｛BTREE｜HASH｝

当定义索引时默认索引名，则一个主键的索引叫作 PRIMARY，其他索引使用索引的第一个列名作为索引名。如果存在多个索引的名字以某一列的名字开头，就在列名后面放置一个顺序号码。

（2）CONSTRAINT［symbol］：为主键、UNIQUE 键、外键定义一个名字（参见 4.1.2 小节、4.1.3 小节、4.4.1 小节、4.5.1 小节）。

【例 7 – 13】在例 4 – 12 中 CP 数据库的 C 表的 CName 列上创建一个非唯一的索引。

使用如下语句：

ALTER TABLE C
　　ADD INDEX C_NAME USING BTREE（CName）；

如果想要查看表中创建的索引情况，可以使用 SHOW INDEX FROM tbl_name 语句，如

SHOW INDEX FROM C；

可以查看 C 表上有哪些索引。

3. 删除索引

在删除索引时，系统会同时从数据字典中删除有关该索引的描述。使用 DROP INDEX 语句删除索引，其语法格式为

DROP INDEX index_name ON tbl_name

这个语句语法非常简单，index_name 为要删除的索引名，tbl_name 为索引所在的表。

使用 ALTER TABLE 语句也可以删除索引，其语法格式为

ALTER［IGNORE］TABLE tbl_name
　｜DROP PRIMARY KEY　　　　　　　　　　　　　／＊删除主键＊／
　｜DROP INDEX index_name　　　　　　　　　　　／＊删除索引＊／
　｜DROP FOREIGN KEY fk_symbol　　　　　　　　／＊删除外键＊／

其中，DROP INDEX 子句可以删除各种类型的索引。使用 DROP PRIMARY KEY 子句时，不需要提供索引名称，因为一个表中只有一个主键。

如果从表中删除了列，则索引可能会受到影响；如果所删除的列为索引的组成部分，则该列也会从索引中被删除；如果组成索引的所有列都被删除，则整个索引将被删除。

{本章小结}

　　本章学习了视图和索引的基本概念，以及基本的操作方法。视图是一个虚拟表，并不代表任何物理数据，只是用来查看数据的窗口。视图并不是以一组数据的形式存储在数据库中的，数据库中只存储视图的定义，而不存储视图对应的数据，这些数据仍存储在导出视图的基本表中。它实际上是一个查询结果，视图的名字和视图对应的查询存储在数据字典中。当基本表中的数据发生变化时，从视图中查询出来的数据也随之改变。视图中的数据行和列都来自基本表，是在视图被引用时动态生成的。使用视图可以集中、简化和制定用户的数据库显示，用户可以通过视图来访问数据，而不必直接访问该视图的基本表。

　　使用视图，不仅方便了用户的查询操作，可以使用户通过不同的角度看待数据，而且在数据库应用程序开发中，通过视图访问数据库表，可以提高数据库的数据独立性。当数据库表的结构发生变化时，在数据库中修改视图定义，可以在一定程度上避免数据库应用程序的重新开发。

　　索引是以表列为基础的数据库对象，是由索引项组成的一个 B 树。索引项由索引键值和地址组成，它保存表中排序的索引列，并且记录了索引列在数据表中的物理存储位置，实现了表中数据的逻辑排序。对于非聚簇索引而言，查询首先在 B 树上找到该查询值的地址，然后按照该地址直接访问表。类似于查字典，首先查目录，然后根据目录查具体页码，索引记录表中的关键值和指向表中记录的地址，这样数据库引擎就不用扫描整个表而定位到相关的记录。相反，如果没有索引，则会导致数据库系统搜索表中的所有记录，以获取匹配结果。理解了索引的原理，就能够理解为什么索引可以提高数据库系统的性能、加快数据的查询速度和减少系统的响应时间。

　　对于视图和索引来说，建立适当的视图和索引能极大地提高数据库系统的性能，并方便用户的操作和功能。然而，大量索引或视图的建立，有时会使数据库的性能变差，并且有时会在用户进行操作时引起数据的修改错误。因此，对于视图和索引的使用，用户要根据实际情况，建立合适的视图和索引。

{习题与思考}

1. 名词解释：视图、索引。

2. 视图的作用有哪些？

3. 试说明哪类视图可实现更新数据的操作，哪类视图不可实现更新数据的操作。

4. "使用视图可以加快数据的查询速度"，这句话对吗？为什么？

5. 索引的作用是什么？

6. MySQL 中支持哪些类型的索引？它们的主要区别是什么？

7. 无论对表进行什么类型的操作，在表上建立的索引越多，越能提高操作效率吗？

8. 设用户在某个数据库中经常需要进行如下查询操作：

SELECT ＊ FROM T WHERE C1 ='A' ORDER BY C2

设 T 表中已在 C1 列上建立了主键约束，且该表中只有该约束，为提高该查询的执行效率，还有哪些手段？

9. 针对第 2 章习题 11。

（1）写出创建满足以下要求的视图的 SQL 语句：

① 查询学生学号、姓名、所在系、课程号、课程名、课程学分。

② 查询学生学号、姓名、选修的课程名和考试成绩。

③ 统计每个学生的选课门数，列出学生学号和选课门数。

④ 统计每个学生的修课总学分，列出学生学号和总学分（说明：考试成绩大于等于 60 分才可获得此门课程的学分）。

（2）利用第（1）小题中建立的视图，写出完成如下查询的 SQL 语句：

① 查询考试成绩大于等于 90 分的学生姓名、课程名和成绩。

② 查询选课门数超过 3 门的学生学号和选课门数。

③ 查询计算机系选课门数超过 3 门的学生姓名和选课门数。

④ 查询修课总学分超过 10 分的学生学号、姓名、所在系和修课总学分。

⑤ 查询在年龄大于等于 20 岁的学生中，修课总学分超过 10 分的学生姓名、年龄、所在系和修课总学分。

（3）写出实现下列操作的 SQL 语句：

① 在 S 表的 Sdept 列上建立一个按降序排列的非聚集索引，索引名为 Idx_Sdept。

② 在 C 表上为 CName 列建立一个非聚集索引，索引名为 Idx_CName。

③ 在 S 表的 SName 列上建立一个唯一的非聚集索引，索引名为 Idx_SName。

④ 在 SC 表上为 Sno 和 Cno 建立一个组合的非聚集索引，索引名为 Idx_SnoCno。

实验训练 4　视图和索引的创建与使用

实验目的

基于实验训练 1 中所创建的"汽车用品网上商城"Shopping 数据库，理解视图和索引的概念与作用，练习视图的基本操作，包括视图的创建、查询、更新，体会视图带来的方便；练习索引的创建和删除，对比有索引和无索引的基本表查询速度，体会索引的优势。

实验内容

【实验 4-1】创建视图。

（1）单源视图。创建今年新增会员的视图。创建"奔驰"品牌的汽车配件视图，并要求进行插入和修改操作时仍需保证该视图只能是"奔驰"品牌。

（2）多源视图。创建每个会员的订单视图（包含会员编号、会员名称、订单编号、下单日期、货品总价）。

（3）在已有视图上定义的新视图。创建价格小于 1 000 元的"奔驰"品牌的汽车配件视图。

（4）表达式的视图。创建每个会员的购物信息视图（包含会员编号、会员名称、创建时间、汽车配件编号、汽车配件名称、单价、数量、金额）。

（5）分组视图。创建一个视图，可以看出每天的销售数量和销售收入；创建一个视图，可以看出每天每一种汽车配件的销售数量和销售收入。

【实验 4－2】查询视图。在实验 4－1 中创建的视图或者基本表上共同完成以下查询：

（1）检索采购了"奔驰"品牌汽车配件的会员编号、会员名称。

（2）查询今年新增会员的订单信息。

（3）查询会员名称为"李广"的会员的购物信息（包含会员编号、会员名称、创建时间、汽车配件编号、汽车配件名称、单价、数量、金额）。

（4）查看本月的销售数量和销售收入，查看本月每一种汽车配件的销售数量和销售收入。

【实验 4－3】更新视图。

（1）在今年新增会员视图中，插入一个新会员的记录，其中，会员名称为"张飞"，密码为 999999，邮箱为 123456@163.com。用 SELECT 语句查询插入前后的结果。

（2）在今年新增会员视图中，删除会员名称为"张飞"的会员信息。用 SELECT 语句查询删除前后的结果。

（3）将"奔驰"品牌的价格下调 5%，用 SELECT 语句查询修改前后的结果。

【实验 4－4】删除视图。删除今年新增会员视图。

【实验 4－5】创建索引。

（1）创建汽车配件表上汽车配件编号的索引（聚簇索引）。

（2）创建会员表上会员编号的索引（聚簇索引）。

（3）创建汽车配件表上汽车配件名称的索引。

（4）创建订单表上订单号的索引。

（5）创建订单明细表上订单号的索引。

（6）完成订单表和订单明细表的连接查询，在有索引和无索引两种情况下完成查询。

【实验 4－6】删除索引。删除汽车配件表上汽车配件名称的索引。

实验要求

1. 所有操作都必须通过 MySQL Workbench 完成。

2. 将操作过程以屏幕抓图的方式复制，形成实验文档。

第8章　存储过程与存储函数

本章导读

在 C 或者 Java 语言中，可以声明变量，通过分支、循环等过程控制语句编制各种各样的程序。而前面的介绍都是非过程化的 SQL 语句，MySQL 是否可以像 C 或 Java 语言那样，进行过程化的编程呢？答案是可以的。一般在数据库中，通过 SQL 语句和过程化语句编制的程序起一个名字，放在数据库服务器中，叫作存储过程。存储过程可以有输入、有输出，处理的逻辑放在存储过程的程序体中。存储函数与存储过程很相似，也是由 SQL 语句和过程化语句组成的代码片断，但存储函数本身就有返回值，所以不能拥有自己的输出参数。

创建好存储过程，客户端应用程序可以通过 CALL 语句调用。存储函数一经创建，客户端就可以像调用 5.3 节中的内部函数一样调用存储函数。存储过程和存储函数增强了 SQL 语言的功能和灵活性，并且程序在服务器端执行，运行速度快。在数据库应用系统开发中，通常将完成特定功能的程序体以存储过程或者存储函数的形式放在数据库服务器中，做到一次编程、多次使用。

本章将详细介绍 MySQL 的存储过程和存储函数的创建与调用语句，以及 MySQL 中支持的变量和流程控制等过程化语句的使用。

学习目标

1. 了解 MySQL 中过程化语句的含义。
2. 理解存储过程和存储函数的概念与作用。
3. 掌握 MySQL 中存储过程的创建和调用语句。
4. 掌握 MySQL 中存储函数的创建和调用语句。

8.1 存储过程的创建和使用

8.1.1 存储过程的概念和作用

1. 存储过程的概念

存储过程（Procedure）是指一组为了完成特定功能而存储在数据库服务器中的、由 SQL 语句和流程控制语句组成的程序体。它可以将常用或复杂的工作预先用 SQL 语句和流程控制语句写好，并用一个指定名称存储起来，以后需要数据库提供与已定义好的存储过程的功能相同的服务时，只需调用 CALL 存储过程名字，即可自动完成命令。

存储过程中包含的流程控制语句和 SQL 语句，经编译和优化后存储在数据库服务器中，可由应用程序通过一个调用来执行，而且允许用户声明变量。同时，存储过程可以接收和输出参数、返回执行存储过程的状态值，也可以嵌套调用。一个存储过程是一个可编程的函数，它在数据库中创建并保存。当希望在不同的应用程序或平台上执行相同的函数，或者封装特定功能时，存储过程是非常有用的。数据库中的存储过程可以看作对编程中面向对象方法的模拟，它允许控制数据的访问方式。

存储过程是数据库的一个重要功能，MySQL 在 5.0 版本以后已经支持存储过程，这样既可以大大提高数据库的处理速度，也可以提高数据库编程的灵活性。

2. 存储过程的作用

存储过程的作用主要有以下几方面：

（1）存储过程增强了 SQL 语言的功能和灵活性。存储过程可以用流程控制语句编写，有很强的灵活性，可以完成复杂的判断和较复杂的运算。

（2）一次编程，多次使用。存储过程允许编程，存储过程被创建后，可以在程序中被多次调用，而不必重新编写该存储过程的 SQL 语句。同时，数据库专业人员可以随时对存储过程进行修改，对应用程序源代码毫无影响。

（3）存储过程在服务器端运行，执行速度快。存储过程是预编译的，存储过程被执行一次后，其执行计划就驻留在高速缓冲器中。在以后的操作中，只需从高速缓冲器中调用已编译好的二进制代码执行，提高了系统性能。

（4）存储过程也可以作为一种保证数据库安全的手段。使用存储过程，可以完成所有数据库操作，并可通过编程方式控制上述操作对数据库信息访问的权限。系统管理员通过执行某一存储过程的权限进行限制，能够实现对相应数据的访问权限的限制，避免了非授权用户对数据的访问，保证了数据的安全。

（5）存储过程能够减少网络流量。针对同一个数据库对象的操作（如查询、更新），如果这一操作所涉及的过程化语句被组织成存储过程，那么当在客户计算机上调用该存储过程时，网络中传送的只是该调用语句，从而大大减少了网络流量，并降低了网络负载。

8.1.2 存储过程的管理和使用

1. 创建存储过程

创建存储过程可以使用 CREATE PROCEDURE 语句。要在 MySQL 中创建存储过程，必须具有 CREATE ROUTINE 权限。要想查看数据库中有哪些存储过程，可以使用 SHOW PROCEDURE STATUS 命令。要查看某个存储过程的具体信息，可使用 SHOW CREATE PROCEDURE sp_name 命令。CREATE PROCEDURE 的语法格式为

```
CREATE PROCEDURE sp_name ([proc_parameter[,...]])
[characteristic ...] routine_body
```

其中，proc_parameter 的参数如下：

```
[IN | OUT | INOUT] param_name type
```

characteristic 的特征为

```
LANGUAGE SQL
|[NOT] DETERMINISTIC
|{CONTAINS SQL | NO SQL | READS SQL DATA | MODIFIES SQL DATA}
|SQL SECURITY {DEFINER | INVOKER}
|COMMENT 'string'
```

（1）sp_name：存储过程的名称，默认在当前数据库中创建。当需要在特定数据库中创建存储过程时，要在名称前面加上数据库的名称，格式为 db_name.sp_name。值得注意的是，这个名称应当尽量避免取与 MySQL 的内置函数相同的名称，否则会发生错误。

（2）proc_parameter：存储过程的参数，param_name 为参数名，type 为参数的类型，当有多个参数时，中间用逗号隔开。存储过程可以有 0 个、1 个或多个参数。MySQL 存储过程支持三种类型的参数：输入参数、输出参数和输入/输出参数，关键字分别是 IN、OUT 和 INOUT。输入参数使数据可以传递给一个存储过程；当需要返回一个答案或结果时，存储过程使用输出参数；输入/输出参数既可以充当输入参数，也可以充当输出参数。存储过程也可以不加参数，但名称后面的括号是不可省略的。

注意：参数的名字不要等于列的名字；否则，虽然不会返回出错消息，但是存储过程中的 SQL 语句会将参数名看作列名，从而引发不可预知的结果。

（3）characteristic：存储过程的某些特征设定。

① LANGUAGE SQL：表明编写这个存储过程的语言为 SQL 语言。从目前来讲，MySQL

存储过程还不能用外部编程语言来编写，也就是说，这个选项可以不指定。将来会对其扩展，最有可能第一个被支持的语言是 PHP。

② DETERMINISTIC：设置为 DETERMINISTIC，表示存储过程对同样的输入参数产生相同的结果；设置为 NOT DETERMINISTIC，则表示会产生不确定的结果。默认为 NOT DETERMINISTIC。

③ CONTAINS SQL：表示存储过程不包含读或写数据的语句。NO SQL 表示存储过程不包含 SQL 语句；READS SQL DATA 表示存储过程包含读数据的语句，但不包含写数据的语句；MODIFIES SQL DATA 表示存储过程包含写数据的语句。如果这些特征没有明确给定，则默认为 CONTAINS SQL。

④ SQL SECURITY：可以用来指定存储过程使用创建该存储过程的用户（DEFINER）的许可来执行，还是使用调用者（INVOKER）的许可来执行。默认值为 DEFINER。

⑤ COMMENT 'string'：对存储过程的描述，string 为描述内容。这个信息可以用 SHOW CREATE PROCEDURE 语句来显示。

（4）routine_body：存储过程的主体部分，也叫作存储过程体，其中包含了在过程调用时必须执行的语句，这个部分总是以 BEGIN 开始，以 END 结束。当然，当存储过程体中只有一个 SQL 语句时，可以省略 BEGIN…END 标志。

在开始创建存储过程之前，先介绍一个很实用的命令，即 DELIMITER 命令。在 MySQL 中，服务器处理语句时是以分号作为结束标志的。但是，在创建存储过程时，存储过程体中可能包含多个 SQL 语句，每个 SQL 语句都是以分号为结尾的，这时服务器处理程序时遇到第一个分号就会认为程序结束了，这肯定是不行的。因此，这里使用 DELIMITER 命令将 MySQL 语句的结束标志修改为其他符号。

DELIMITER 的语法格式为

```
DELIMITER $$
```

说明：$$是用户定义的结束符，通常这个符号可以是一些特殊的符号，如"##""￥￥"等。当使用 DELIMITER 命令时，应该避免使用反斜杠（"\"）字符，因为那是 MySQL 的转义字符。

【例 8 - 1】一个存储过程的简单例子。在例 4 - 12 中的 CP 数据库上创建一个存储过程，实现的功能是删除一个特定客户的信息。（注意：以下程序中开始将 MySQL 结束符修改为"$$"符号。）

使用如下语句：

```
DELIMITER $$
CREATE PROCEDURE DELETE_C(IN BH char(3))
BEGIN
```

```
      DELETE FROM C WHERE Cid = BH;
  END $$
  DELIMITER;
```

上述语句定义了一个包含输入参数 BH 的存储过程 DELETE_C，当调用这个存储过程时，MySQL 根据提供的参数 BH 的值，删除对应在 C 表中的数据，在关键字 BEGIN 和 END 之间指定了存储过程体，存储过程体可以包含变量、控制语句、SQL 语句等，变量和控制语句参见 8.3 节。当然，BEGIN...END 复合语句还可以嵌套使用。

2. 调用存储过程

存储过程创建完成后，可以在程序或者存储过程中被调用，但是都必须使用 CALL 语句。CALL 语句的语法格式为

```
CALL sp_name([parameter[,...]])
```

说明：sp_name 是存储过程的名称，如果要调用某个特定数据库的存储过程，则需要在前面加上该数据库的名称；parameter 是调用该存储过程使用的参数，这条语句中的参数个数必须总是等于存储过程的参数个数。

【例 8-2】 在例 4-12 中的 CP 数据库上，调用例 8-1 创建的存储过程，删除 Cid 为 C04 的客户信息。

使用如下语句：

```
CALL DELETE_C('C04');
```

【例 8-3】 在例 4-12 中的 CP 数据库上，创建一个存储过程，实现查询特定年月每一种商品的销售数量和销售金额，以年、月为参数。

使用如下语句：

```
USE CP;
DELIMITER $$
CREATE PROCEDURE Y_M_P(IN Ly INT,IN Lm INT)
  BEGIN
      SELECT O. Pid,PName,SUM(Oqty) AS Pqty,SUM(Dollars) AS PDollar
      FROM P,O
      WHERE P. Pid = O. Pid AND YEAR(Odate) = Ly AND MONTH(Odate) = Lm
      GROUP BY O. Pid
      ORDER BY O. Pid;
  END $$
DELIMITER;
```

调用该存储过程,使用如下语句:

```
CALL Y_M_P(2015,5);
```

即可查询2015年5月每一种商品的销售数量 Pqty 和销售金额 PDollar。使用如下语句:

```
CALL Y_M_P(2015,4);
```

即可查询2015年4月每一种商品的销售数量 Pqty 和销售金额 PDollar。

【例 8 - 4】在例4 - 12 中的 CP 数据库上,创建一个存储过程,实现查询特定年份、各个季度每一会员的消费金额,以年为参数。如果参数年为5 000,则实现查询所有年份、各个季度每一会员的消费金额。该存储过程要实现如表8 - 1 所示的效果。

表 8 - 1　会员某年各个季度的消费情况一览表

Cid	姓名	一季度	二季度	三季度	四季度	总额
C01	李广	74.00	83.00	93.00	250.00	500
C02	李开基	65.00	75.00	85.00	100.00	325
C03	安利德	10.00	20.00	30.00	50.00	110
……						
	合计	149.00	178.00	208.00	400.00	935

使用如下语句:

```
USE CP;
DELIMITER $$
CREATE PROCEDURE Y_J_C(IN Ly INT)
BEGIN                              /*创建视图,生成包含年、季度的订单*/
    CREATE OR REPLACE VIEW VIEW_O_Y_Q
    AS SELECT Oid,Cid,Pid,Oqty,YEAR(Odate) AS Oy,QUARTER(Odate)AS Oq,Dollars
    FROM O;                        /*判断参数 Ly 是否等于5000 */
    IF Ly = 5000 THEN              /*查询每个会员各个季度消费总额 */
        SELECT VIEW_O_Y_Q. Cid,CName AS \"姓名\",
            SUM(IF(Oq =1,Dollars,0)) AS \"一季度\",
            SUM(IF(Oq =2,Dollars,0)) AS \"二季度\",
            SUM(IF(Oq =3,Dollars,0)) AS \"三季度\",
            SUM(IF(Oq =4,Dollars,0)) AS \"四季度\",
            SUM(Dollars) AS \" 总额\"
```

```
FROM VIEW_O_Y_Q,C
WHERE VIEW_O_Y_Q. Cid = C. Cid
GROUP BY VIEW_O_Y_Q. Cid
UNION ALL
SELECT \"合计\",\" ---- \",SUM('一季度'),
  SUM('二季度'),SUM('三季度'),SUM('四季度'),SUM('总额')
FROM(
  SELECT \"all\",CName AS \"姓名\",
    SUM(IF(Oq = 1,Dollars,0)) AS \"一季度\",
    SUM(IF(Oq = 2,Dollars,0)) AS \"二季度\",
    SUM(IF(Oq = 3,Dollars,0)) AS \"三季度\",
    SUM(IF(Oq = 4,Dollars,0)) AS \"四季度\",
    SUM(Dollars) AS \"总额\"
  FROM VIEW_O_Y_Q,C
  WHERE VIEW_O_Y_Q. Cid = C. Cid
  GROUP BY VIEW_O_Y_Q. Cid )tb2
GROUP BY tb2. all;
ELSE
                              /*查询当年每个会员各个季度的消费总额 */
SELECT VIEW_O_Y_Q. Cid,CName AS \"姓名\",
  SUM(IF(Oq = 1,Dollars,0)) AS \"一季度\",
  SUM(IF(Oq = 2,Dollars,0)) AS \"二季度\",
  SUM(IF(Oq = 3,Dollars,0)) AS \"三季度\",
  SUM(IF(Oq = 4,Dollars,0)) AS \"四季度\",
  SUM(Dollars) AS \"总额\"
FROM VIEW_O_Y_Q,C
WHERE VIEW_O_Y_Q. Cid = C. Cid AND VIEW_O_Y_Q. Oy = Ly
GROUP BY VIEW_O_Y_Q. Cid
UNION ALL
SELECT \"合计\",\" ---- \",SUM('一季度'),
  SUM('二季度'),SUM('三季度'),SUM('四季度'),SUM('总额')
FROM(
  SELECT \"all\",CName AS \"姓名\",
    SUM(IF(Oq = 1,Dollars,0)) AS \"一季度\",
```

```
            SUM(IF(Oq = 2, Dollars, 0)) AS \"二季度\",
            SUM(IF(Oq = 3, Dollars, 0)) AS \"三季度\",
            SUM(IF(Oq = 4, Dollars, 0)) AS \"四季度\",
            SUM(Dollars) AS \"总额\"
        FROM VIEW_O_Y_Q, C
        WHERE VIEW_O_Y_Q. Cid = C. Cid AND VIEW_O_Y_Q. Oy = Ly
        GROUP BY VIEW_O_Y_Q. Cid )tb2
    GROUP BY tb2. all;
    END IF;
END $$
DELIMITER;
```

调用该存储过程，使用如下语句：

```
CALL Y_J_C (2015);
```

即可查询 2015 年各个季度每一会员的消费金额，效果如表 8-1 所示，表中数值为实际统计结果。同理，使用如下语句：

```
CALL Y_J_C (2014);
```

即可查询 2014 年各个季度每一会员的消费金额。使用如下语句：

```
CALL Y_J_C (5000);
```

即可查询所有年份各个季度每一会员的消费金额。

从例 8-1、例 8-3、例 8-4 可以看出，通过创建和调用存储过程，可以将一些比较复杂的数据处理过程以存储过程方式定义在 MySQL 数据库服务器中，方便使用。在存储过程中，可以使用过程化语句扩展 SQL 功能，如例 8-4 中使用了判断语句 IF THEN ELSE EDNIF。例 8-1~例 8-4 都是带输入参数的例子，存储过程不仅可以包含输入参数，也可以包含输出参数，还可以不包含各种参数，根据实际使用方便来决定。

3. 删除存储过程

存储过程创建后需要删除时，使用 DROP PROCEDURE 语句。在此之前，必须确认该存储过程没有任何依赖关系，否则会导致其他与之关联的存储过程无法运行。其语法格式为

```
DROP PROCEDURE [IF EXISTS] sp_name
```

说明：IF EXISTS 子句是 MySQL 的扩展，如果程序或函数不存在，它将防止发生错误；sp_name 是要删除的存储过程的名称。

4. 修改存储过程

使用 ALTER PROCEDURE 语句可以修改存储过程的某些特征。其语法格式为

ALTER PROCEDURE sp_name [characteristic . . .]

其中，characteristic 为

{ CONTAINS SQL | NO SQL | READS SQL DATA | MODIFIES SQL DATA }
| SQL SECURITY { DEFINER | INVOKER }
| COMMENT 'string'

说明：characteristic 是存储过程创建时的特征，在 CREATE PROCEDURE 语句中已经介绍过。只要设定了其中的值，存储过程的特征就随之变化。

如果要修改存储过程的内容，可以使用先删除再重新定义存储过程的方法。

8.2　创建和使用存储函数

在 5.3 节中学习了许多 MySQL 的内部函数，通过调用内部函数，可以极大地丰富 SELECT 的功能。针对具体的应用，用户还可以通过过程化语句，在 MySQL 中定义创建自己的函数，叫作存储函数。存储函数一经创建成功，就可以像调用 MySQL 内部函数一样使用。

存储函数与存储过程很相似，它们都是由 SQL 和过程化语句组成的代码片断，并且可以在应用程序和 SQL 中调用。然而，它们也有一些区别，具体如下：

（1）存储函数不能拥有输出参数，因为存储函数本身就是输出参数。

（2）不能用 CALL 语句来调用存储函数。

（3）存储函数必须包含一条 RETURN 语句，而这条特殊的 SQL 语句不允许包含于存储过程中。

1. 创建存储函数

创建存储函数使用 CREATE FUNCTION 语句。要查看数据库中有哪些存储函数，可以使用 SHOW FUNCTION STATUS 命令。CREATE FUNCTION 的语法格式为

CREATE FUNCTION sp_name ([func_parameter [, . . .]])
　　　RETURNS type
　　[characteristic . . .] routine_body

（1）sp_name：存储函数的名称。存储函数不能拥有与存储过程相同的名字。

（2）func_parameter：存储函数的参数。参数只有名称和类型，不能指定 IN、OUT 和 INOUT。

（3）RETURNS type 子句：声明函数返回值的数据类型。

（4）routine_body：存储函数的主体，也叫作存储函数体，所有存储过程中使用的 SQL 语句在存储函数中也适用，但是存储函数体中必须包含一个 RETURN value 语句，value 是存

储函数的返回值。这是存储过程体中没有的。

【例8－5】 在例4－12 的 CP 数据库中，创建一个存储函数，输入客户编号 Cid，根据客户出生日期 CBrith，返回该客户的年龄。

使用如下语句：

```
DELIMITER $$
CREATE FUNCTION AGE_OF_C(BH CHAR(3))
RETURNS INT
BEGIN
    RETURN (SELECT YEAR(CURDATE()) – YEAR(CBrith) FROM C WHERE Cid =
BH);
END $$
DELIMITER ;
```

2. 调用存储函数

存储函数创建完成后，就如同系统提供的内置函数［如 VERSION()］一样，所以调用自定义的存储函数的方法和调用 MySQL 函数的方法一样，都是使用 SELECT 关键字。其语法格式为

```
SELECT sp_name ([func_parameter[,...]])
```

在存储函数中，还可以调用另外一个存储函数或者存储过程。

【例8－6】 通过调用例 8－5 中的存储函数，查询客户信息。

使用如下语句：

```
SELECT Cid,CName,CSex,CBrith,AGE_OF_C(Cid),CCity
FROM C;
```

可以得到客户表 C 中所有字段上的值，同时还可以得到客户年龄。

3. 删除、修改存储函数

删除存储函数的方法与删除存储过程的方法基本一样，都使用 DROP FUNCTION 语句。其语法格式为

```
DROP FUNCTION [IF EXISTS] sp_name
```

使用 ALTER FUNCTION 语句可以修改存储函数的特征，其语法格式为

```
ALTER FUNCTION sp_name [characteristic ...]
```

当然，要修改存储函数的内容，则需采用先删除后定义的方法。

8.3 变量和流程控制

8.3.1 MySQL 变量

在存储过程和存储函数中，可以定义和使用变量。MySQL 的变量有作用在整个会话期间的用户变量、数据库服务器系统变量、用户在存储过程内使用 DECLARE 定义的局部变量。

1. 用户变量

用户变量与连接有关。也就是说，一个客户端定义的变量不能被其他客户端看到或使用。当客户端退出时，该客户端连接的所有变量将自动释放。

用户可以先在用户变量中保存值，然后在以后引用它。这样可以将值从一个语句传递到另一个语句。在使用用户变量前，必须定义和初始化。如果使用没有初始化的变量，则它的值为 Null。定义和初始化一个变量可以使用 SET 语句，其语法格式为

> SET @ user_variable1 = expression1 ［ , user_variable2 = expression2 , … ］

其中，user_variable1、user_variable2 是用户变量名。变量名可以由当前字符集的文字数字字符、.、_和 $ 组成。当变量名中需要包含一些特殊符号（如空格、#等）时，可以使用双引号或单引号将整个变量括起来。expression1、expression2 是要给变量赋的值，可以是常量、变量或表达式。

注意：@符号必须放在一个用户变量的前面，以便将它和列名区分开。此外，还可以同时定义多个变量，中间用逗号隔开。

2. 系统变量

MySQL 中有一些特定的设置，当 MySQL 数据库服务器启动时，这些设置被读取来决定下一步骤。例如，有些设置定义了数据如何被存储，有些设置则影响处理速度，还有些设置与日期有关，这些设置就是系统变量。和用户变量一样，系统变量也是一个值和一个数据类型，但不同的是，系统变量在 MySQL 服务器启动时就被引入并初始化为默认值。

3. 局部变量

在存储过程中，可以声明局部变量，它们可以用来存储临时结果。要声明局部变量，必须使用 DECLARE 语句。在声明局部变量的同时，也可以对其赋一个初始值。DECLARE 的语法格式为

> DECLARE var_name［ , … ］ type ［ DEFAULT value ］

说明：var_name 是变量名；type 是变量类型；DEFAULT 子句给变量指定一个默认值，

如果不指定，则默认为 Null。

局部变量必须在存储过程的开头就声明，声明完后，可以在声明它的 BEGIN...END 语句块中使用该变量，其他语句块中不可以使用它。

局部变量和用户变量的区别在于，局部变量前面没有使用@ 符号，局部变量在其所在的 BEGIN...END 语句块处理完后就消失了，而用户变量存在于整个会话中。要给局部变量赋值，可以使用 SET 语句。SET 语句也是 SQL 本身的一部分，其语法格式为

SET var_name = expr [, var_name = expr] ...

4. SELECT... INTO 语句

使用 SELECT... INTO 语句可以把选定的列值直接存储到变量中。因此，返回的结果只能有一行。其语法格式为

SELECT col_name[,...] INTO var_name[,...]   table_expr

说明：col_name 是列名；var_name 是要赋值的变量名；table_expr 是 SELECT 语句中的 FROM 子句及后面的部分。

【例 8 - 7】在存储过程中声明两个变量 lname、lcity，同时，将 C 表中 Cid 为 C04 的客户姓名和所在城市的值分别赋给变量 lname、lcity。

使用如下语句：

DECLARE lname,lcity CHAR(10)
SELECT CName,CCity INTO lname, lcity FROM C WHERE Cid = 'C04';

8.3.2 流程控制语句

在 MySQL 中，常见的过程式语句可以用在一个存储过程体中。过程式语句主要包括以下几个：分支语句（IF 语句、CASE 语句）、循环语句（WHILE 语句、REPEAT 语句、LOOP 语句等）、出错处理 DECLARE HANDLER 语句。

1. 分支语句

（1）IF 语句。IF... THEN... ELSE 语句可根据不同的条件执行不同的操作。其语法格式为

IF search_condition THEN statement_list
[ELSEIF search_condition THEN statement_list] ...
[ELSE statement_list]
ENDIF

说明：search_condition 是判断的条件；statement_list 中包含一个或多个 SQL 语句。当

search_condition 的条件为真时，就执行相应的 SQL 语句。

IF 语句不同于系统的内置函数 IF( )，IF( ) 函数只能判断两种情况，所以不要混淆。

（2）CASE 语句。CASE 语句在 5.3.4 小节中已经涉及，这里介绍 CASE 语句在存储过程中的用法，与之前略有不同。其语法格式为

```
CASE case_value
    WHEN when_value THEN statement_list
    [WHEN when_value THEN statement_list] ...
    [ELSE statement_list]
END CASE
```

或者

```
CASE
    WHEN search_condition THEN statement_list
    [WHEN search_condition THEN statement_list] ...
    [ELSE statement_list]
END CASE
```

说明：一个 CASE 语句经常可以充当一个 IF... THEN... ELSE 语句。

在第一种格式中，case_value 是要被判断的值或表达式，接下来是一系列的 WHEN... THEN 块，每一块的 when_value 参数指定要与 case_value 比较的值，如果为真，就执行 statement_list 中的 SQL 语句。如果前面的每一个块都不匹配，就会执行 ELSE 块指定的语句。CASE 语句最后以 END CASE 结束。

在第二种格式中，CASE 关键字后面没有参数，在 WHEN... THEN 块中，search_condition 指定了一个比较表达式，当表达式为真时，执行 THEN 后面的语句。与第一种格式相比，这种格式能够实现更为复杂的条件判断，使用起来更方便。

【例 8-8】创建一个存储过程，针对参数的不同，返回不同的结果。

使用如下语句：

```
DELIMITER $$
CREATE PROCEDURE C_SEX(IN lstr VARCHAR(4), OUT lsex VARCHAR(4))
BEGIN
    CASE lstr
        WHEN 'M' THEN SET lsex = '男';
        WHEN 'F' THEN SET lsex = '女';
        ELSE SET lsex = '无';
    END CASE;
```

```
END $$
DELIMITER；
```

2. 循环语句

MySQL 支持三种用来创建循环的语句：WHILE 语句、REPEAT 语句和 LOOP 语句。在存储过程中可以定义 0 个、1 个或多个循环语句。

（1）WHILE 语句的语法格式为

```
[begin_label：] WHILE search_condition DO
        statement_list
END WHILE [end_label]
```

说明：首先判断 search_condition 是否为真，若不为真，则执行 statement_list 中的语句，然后再次进行判断，若为真，则继续循环；若不为真，则结束循环。begin_label 和 end_label 是 WHILE 语句的标注。除非 begin_label 存在，否则 end_label 不能被给出，并且如果两者都出现，它们的名字必须是相同的。

（2）REPEAT 语句的语法格式为

```
[begin_label：] REPEAT
        statement_list
UNTIL search_condition
END REPEAT [end_label]
```

说明：REPEAT 语句首先执行 statement_list 中的语句，然后判断 search_condition 是否为真，若为真，则停止循环；若不为真，则继续循环。REPEAT 也可以被标注。

（3）LOOP 语句的语法格式为

```
[begin_label：] LOOP
        statement_list
END LOOP [end_label]
```

说明：LOOP 允许某特定语句或语句群的重复执行，实现一个简单的循环构造，statement_list 是需要重复执行的语句。在循环内的语句一直重复，直至循环被退出。退出时通常伴随着一个 LEAVE 语句。

LEAVE 语句经常和 BEGIN...END 或循环一起使用。其语法格式为

```
LEAVE label
```

其中，label 是语句中标注的名字，这个名字是自定义的，加上 LEAVE 关键字就可以用来退出被标注的循环语句。

循环语句中还有一个 ITERATE 语句，它只可以出现在 WHILE 语句、LOOP 语句和

REPEAT 语句内，意为"再次循环"。其语法格式为

> ITERATE label

说明：该语句格式与 LEAVE 语句差不多，区别在于，LEAVE 语句是离开一个循环，而 ITERATE 语句是重新开始一个循环。

3. 出错处理语句

在存储过程中处理 SQL 语句可能导致一条错误消息。例如，向一个表中插入新的行而主键值已经存在，这条 INSERT 语句会导致一个出错消息，并且 MySQL 立即停止对存储过程的处理。每一个错误消息都有一个唯一代码和一个 SQLSTATE 代码。例如，SQLSTATE 23000 属于如下的出错代码：

> Error 1022，"Can't write；duplicate key in table"
>
> Error 1048，"Column cannot be null"
>
> Error 1052，"Column is ambiguous"
>
> Error 1062，"Duplicate entry for key"

MySQL 手册的"错误消息和代码"中列出了所有的出错消息及它们各自的代码。

为了防止 MySQL 在一条错误消息产生时就停止处理，需要使用 DECLARE HANDLER 语句。DECLARE HANDLER 语句为错误代码声明了一个所谓的处理程序，它指明对一条 SQL 语句的处理如果导致一条错误消息，将会发生什么。

DECLARE HANDLER 的语法格式为

> DECLARE handler_type HANDLER FOR condition_value[，...] sp_statement

其中，handler_type 为

> CONTINUE
> | EXIT
> | UNDO

condition_value 为

> SQLSTATE [VALUE] sqlstate_value
> | condition_name
> | SQLWARNING
> | NOT FOUND
> | SQLEXCEPTION
> | mysql_error_code

（1）handler_type：处理程序的类型，主要有三种：CONTINUE、EXIT 和 UNDO。对于 CONTINUE 处理程序，MySQL 不中断存储过程的处理；对于 EXIT 处理程序，当前

BEGIN...END 复合语句的执行被终止；UNDO 处理程序类型语句暂时还不被支持。

（2）condition_value：给出 SQLSTATE 的代码表示。condition_name 是处理条件的名称；SQLWARNING 是对所有以 01 开头的 SQLSTATE 代码的速记；NOT FOUND 是对所有以 02 开头的 SQLSTATE 代码的速记；SQLEXCEPTION 是对所有没有被 SQLWARNING 或 NOT FOUND 捕获的 SQLSTATE 代码的速记。当用户不想为每个可能的出错消息都定义一个处理程序时，可以使用以上三种形式。mysql_error_code 是具体的 SQLSTATE 代码。除 SQLSTATE 值以外，MySQL 错误代码也被支持，表示的形式为 ERROR = ' ××××'。

（3）sp_statement：处理程序激活时将要执行的动作。

【例 8 - 9】在例 4 - 12 的 CP 数据库中创建一个存储过程，向 C 表插入一行数据（'C88'，'王民'，'男'，'1995 - 02 - 10'，'重庆'），已知 C88 的 Cid 在 C 表中已存在。如果出现错误，程序继续进行。

使用如下语句：

```
USE CP;
DELIMITER $$
CREATE PROCEDURE C_INSERT ( )
BEGIN
    DECLARE CONTINUE HANDLER FOR SQLSTATE '23000' SET @ x2 = 1;
    SET @ x = 2;
    INSERT INTO C VALUES('C88', '王民', '男', '1990 - 02 - 10','重庆');
    SET @ x = 3;
END $$
DELIMITER;
```

说明：在调用存储过程后，未遇到错误消息时，处理程序未被激活；当执行 INSERT 语句出现出错消息时，MySQL 检查是否为这个错误代码定义了处理程序，如果有，则激活该处理程序。在本例中，INSERT 语句导致的错误消息刚好是 SQLSTATE 代码中的一条，接下来执行处理程序中的附加语句（SET @ x2 = 1）。此后，MySQL 检查处理程序的类型，这里的类型为 CONTINUE，因此，存储过程继续处理，将用户变量 x 赋值为 3。如果这里的 IN-SERT 语句能够执行，则处理程序将不被激活，用户变量 x_2 将不被赋值。

注意：不能为同一个出错消息在同一个 BEGIN...END 语句块中定义两个或更多个处理程序。

为了提高可读性，可以使用 DECLARE CONDITION 语句为一个 SQLSTATE 或出错代码定义一个名字，并且可以在处理程序中使用这个名字。DECLARE CONDITION 的语法格式为

```
DECLARE condition_name CONDITION FOR condition_value
```

其中，condition_value：

> SQLSTATE [VALUE] sqlstate_value
>
> | mysql_error_code

说明：condition_name 是处理条件的名称；condition_value 是要定义别名的 SQLSTATE 或出错代码。

【例 8 – 10】修改例 8 – 9 中的存储过程，将 SQLSTATE '23000' 定义成 NON_UNIQUE，并在处理程序中使用这个名称。

程序片段如下：

```
BEGIN
    DECLARE NON_UNIQUE CONDITION FOR SQLSTATE '23000';
    DECLARE CONTINUE HANDLER FOR NON_UNIQUE SET @ x2 = 1;
    SET @ x = 2;
    INSERT INTO C VALUES('C88', '王民', '男', '1990 – 02 – 10','重庆');
    SET @ x = 3;
END;
```

{本章小结}

本章重点学习了 MySQL 存储过程和存储函数的基本概念，以及基本的操作方法，通过具体的 MySQL 例子，对存储过程和存储函数的实现有了初步的理解。可以感受到 C 或者 Java 语言中学习过的程序设计套路在 MySQL 中也能派上用场，只是变量声明、流程控制的语句语法略有不同。用户可以将常用的处理逻辑通过过程化的程序以存储过程或者存储函数的形式放置在数据库服务器中，在客户端调用，从而方便客户端的使用。

存储过程是 SQL 语句（高度非过程化）和过程化语句组成的预编译程序集合，以一个名称存储，并作为一个单元处理存储在数据库内，可由应用程序通过一个调用执行。在存储过程程序体中允许声明变量，进行条件判断、循环处理和出错控制等强大而灵活的编程。存储过程可包含程序流、逻辑以及对数据库的操纵，可以接受参数、输出参数、返回单个或多个结果集以及返回值。

与存储过程类似，存储函数也是一个由 SQL 语句和过程化语句组成的程序体，可用于封装代码，以便重新使用。存储函数一经创建，客户端就可以在 SELECT 语句中直接使用，在处理同一数据行中的各个字段的运算时，特别方便、有用。存储函数和 MySQL 内部函数一样，可出现在能放置表达式的任何位置。

存储过程和存储函数既有相同点，又有不同点。针对不同的情况，使用恰当的存储过程和存储函数能优化数据库的性能、提高查询效率。

适当梳理一下前面的内容，CREATE 语句可以创建多种数据库对象，包括表（第 4

章）、视图和索引（第 7 章），还有存储过程和存储函数（本章）。表是数据库中存放数据的概念模式，视图是数据库中方便用户从不同角度看待表中数据的窗口，索引是表中数据在磁盘上的存储模式，存储过程和存储函数则是存放在数据库中为完成特定功能的程序体。面对一个具体的应用，用户可以在数据库上创建适当的数据库对象，方便前端的应用。

{习题与思考}

1. 名词解释：存储过程、存储函数。

2. 写出 MySQL 中创建存储过程和存储函数的语句。

3. 如何调用 MySQL 中已创建好的存储过程和存储函数？

4. MySQL 中有几种类型的变量？如何在存储过程中声明变量？

5. MySQL 中的流程控制语句有哪些？

6. 针对第 2 章习题 11，创建一个存储过程，可以查询特定学号的学生成绩单。成绩单效果如表 8-2 所示。

表 8-2　成绩单效果

课程号	课程名	成绩	是否及格
C001	C 语言程序设计	56	不及格
C012	MySQL 数据库应用	88	及格
……			
	平均分	72	

7. 针对第 2 章习题 11，创建一个存储过程，获得修满 40 个学分的学生学号和姓名（在 SC 表中成绩大于等于 60 分，才可以获得该课程的学分，课程学分在 C 表的 CREDIT 字段中）。

8. 构建一个存储函数，可以将一个整型值返回一个字符串。当该整型值小于 6 时，返回"童年"；当该整型值大于等于 6 且小于 17 时，返回"少年"；当该整型值大于等于 17 且小于 40 时，返回"青年"；当该整型值大于等于 40 且小于 65 时，返回"中年"；当该整型值大于等于 65 时，返回"老年"。

实验训练5　存储过程和存储函数的构建与使用

实验目的

基于实验训练1中创建的"汽车用品网上商城"Shopping 数据库，理解存储过程和存储函数的概念与作用，练习存储过程和存储函数的构建与使用方法，体会存储过程和存储函数可以将一些相对复杂的数据处理过程定义在数据库中，方便用户使用。

实验内容

【实验5－1】创建存储过程。

（1）创建一个登录的存储过程，输入参数为会员账户和会员密码，如果在 Client 表中能够找到，则输出"登录成功"；否则，输出"账户或者密码不正确"。

（2）创建一个修改汽车配件信息的存储过程，用于后台管理人员对已有的某汽车配件进行促销管理，输入参数为汽车配件编号、价格；当价格小于"现价"时，将"原价"改为"现价"，将"现价"改为"价格"，同时，将"是否促销"改为"T"，输出"促销修改成功"；当价格大于或者等于"现价"时，输出"属于涨价，不属于促销，促销修改不成功"。

（3）创建一个存储过程，可以查询特定日期提交的订单信息，按照收货人姓名和收货人地址排序，使得属于同一收货人的订单汽车配件信息连续排列，方便后台管理人员发货配送。存储过程运行效果如表8－3所示。

表8－3　存储过程运行效果

收货人姓名	收货人地址	汽车配件名称	数量
安德利	北京市海淀区学院南路10号	挡风玻璃	1
安德利	北京市海淀区学院南路10号	导航仪	1
李开基	天津市南开区泓德街126号	车载记录仪	1
李开基	天津市南开区泓德街126号	导航仪	1

......

【实验5－2】调用存储过程。通过 CALL 语句分别完成实验5－1中创建的三个存储过程的调用，并查看存储过程调用前后的效果。

【实验 5 - 3】创建存储函数。

（1）创建一个存储函数，输入汽车配件编号 Apid，根据该商品生产日期 productive_year，返回该商品的年龄。

（2）构建一个存储函数，可以将一个英文字符串返回一个中文字符串：submit——已提交、cancel——已取消、pay——已确认付款方式、out——已发货、finish——已收货、return——退货中、return_finish——退货完成。

【实验 5 - 4】调用存储函数。通过 SELECT 语句分别完成实验 5 - 3 中创建的两个存储函数的调用。

实验要求

1. 所有操作都必须通过 MySQL Workbench 完成。

2. 将操作过程以屏幕抓图的方式复制，形成实验文档。

第 9 章　MySQL 数据库维护

本章导读

1.6 节学习了数据库应用系统的开发过程，第 4~8 章连续学习了各种数据库对象的创建和使用方法，当各种数据库对象创建完成后，用户就可以通过数据库应用系统对数据库进行操纵，此时数据库就进入了运行和维护阶段。

在数据库维护阶段，伴随着新用户的加入和老用户的调整，需要不断调整数据的保密级别、用户权限，此为安全性控制；为了保证在数据库出现故障的情况下，不至于损失数据库中的数据，需要制定数据库的后援和恢复策略，此为故障恢复；数据库中的数据可以和外部的数据进行转换传递，此为数据的导出导入；另外，还需要不停地监督和分析系统的性能（空间利用率、处理效率），发现数据库运行缓慢的原因，有针对性地解决，如对数据库中的数据在物理存储上重新组织、优化 SQL 语句、服务器的配置调整等，此为数据库性能监控、数据库重组重构。

本章主要介绍在数据库维护阶段，MySQL 用户授权与收回权限的安全性控制方法、MySQL 的日志分类、不同类型日志的作用、数据的备份方法与恢复方法、数据的导出导入方法。限于篇幅，对数据库性能监控、数据库重组重构等内容不做探讨。

学习目标

1. 理解数据库维护的含义。
2. 理解 MySQL 日志的分类和作用。
3. 掌握用户授权与收回权限的方法。
4. 掌握数据库故障恢复方法。
5. 掌握数据的导出导入方法。

前面学习了在 MySQL 中创建表、视图、索引、存储过程、存储函数等各种数据库对象，并且通过 SQL 语句，可以完成对数据库中数据的操纵。当一个数据库被创建以后，伴随着数据库的运行，还有不少工作必须进行，具体如下：

（1）一个数据库面对许多用户，甚至在数据库运行的过程中，还会有新的用户进来、老的用户退出等变化，是否所有的用户都可以对数据库中的各种对象进行任意操纵呢？如果是，显然会有很多问题，如数据库中的数据被有意或者无意地修改成错误的数据或者删除，甚至整个数据库表都被 DROP 掉，出现未经授权读取数据、未经授权修改数据、未经授权破坏数据等现象。因此，需要 MySQL 对数据提供统一的数据保护功能，保证数据的安全、可靠和正确、有效，保护数据库，以防止不合法的使用所造成的数据泄露、更改或破坏。如果数据库被破坏，应该能排查出是哪个用户的什么操纵破坏了数据库。系统安全保护措施是否有效是数据库系统的主要指标之一。

（2）所有的系统都免不了会发生故障，有可能是硬件失灵，有可能是软件系统崩溃，也有可能是其他外界的原因。MySQL 数据库在运行过程中也可能出现突然停电、磁盘损坏、软件系统出现 Bug 等宕机情况，运行时的突然中断会使数据库处在一个错误的状态，用户希望对数据库中的数据可以进行恢复，使损失降到最小，而且故障排除后可以让系统精确地从断点继续执行下去。这就要求有一套发生故障后的数据恢复机制，保证数据库能够恢复到一致、正确的状态。

（3）在一些情况下，希望把 MySQL 数据库中满足查询条件的某些数据转换成 Excel 的形式，甚至把 Excel 中已有的数据直接添加到 MySQL 中。也就是说，实现不同类型的数据转换，这就需要进行 MySQL 的数据导出导入。导出和导入提供了一种从源向目标复制数据的最简便的方法，可以在多种常用数据格式之间转换数据，还可以创建目标数据库和插入表。导出是把现有数据库中的某些数据转换复制成某一种格式，导入是指把数据库以外的数据往数据库里进行添加。

（4）如果用户不断地使用 DELETE 语句、INSERT 语句和 UPDATE 语句更新一个表，那么表的内部结构就会出现很多碎片和未利用的空间。由于电源故障或 MySQL 服务器的非正常关闭等，在写入数据文件操作还未完成时，数据库表也可能会不正常。这就需要定期对数据库表进行检查维护。

把数据库运行过程中的工作都叫作数据库维护，包括安全性控制（创建用户、权限管理、审计）、故障恢复（备份与日志）、数据的导出导入、数据库重构（碎片整理、表维护）、数据库性能监控与优化等。数据库维护与数据库的创建和使用一样重要，数据库日常维护工作是 DBA 的重要职责。

MySQL 表维护的语句包括 ANALYZE TABLE 语句、CHECK TABLE 语句、OPTIMIZE TABLE 语句、REPAIR TABLE 语句等，MySQL 性能监控与优化参见相关资料，本书不再详述。下面主要讲述 MySQL 安全性控制、MySQL 故障恢复与日志管理、数据的导出与导入。

9.1　MySQL 安全性控制

MySQL 数据库的安全性是指数据库中数据的保护措施，一般包括用户的身份验证管理、数据库的使用权限管理和数据库中对象的使用权限管理，除此之外，MySQL 的视图（见第 7 章）、存储过程（见第 8 章）、加密函数（见第 5 章）也可以作为数据库安全的措施。

用户管理是指用一个用户名或者标识号来标明用户身份，系统内记录所有合法用户的标识，系统鉴别用户是否为合法用户。如果是，则进入下一步；否则，不能使用系统。为了进一步核实用户，可以要求用户输入口令，用户在终端上输入的口令不显示在屏幕上，系统对用户口令进行鉴别。

权限管理是指给各个用户授权，确保只授予有资格的用户访问数据库的权限，同时，令所有未被授权的人员无法接近数据。定义用户权限，将用户权限记录到数据字典中，进行合法权限检查。当用户发出存取数据库请求时，系统查询数据字典进行合法权限检查，如果用户请求超越其权限，则系统拒绝执行此操作。

9.1.1　用户管理

1. 创建用户

第 4 章说明了登录 MySQL 时，使用 mysql 命令并在后面指定登录主机以及用户名和密码（见 4.1.3 小节）。在 MySQL 数据库中，使用 CREATE USER 语句来创建用户，并设置相应的密码。其语法格式为

```
CREATE USER user［IDENTIFIED BY［PASSWORD］'password'］
          ［，user［IDENTIFIED BY［PASSWORD］'password'］］...
```

其中，user 的格式为

```
'user_name' @ 'host name'
```

这里 password 是该用户的密码；user_name 是用户名；host_name 是主机名。用户名与密码只由字母和数字组成。

使用自选的 IDENTIFIED BY 子句，可以为账户给定一个密码。特别是要在纯文本中指定密码，需忽略 PASSWORD 关键词。

CREATE USER 语句用于创建新的 MySQL 账户，会在系统本身的 mysql 数据库的 user 表中添加一个新记录。要使用 CREATE USER 语句，必须拥有 mysql 数据库的全局 CREATE USER 权限或 INSERT 权限。如果账户已经存在，则出现错误。

【例 9 - 1】在例 4 - 12 的 CP 数据库中添加两个新的用户，king 的密码为 queen，palo 的密码为 530415。

使用如下语句：

```
CREATE USER
    'king' @ 'localhost' IDENTIFIED BY 'queen',
    'palo' @ 'localhost' IDENTIFIED BY '530415';
```

在用户名的后面声明了关键字 localhost。这个关键字指定了用户创建的使用 MySQL 的连接所来自的主机。如果一个用户名和主机名中包含特殊符号（如 "_"）或通配符（如 "%"），则需要用单引号将其括起来，"%" 表示一组主机。

如果两个用户具有相同的用户名，但主机不同，则 MySQL 将其视为不同的用户，允许为这两个用户分配不同的权限集合。

如果没有输入密码，那么 MySQL 允许相关的用户不使用密码登录。但是从安全的角度来看，并不推荐这种做法。

刚刚创建的用户还没有很多权限。他们可以登录 MySQL，但是不能使用 USE 语句让已经创建的任何数据库成为当前数据库，因此，他们无法访问那些数据库的表，只允许进行不需要权限的操作，如用一条 SHOW 语句查询所有存储引擎和字符集的列表。

2. 删除用户

使用 DROP USER 语句来删除用户。其语法格式为

```
DROP USER user [ , user_name] ...
```

DROP USER 语句用于删除一个或多个 MySQL 账户，并取消其权限。DORP USER 语句会在系统本身的 mysql 数据库的 user 表中删除一条记录。要使用 DROP USER 语句，必须拥有 mysql 数据库的全局 CREATE USER 权限或 DELETE 权限。

如果删除的用户已经创建了表、索引或其他的数据库对象，它们将继续保留，因为 MySQL 并没有记录是谁创建了这些对象。

3. 修改用户名

可以使用 RENAME USER 语句来修改一个已经存在的 SQL 用户的名字。其语法格式为

```
RENAME USER old_user TO new_user,
          [ , old_user TO new_user] ...
```

说明：old_user 是已经存在的 SQL 用户；new_user 是新的 SQL 用户。

RENAME USER 语句用于对原有的 MySQL 账户进行重命名。要使用 RENAME USER 语句，必须拥有全局 CREATE USER 权限或 mysql 数据库的 UPDATE 权限。如果旧账户不存在或者新账户已存在，则会出现错误。

4. 修改密码

要修改某个用户的登录密码，可以使用 SET PASSWORD 语句。其语法格式为

```
SET PASSWORD [ FOR user] = PASSWORD('newpassword')
```

说明：如果不加 FOR user，则表示修改当前用户的密码；如果加了 FOR user，则表示修改当前主机上的特定用户的密码，user 为用户名，其值必须以 'user_name' @ 'host_name' 的格式给定。

9.1.2 权限管理

CREATE USER 语句可以用来创建账户，但是 CREATE USER 语句创建的新用户没有任何权限，新的 SQL 用户不允许访问属于其他 SQL 用户的表，也不能立即创建自己的表，它必须被授权。可以授予的权限有列权限、表权限、数据库权限、用户权限。

（1）列权限。列权限是指和表中的一个具体列相关。例如，使用 UPDATE 语句更新 Student 表中学号列的值的权限。

（2）表权限。表权限是指和一个具体表中的所有数据相关。例如，使用 SELECT 语句查询 Student 表中所有数据的权限。

（3）数据库权限。数据库权限是指和一个具体的数据库中的所有表相关。例如，在已有的 JWGL 数据库中创建新表的权限。

（4）用户权限。用户权限是指和 MySQL 所有的数据库相关。例如，删除已有的数据库或者创建一个新的数据库的权限。

1. 授权

给某用户授权可以使用 GRANT 语句。使用 SHOW GRANTS 语句可以查看当前账户拥有什么权限。GRANT 的语法格式为

```
GRANT priv_type [ (column_list) ] [ , priv_type [ (column_list) ] ] ...
    ON [ object_type ] {tbl_name | * | *. * | db_name. * }
    TO user [ IDENTIFIED BY [ PASSWORD ] 'password' ]
        [ , user [ IDENTIFIED BY [ PASSWORD ] 'password' ] ] ...
    [ WITH with_option [ with_option ] ... ]
```

其中，object_type 的格式为

```
TABLE | FUNCTION | PROCEDURE
```

with_option 的格式为

```
GRANT OPTION
    | MAX_QUERIES_PER_HOUR count
    | MAX_UPDATES_PER_HOUR count
    | MAX_CONNECTIONS_PER_HOUR count
    | MAX_USER_CONNECTIONS count
```

说明：priv_type 是权限的名称，如 SELECT、UPDATE 等，给不同的对象授权，priv_type 的值也不相同；TO 子句用来设定用户的密码；ON 关键字后面给出的是要授权的数据库或表名。

（1）授予表权限和列权限。授予表权限时，priv_type 可以是以下值：

① SELECT：授予用户使用 SELECT 语句访问特定的表的权限。用户也可以在一个视图公式中包含表，但用户必须对视图公式中指定的每个表（或视图）都有 SELECT 权限。

② INSERT：授予用户使用 INSERT 语句向一个特定表中添加行的权限。

③ DELETE：授予用户使用 DELETE 语句向一个特定表中删除行的权限。

④ UPDATE：授予用户使用 UPDATE 语句修改特定表中值的权限。

⑤ REFERENCES：授予用户创建一个外键来参照特定的表的权限。

⑥ CREATE：授予用户使用特定的名字创建一个表的权限。

⑦ ALTER：授予用户使用 ALTER TABLE 语句修改表的权限。

⑧ INDEX：授予用户在表上定义索引的权限。

⑨ DROP：授予用户删除表的权限。

⑩ ALL 或 ALL PRIVILEGES：表示所有权限名。

在授予表权限时，ON 关键字后面跟 tbl_name，这里 tbl_name 是表名或视图名。

【例 9 - 2】授予用户 king 在 C 表上的 SELECT 权限。

使用如下语句：

```
USE CP;
GRANT SELECT
    ON C
    TO king@ localhost;
```

说明：这里假设是在 root 用户中输入了这些语句，这样用户 king 就可以使用 SELECT 语句来查询 C 表，而不管是谁创建的这个表。

若在 TO 子句中给存在的用户指定密码，则新密码将原密码覆盖。如果将权限授予一个不存在的用户，则 MySQL 会自动执行一条 CREATE USER 语句来创建这个用户，但必须为该用户指定密码。

【例 9 - 3】用户 liu 和 zhang 不存在，授予他们在 C 表上的 SELECT 和 UPDATE 权限。

使用如下语句：

```
GRANT SELECT,UPDATE
  ON C
  TO liu@ localhost IDENTIFIED BY 'LPWD',
      zhang@ localhost IDENTIFIED BY 'ZPWD';
```

对于列权限，priv_type 的值只能取 SELECT、INSERT 和 UPDATE。权限的后面需要加上列名 column_list。

【例 9 - 4】授予 king 在 C 表上的 Cid 列和 CName 列的 UPDATE 权限。

使用如下语句：

```
GRANT UPDATE(Cid,CName)
    ON C
    TO king@ localhost;
```

（2）授予数据库权限。表权限适用于一个特定的表。MySQL 还支持针对整个数据库的权限。例如，在一个特定的数据库中创建表和视图的权限。

授予数据库权限时，priv_type 可以是以下值：

① SELECT：授予用户使用 SELECT 语句访问特定数据库中所有表和视图的权限。

② INSERT：授予用户使用 INSERT 语句向特定数据库中所有表添加行的权限。

③ DELETE：授予用户使用 DELETE 语句删除特定数据库中所有表的行的权限。

④ UPDATE：授予用户使用 UPDATE 语句更新特定数据库中所有表的值的权限。

⑤ REFERENCES：授予用户创建指向特定数据库中表的外键的权限。

⑥ CREATE：授予用户使用 CREATE TABLE 语句在特定数据库中创建新表的权限。

⑦ ALTER：授予用户使用 ALTER TABLE 语句修改特定数据库中所有表的权限。

⑧ INDEX：授予用户在特定数据库中的所有表上定义和删除索引的权限。

⑨ DROP：授予用户删除特定数据库中所有表和视图的权限。

⑩ CREATE TEMPORARY TABLES：授予用户在特定数据库中创建临时表的权限。

⑪ CREATE VIEW：授予用户在特定数据库中创建新的视图的权限。

⑫ SHOW VIEW：授予用户查看特定数据库中已有视图的定义的权限。

⑬ CREATE ROUTINE：授予用户为特定的数据库创建存储过程和存储函数的权限。

⑭ ALTER ROUTINE：授予用户更新和删除数据库中已有存储过程和存储函数的权限。

⑮ EXECUTE ROUTINE：授予用户调用特定数据库的存储过程和存储函数的权限。

⑯ LOCK TABLES：授予用户锁定特定数据库的已有表的权限。

⑰ ALL 或 ALL PRIVILEGES：表示以上所有权限名。

在 GRANT 的语法格式中，授予数据库权限时，ON 关键字后面跟"＊"和"db_name.＊"。其中，"＊"表示当前数据库中的所有表；"db_name.＊"表示某个数据库中的所有表。

【例 9 – 5】 授予 king 在例 4 – 12 的 CP 数据库中的所有表的 SELECT 权限。

使用如下语句：

```
GRANT SELECT
    ON CP.＊
    TO king@ localhost;
```

说明：这个权限适用于 CP 数据库中所有已有的表，以及此后在 CP 数据库上创建的任何表。

【例 9 – 6】 授予 king 在例 4 – 12 的 CP 数据库中所有的数据库权限。

使用如下语句：

```
USE CP;
GRANT ALL
    ON  *
    TO king@ localhost;
```

与表权限类似，授予一个数据库权限也不意味着拥有另一个权限。如果用户被授予可以创建新表和视图，但是还不能访问它们。要访问它们，它还需要单独被授予 SELECT 权限或更多权限。

（3）授予用户权限。最有效率的权限就是用户权限，对于需要授予数据库权限的所有语句，也可以定义在用户权限上。例如，在用户级别上授予某人 CREATE 权限，这个用户可以创建一个新的数据库，也可以在所有的数据库（而不是特定的数据库）中创建新表。

授予用户权限时，priv_type 还可以是以下值：

① CREATE USER：授予用户创建和删除新用户的权限。

② SHOW DATABASES：授予用户使用 SHOW DATABASES 语句查看所有已有数据库的定义的权限。

在 GRANT 的语法格式中，授予用户权限时，ON 子句中使用 "∗.∗"，表示所有数据库的所有表。

【例 9 - 7】授予 Peter 对所有数据库中所有表的 CREATE、ALTER 和 DROP 权限。

使用如下语句：

```
GRANT CREATE,ALTER,DROP
    ON  *. *
    TO Peter@ localhost IDENTIFIED BY 'ppwd';
```

为了概括权限，表 9 - 1 列出了可以在哪些级别授予某条 SQL 语句权限。

表 9 - 1 权限及其应用的对象

权限	列	表	数据库	服务器
ALTER	√	√	×	×
CREATE	×	√	√	×
DELETE	√	√	×	×
DROP	×	√	√	×
FILE	×	×	×	√
INDEX	×	√	×	×
INSERT	√	√	×	×

续表

权限	列	表	数据库	服务器
PROCESS	×	×	×	√
RELOAD	×	×	×	√
SELECT	√	√	×	×
SHUTDOWN	×	×	√	×
UPDATE	√	√	×	×

（4）WITH 子句。在 GRANT 语句的最后可以使用 WITH 子句。如果指定为 WITH GRANT OPTION，则表示 TO 子句中指定的所有用户都有把自己所拥有的权限授予其他用户的权利，而不管其他用户是否拥有该权限。

【例 9 - 8】授予 David 在 C 表上的 SELECT 权限，并允许其将该权限授予其他用户。

使用如下语句：

```
GRANT SELECT
    ON CP. C
    TO David@ localhost IDENTIFIED BY '123456'
    WITH GRANT OPTION;
```

David 用户登录 MySQL 后，不仅具有 C 表上的 SELECT 权限，而且可以将该权限授予其他用户。

WITH 子句也可以对一个用户设置使用数据库过程中的限制，也称为资源使用限制。其中，MAX_QUERIES_PER_HOUR count 表示每小时可以查询数据库的次数，限制用户查询数据库次数可以均衡负载；MAX_CONNECTIONS_PER_HOUR count 表示每小时可以连接数据库的次数，防止用户反复断开连接数据库；MAX_UPDATES_PER_HOUR count 表示每小时可以更新数据库的次数，限制用户更新数据库次数也是为了均衡负载。例如，某人每小时可以查询数据库多少次、更新数据库多少次，事先可以规定。MAX_USER_CONNECTIONS count 表示以该用户身份连接 MySQL 的最大值，也可以称为该用户的最大会话数。count 是一个数值，对于前三个指定，count 如果为 0，则表示不起限制作用。

【例 9 - 9】设置 David 每小时只有进行一条 SELECT 语句的执行权限。

使用如下语句：

```
GRANT SELECT
    ON C
    TO David@ localhost
    WITH MAX_QUERIES_PER_HOUR 1;
```

除 MAX_QUERIES_PER_HOUR 以外，还可以指定 MAX_CONNECTIONS_PER_HOUR、MAX_UPDATES_PER_HOUR 和 MAX_USER_CONNECTIONS。

2. 收回权限

要从一个用户回收权限，但不从系统本身的 mysql 数据库的 user 表中删除该用户，可以使用 REVOKE 语句。这条语句和 GRANT 语句格式相似，但具有相反的效果。要使用 REVOKE 语句，用户必须拥有 mysql 数据库的全局 CREATE USER 权限或 UPDATE 权限。其语法格式为

```
REVOKE priv_type [(column_list)] [, priv_type [(column_list)]] ...
    ON {tbl_name | * | *.* | db_name.*}
    FROM user [, user] ...
```

或者

```
REVOKE ALL PRIVILEGES, GRANT OPTION FROM user [, user] ...
```

说明：第一种格式用来回收某些特定的权限；第二种格式用来回收所有该用户的权限。

【例 9-10】回收用户 David 在 C 表上的 SELECT 权限。

使用如下语句：

```
REVOKE SELECT
    ON C
    FROM David@localhost;
```

由于 David 用户对 C 表的 SELECT 权限被回收了，那么包括直接或间接地依赖它的所有权限也被回收了。

通过以上语句创建的用户以及权限存放在 MySQL 数据库中，MySQL 服务器通过权限表来控制用户对数据库的访问。存储账户信息表主要有 user、db、host、tables_priv、columns_priv 和 procs_priv。其中，user 表示主要的用户权限表，它包含用户 ID、位置和全局权限。此外，MySQL 在这个表中存储了所有特权的元数据（包括启动和停止服务器以及向其他用户授权的能力）；db 保存与每个数据库有关的权限；host 能够使用户管理基于位置的权限；tables_priv 包含对 MySQL 数据库中的表在表级别上的权限；columns_priv 管理对某列在列级别上的权限；procs_priv 管理对存储过程的权限。

9.2 MySQL 故障恢复与日志管理

MySQL 数据库在运行过程中有可能会发生故障，故障原因可能是硬件失灵（如硬盘损坏），也可能是软件系统崩溃（如操作系统设计失误或者用户使用不当），还可能是病毒或

者自然灾害。一个简单的 DROP TABLE 或者 DROP DATABASE 语句，就会让数据表化为乌有。更危险的是，DELETE ＊ FROM table_name 可以轻易地清空数据表，而这样的错误是很容易发生的。因此，必须制作数据库的副本，即进行数据库备份，在数据库遭到破坏时能够修复数据库，即进行数据库恢复。数据库恢复就是把数据库从错误状态恢复到某一个正确状态。备份和恢复数据库也可以用于其他目的，如可以通过备份与恢复将数据库从一个服务器移动或复制到另一个服务器。

在数据库恢复的过程中，日志起很重要的作用。日志用来记录数据库运行过程中的一些信息，当数据库有问题时，可以利用错误日志查看问题的原因所在，可以利用更新日志来恢复数据库。对于更新日志来说，MySQL 有一个控制准则叫作"写日志优先准则"，即当数据库执行更新操作时，先把更新信息写进日志，然后更新数据库。这种机制保证了通过日志可以还原用户对数据库的更新操作，所以当数据库发生故障时，利用日志，对于执行完的更新操作进行重做（将更新后的值强行写入数据库中），可以恢复数据库。MySQL 有三种保证数据可靠的方法：数据库备份、二进制日志文件、数据库复制。

（1）数据库备份。通过导出数据或者复制表文件来保护数据。

（2）二进制日志文件。保存更新数据的所有语句。

（3）数据库复制。MySQL 内部复制功能建立在两个或两个以上服务器之间，通过设定它们之间的主从关系来实现。其中一个作为主服务器，其他的作为从服务器。

☞ **备份与恢复 VS 复制与粘贴**

Word 文档的备份与恢复通过复制和粘贴即可完成。在 Word 下创建一个文档，相应地，在操作系统中就增加了一个 .DOC 的文件。用户可以对该 .DOC 文件复制一个副本，当该 .DOC 文件有问题时，将副本粘贴回来，从而完成 Word 文档的恢复。但是仅仅能够恢复到复制时刻的文档状态，复制操作以后对该 .DOC 文件的编辑更新就难以恢复了。

进一步思考，Word 中更新文档的实质是对页眉、页脚、标题、正文等要素的修改，粘贴副本只能恢复到复制之前的文档状态，即复制之前的页眉、页脚、标题、正文等要素的状态，复制之后再进行的页眉、页脚、标题、正文等要素更新无法恢复。

与 Word 类似，在 MySQL 中创建数据库，相应地，在操作系统中也会增加一系列文件。MySQL 数据库的备份与恢复也可以通过复制和粘贴操作系统中的一系列文件来完成（这要求 MySQL 的 DBA 知道数据库对应的操作系统中有哪些文件）。

显然，MySQL 数据库要不停地接收用户的 SQL 请求，也就是说，MySQL 中的表、列、值等要素的信息可能随时都在变化，对 MySQL 数据库文件的简单复制和粘贴也只能将数据库恢复到复制之前的状态，复制之后的数据库更新操作通过粘贴无法完成。因此，MySQL 数据库中有专门的备份和恢复工具，而且增加了日志，专门用来记录用户对数据库的更新操作，以备恢复时使用。

9.2.1 数据备份

数据备份是 DBA 非常重要的工作。系统意外崩溃或者硬件损坏都可能导致数据库的丢失，因此，MySQL 中有专门的备份手段，MySQL 的 DBA 应该定期地备份数据库，使得在意外情况发生时，尽可能减少损失。

1. 使用 mysqldump 备份数据

MySQL 提供了很多免费的客户端程序和实用工具，不同的 MySQL 客户端程序可以连接服务器，以访问数据库或执行不同的管理任务。这些程序不与服务器进行通信，但可以执行MySQL 相关的操作。在 MySQL 目录下的 BIN 子目录中存储了这些客户端程序。

使用客户端的方法如下：打开 DOS 终端，进入 BIN 目录，路径为 C:\Program Files\MySQL\MySQL Server 5.5\bin，后面介绍的客户端命令都在此处输入。mysqldump 是 MySQL提供的一个非常有用的数据库备份工具。

（1）使用 mysqldump 备份单个数据库。执行 mysqldump 命令时，可以将数据库备份成一个文本文件，该文件中实际上包含了多个 CREATE 语句和 INSERT 语句，使用这些语句可以重新创建表和插入数据。mysqldump 备份数据库的基本语法格式为

```
mysqldump – h[hostname]  – u[username]  – p[password] dbname[tbname[tbname…]]
>filename. sql
```

其中，hostname 表示登录用户的主机名称；username 表示用户名称；password 为登录密码；– p 选项和密码之间不能有空格；dbname 为需要备份的数据库名称；tbname 为 dbname 数据库中需要备份的数据表，可以指定多个需要备份的表，多个表名之间用空格隔开；右箭头符号" > "告诉 mysqldump 将备份数据表的定义和数据写入备份文件；filename. sql 为包含了路径的备份文件的名称。

【例 9 – 11】使用 mysqldump 命令备份例 4 – 12 的 CP 数据库中的所有表。

打开操作系统命令行输入窗口，输入备份命令如下：

```
> mysqldump – h localhost  – u root  – p111CP > C:\backup\CP_20150101. sql
```

如果是本地服务器，则 – h 选项可以省略，输入命令完成后，MySQL 便对数据库进行了备份。其中，CP 为备份源数据库的名称，C:\backup\CP_20150101. sql 指出了备份目标路径及其文件名，该命令是在 C:\backup 目录下备份了 CP 数据库中的所有表。在 C:\backup 目录下可以看到，已经保存了一个 CP_20150101. sql 的文件，文件中存储了创建 C 表、P 表、O 表的一系列 SQL 语句，可以使用文本查看器查看所备份文件 CP_20150101. sql 的内容。

【例 9 – 12】使用 mysqldump 命令备份例 4 – 12 的 CP 数据库中的 O 表和 P 表。

打开操作系统命令行输入窗口，输入备份命令如下：

```
> mysqldump – h  localhost  – u  root  – p111CP OP  > C：\backup\CP_O_P20150101. sql
```

备份表和备份数据库中所有表的语句不同的地方在于，要在数据库名称 dbname 之后指定需要备份的表名称。

（2）使用 mysqldump 备份多个数据库。如果要使用 mysqldump 备份多个数据库，则使用 – – databases 参数。备份多个数据库的语句格式为

```
mysqldump – h［hostname］ – u［username］ – p［password］ – – databases ［dbname［db-
name...］］ > filename. sql
```

使用 – – databases 参数之后，必须指定至少一个数据库的名称，多个数据库名称之间用空格隔开。

mysqldump 命令支持的选项很多，可以通过执行 mysqldump-help 命令得到 mysqldump 选项表及帮助信息，这里不详细列出。

2. 直接复制整个数据库目录

由于 MySQL 的数据库和表是直接通过目录和表文件实现的，因此，可以通过直接复制文件的方法来备份数据库。

MySQL 的数据库目录位置不一定相同，在 Windows 平台下，MySQL 5.5 存放数据库的目录通常默认为 C：\Documents and Settings\All Users\Application Data\MySQL Server 5. 5\data 或者其他用户自定义目录。

这是一种简单、快速、有效的备份方式。要想保持备份的一致性，备份前，需要对相关表执行 LOCK TABLES 操作，然后对表执行 FLUSH TABLES 操作。这样当复制数据库目录中的文件时，允许其他客户继续查询表。需要 FLUSH TABLES 语句来确保开始备份前将所有激活的索引页写入硬盘。当然，也可以停止 MySQL 服务后再进行备份操作。

这种方法虽然简单，但并不是最好的方法。因为这种方法对 InnoDB 存储引擎的表不适用。使用直接复制整个数据库目录方法备份的数据最好还原到相同版本的服务器中，不同的版本可能不兼容。直接复制文件不能够移植到其他机器上，除非要复制的表使用 MyISAM 存储格式。

如果要把 MyISAM 类型的表直接复制到另一个服务器上使用，首先要求两个服务器必须使用相同的 MySQL 版本，而且硬件结构必须相同或相似。在复制之前，要保证数据表不再被使用。保证复制完整性最好的方法是关闭服务器，复制数据库下的所有表文件（ ∗. frm、∗. MYD 和 ∗. MYI 文件），然后重启服务器。复制以后，可以将文件放到另外一个服务器的数据库目录下，这样另外一个服务器就可以正常使用这个表了。

9. 2. 2 二进制日志管理

MySQL 服务器能够产生许多有用的日志文件，如错误日志、查询日志、慢速查询日志、二进制日志。

（1）错误日志。错误日志保存了服务器上发生的每个错误的记录，所以这个文件是一个基本的诊断工具，当服务器发生需要排除错误的问题时，它可以派上用场。

（2）查询日志。查询日志是另一个有用的日志，因为它保存了客户机发给服务器的每个查询的踪迹，它还可以显示客户机连接服务器以及这些客户机所做操作的细节内容。如果希望监督以排错为目的的活动，就应该激活查询日志。

（3）慢速查询日志。慢速查询日志也是一个有关日志的文件，可以列出超过预先设定时间量（根据 long_query_time 变量确定）的所有查询，任何超过这个值的查询都将列在这个日志中。如果需要查找优化性能的办法，这个日志是开始工作的一个好地方。

（4）二进制日志。二进制日志包括用于更新数据的所有 SQL 命令，MySQL 只记录实际改变数据的语句。例如，没有影响任何一行的删除将不会被记录，将某一列的值设为当前值的更新也不会被记录。MySQL 按执行顺序记录更新命令。二进制日志在记录自最后一次备份后的所有更新操作时非常有用。如果需要重新构建一个表，而该表在最近一次备份之后又进行了修改，那么这个日志十分有用。在数据库受到破坏的情况下，可以根据备份进行恢复，然后按照更新日志重新创建所记录的查询，这样可以把系统恢复到受破坏之前的状况。

1. 二进制日志的启用

二进制日志可以在启动服务器时启用，这需要修改 C:\Program Files\MySQL 文件夹中的 my. ini 选项文件。打开该文件，找到［mysqld］所在行，在该行后面加上以下格式的一行：

```
log - bin[ = filename]
```

加入该选项后，服务器启动时就会加载该选项，从而启用二进制日志。如果 filename 包含扩展名，则扩展名被忽略。MySQL 服务器为每个二进制日志名后面添加一个数字扩展名。每次启动服务器或刷新日志时，该数字增加 1。如果 filename 未给出，则默认为主机名。假设这里 filename 取名为 bin_log。若不指定目录，则在 MySQL 的 data 目录下自动创建二进制日志文件。

例如，日志的路径指定为 bin 目录，则添加的行改为以下一行：

```
log - bin = C:\Program Files\MySQL\MySQL Server 5. 5/bin/bin_log
```

保存，重启服务器。此时，MySQL 安装目录的 bin 目录下多出两个文件：bin_log. 000001 和 bin_log. index。bin_log. 000001 就是二进制日志文件，以二进制形式存储，用于保存数据库更新信息。当这个日志文件的大小达到最大时，MySQL 会自动创建新的二进制文件。MySQL 还会创建一个索引文件，bin_log. index 是服务器自动创建的二进制日志索引文件，MySQL 使用索引来循环文件，在服务器重启、服务器被更新、日志到达最大日志长度、日志被刷新时，将循环至下一个索引。索引中包含所有使用的二进制日志文件的文件名。

2. 二进制日志的查看

mysqlbinlog 实用程序可以把二进制日志文件转换回文本文件格式，从而可以进行阅读。使用 mysqlbinlog 实用工具，可以检查二进制日志文件。其命令格式为

> mysqlbinlog［options］log－files. . .

其中，log－files 是二进制日志的文件名。

【例 9－13】使用 mysqlbinlog 命令查看 bin_log. 000001 的内容。

使用如下语句：

> mysqlbinlog bin_log. 000001

由于二进制数据可能非常庞大，无法在屏幕上延伸，可以保存到文本文件中。使用如下语句：

> mysqlbinlog bin_log. 000001 ＞ C：\backup\lbin－log000001. txt

mysqlbinlog 命令支持的选项［options］很多，可以通过执行 mysqlbinlog－help 命令得到 mysqlbinlog 选项表及帮助信息，这里不详细列出。

3. 二进制日志的清除

由于日志文件要占用很大的硬盘资源，所以要及时将没用的日志文件清除。以下 SQL 语句用于清除所有的日志文件：

> RESET MASTER；

如果要删除部分日志文件，则可以使用 PURGE MASTER LOGS 语句。其语法格式为

> PURGE｛MASTER｜BINARY｝LOGS TO 'log_name'

或

> PURGE｛MASTER｜BINARY｝LOGS BEFORE 'date'

说明：第一个语句用于删除特定的日志文件，log_name 为文件名；第二个语句用于删除时间 date 之前的所有日志文件。MASTER 和 BINARY 是同义词。

9.2.3　数据恢复

从广义上讲，针对数据库的故障有多种情况，造成的损失也可能各不相同，从磁盘硬件故障、损坏的数据文件到偶然删除的表等。因此，数据库的恢复也不能简单地理解为只是一个复制和粘贴的过程。本小节呼应 9.2.1 小节，给出恢复过程的一个概述。

在一般情况下，需要两样东西来执行数据库恢复：备份文件和二进制日志。执行恢复包括从最后的备份中恢复数据库；应用二进制日志使系统处于最近的状态。如果没有可用的二进制日志，那么用户所能做的最好的事就是将系统恢复到最后的完整备份。

1. 使用 mysqldump 恢复

mysqldump 程序备份的文件中存储的是 SQL 语句的集合，用户可以将这些语句还原到服

务器中，以恢复一个损坏的数据库。

【例 9 – 14】针对 CP 数据库，已经通过例 9 – 11 进行了数据库备份。假设 CP 数据库损坏，用备份文件将其恢复。

恢复命令如下：

```
mysqldump – h localhost  – u root  – p111 CP < C:\backup\CP_20150101. sql
```

如果表的结构损坏，也可以恢复，但是表中原有的数据将全部被清空。

一旦系统回到最后备份时的状态，就该使用二进制日志来重新运行自最后备份以来所发生的更新。

2. 使用二进制日志的恢复

使用二进制日志恢复数据的命令格式为

```
mysqlbinlog [ options ] log – files… | mysql [ options ]
```

【例 9 – 15】假设用户在星期一下午 1 点使用 mysqldump 工具进行了 CP 数据库的完全备份，备份文件为 cpfile. sql。从星期一下午 1 点开始用户启用日志，bin_log. 000001 文件保存了从星期一下午 1 点到星期二下午 1 点的所有更改，星期二下午 1 点运行一条 SQL 语句：

```
FLUSH LOGS;
```

该语句为日志切换语句，此时创建了 bin_log. 000002 文件。在星期三下午 1 点时，数据库崩溃。现要将数据库恢复到星期三下午 1 点时的状态。

首先将数据库恢复到星期一下午 1 点时的状态，输入以下命令：

```
mysqldump – h localhost  – u root  – p111CP < cpfile. sql
```

使用以下命令将数据库恢复到星期二下午 1 点时的状态：

```
mysqlbinlog bin_log. 000001 | mysql – u root  – p111
```

再使用以下命令即可将数据库恢复到星期三下午 1 点时的状态：

```
mysqlbinlog bin_log. 000002 | mysql – u root  – p111
```

3. 直接复制到数据库目录

如果数据库通过复制数据库文件进行了备份，则可以直接将备份的文件复制到 MySQL 数据库目录下实现还原。通过这种方式还原时，必须保持备份数据的数据库和待还原的数据库服务器的主版本号相同，而且这种方式只对 MyISAM 引擎的表有效，对于 InnoDB 引擎的表不可用。

执行还原以前关闭 MySQL 服务，将备份的文件或目录覆盖 MySQL 的 data 目录，启动 MySQL 服务。

9.3 数据的导出与导入

有时会需要将 MySQL 数据库中的数据导出到外部存储文件中，MySQL 数据库中的数据可以导出成 sql 文本文件、xml 文件或者 html 文件。同样，这些导出文件也可以导入 MySQL 数据库中。

9.3.1 数据的导出

1. 使用 SELECT…INTO OUTFILE 导出

从 MySQL 数据库中导出数据时，允许使用 SELECT 语句对数据进行选择，然后进行导出操作。用户可以使用 SELECT…INTO OUTFILE 语句把表数据导出到一个文本文件中，并用 LOAD DATA…INFILE 语句恢复数据。但是，这种方法只能导出或导入数据的内容，不包括表的结构。SELECT…INTO OUTFILE 'filename' 形式的 SELECT 语句可以把被选择的行写入一个文件中，filename 不能是一个已经存在的文件。其语法格式为

> SELECT ＊ INTO OUTFILE 'file_name' export_options
>   │DUMPFILE 'file_name'

其中，export_options 的格式为

> ［FIELDS
>   ［TERMINATED BY 'string'］
>   ［［OPTIONALLY］ENCLOSED BY 'char'］
>   ［ESCAPED BY 'char'］
> ］
> ［LINES TERMINATED BY 'string'］

说明：这个语句的作用是将表中 SELECT 语句选中的行写入一个文件中，file_name 是文件的名称。文件默认在服务器主机上创建，并且文件名不能是已经存在的（否则可能将原文件覆盖）。如果要将该文件写入一个特定的位置，则要在文件名前加上具体的路径。在文件中，数据行以一定的形式存放，空值用"\N"表示。

使用 OUTFILE 时，可以在 export_options 中加入以下两个自选的子句，它们的作用是决定数据行在文件中存放的格式：

（1）FIELDS 子句。在 FIELDS 子句中有三个亚子句：TERMINATED BY、［OPTIONALLY］ENCLOSED BY 和 ESCAPED BY。如果指定了 FIELDS 子句，则这三个亚子句中至少要指定一个。

① TERMINATED BY 亚子句用来指定字段值之间的符号。例如，TERMINATED BY ','指定了逗号作为两个字段值之间的标识。

② ENCLOSED BY 亚子句用来指定包裹文件中字符值的符号。例如，ENCLOSED BY ' " '表示文件中字符值放在双引号之间，若加上关键字 OPTIONALLY，则表示所有的值都放在双引号之间。

③ ESCAPED BY 亚子句用来指定转义字符。例如，ESCAPED BY ' * ' 将 ' * ' 指定为转义字符，取代 ' \ '，如空格将表示为 ' * N'.

（2）LINES 子句。在 LINES 子句中使用 TERMINATED BY 指定一行结束的标志，如 LINES TERMINATED BY '? '表示一行以"?"作为结束标志。

如果 FIELDS 和 LINES 子句都不指定，则默认声明以下子句：

```
FIELDS TERMINATED BY '\t' ENCLOSED BY '' ESCAPED BY '\\'
LINES TERMINATED BY '\n'
```

如果使用 DUMPFILE 而不是 OUTFILE，则导出的文件里所有的行都彼此紧挨着放置，值和行之间没有任何标记，成为一个长长的值。

【例 9 - 16】使用 SELECT...INTO OUTFILE 将例 4 - 12 的 CP 数据库的 C 表中的记录导出到文本文件。

使用如下语句：

```
SELECT * FROM CP. C INTO OUTFILE "D:\CPFILE\cfile1. txt";
```

这条语句将 C 表中的字段信息存储到 D:\CPFILE\cfile1. txt 中，打开文件内容将会看到每一条记录，而且各条记录按顺序输出。MySQL 使用制表符"\t"分隔不同的字段，字段没有被其他字符括起来；对于取值为 Null 的字段，存储到文件中该值为"\N"。在默认情况下，如果遇到 Null 值，将会返回"\N"代表空值，反斜线"\"表示转义字符。如果使用 ESCAPED BY 选项，则 N 前面为指定的转义字符。

【例 9 - 17】备份例 4 - 12 的 CP 数据库的 P 表中的数据到 D 盘 CPFILE 目录中，要求字段值如果是字符，就用双引号标注，字段值之间用逗号隔开，每行以"?"为结束标志。

使用如下语句：

```
USE CP;
SELECT * FROM P
    INTO OUTFILE 'D:\CPFILE\pfile1. txt'
        FIELDS TERMINATED BY ', '
        OPTIONALLY ENCLOSED BY ' " '
        LINES TERMINATED BY ' ? ';
```

导出成功后，可以查看 D 盘 CPFILE 文件夹下的 pfile1. txt 文件。

2. 使用 mysqldump 导出

除使用 SELECT…INTO OUTFILES 语句导出文本文件以外，还可以使用 mysqldump 导出数据。9.2 节中介绍了使用 mysqldump 备份数据库，它不仅可以将数据导出为包含 CREATE、INSERT 的 sql 文件，也可以导出为纯文本文件。

mysqldump 创建一个包含创建表的 CREATE TABLE 语句的 tablename. sql 文件和一个包含其数据的 tablename. txt 文件。mysqldump 导出文本文件的基本语法格式为

> mysqldump － T path － u root － p[password] dbname [tables][OPTIONS]

说明：

（1） － T：只有指定了 － T 参数，才可以导出纯文本文件。

（2） path：表示导出数据的目录。

（3） tables：指定要导出的表名称，如果不指定，将导出数据库 dbname 中所有的表。

（4）［ OPTIONS］：可选参数选项，这些选项需要结合 － T 选项使用。常见的取值如下：

① fields － terminated － by = value：设置字段之间的分隔字符，可以为单个或多个字符，在默认情况下为制表符 "\t"。

② fields － enclosed － by = value：设置字段的包围字符。

③ fields － optionally － enclosed － by = value：设置字段的包围字符，只能为单个字符，只能包括 CHAR 和 VERCHAR 等字符数据字段。

④ fields － escaped － by = value：控制如何写入或读取特殊字符，只能为单个字符，即设置转义字符，默认值为反斜线 "\"。

⑤ lines － terminated － by = value：设置每一行数据结尾的字符，可以为单个或多个字符，默认值为 "\n"。

【例 9 － 18】使用 mysqldump 将例 4 － 12 的 CP 数据库的 O 表中的记录导出到 D 盘 CPFILE 文件夹下的文本文件中。

使用如下语句：

> mysqldump － T D：\CPFILE\CP C － u root － p111

语句执行成功，系统 D：\CPFILE 目录下将会有两个文件，分别为 o. sql 和 o. txt，o. sql 包含创建 O 表的 CREATE 语句，o. txt 包含表中的字段信息。

【例 9 － 19】将例 4 － 12 的 CP 数据库中所有表的表结构和数据都分别备份到 D 盘 CPFILE 文件夹下。

使用如下语句：

> mysqldump － T D：\CPFILE\CP － u root － p111

其效果是在目录 D：\ CPFILE 中生成 6 个文件，分别是 c. txt、c. sql、p. txt、p. sql、o. txt 和 o. sql。

3. 使用 mysql 命令导出

使用 mysql 命令还可以在命令行模式下执行 SQL 指令，将查询结果导入文本文件中。相比 mysqldump，mysql 工具导出结果的可读性更强。使用 mysql 命令导出数据文本文件语句的基本格式为

mysql － u root － p －－ excute = "SELECT 语句" dbname ＞ filename. txt

该命令使用 －－ excute 选项，表示执行该选项后面的语句并导出，后面的语句必须用双引号括起来；dbname 为要导出的数据库名称，导出的文件中不同列之间使用制表符分隔，第一行包含了各个字段的名称。

【例 9 － 20】使用 mysql 语句，导出例 4 － 12 的 CP 数据库的 C 表中的记录到文本文件。

使用如下语句：

mysql － u root － p －－ excute = "SELECT ∗ FROM C;" CP ＞ C：\CPFILE\cfile2. txt

在 cfile2. txt 文件中包含了每个字段的名称和各条记录，该显示格式与 MySQL 命令行下 SELECT 查询结果显示相同。使用 mysql 命令，还可以指定查询结果的显示格式。如果某行记录字段很多，可能一行不能完全显示，可以使用 －－ vartical 参数，将每一条记录分为多行显示。

mysql 命令可以将查询结果导出到 html 文件中，使用 －－ html 选项即可。

【例 9 － 21】使用 mysql 命令导出例 4 － 12 的 CP 数据库的 C 表中的记录到 html 文件。

使用如下语句：

mysql － u root － p －－ html －－ excute = "SELECT ∗ FROM C;" CP ＞ C：\CPFILE\
cfile3. html

可以在浏览器中看到各个字段的详细信息。如果要将表数据导出到 xml 文件，则可使用 －－ xml 选项。

9.3.2 数据的导入

MySQL 允许将数据导出到外部文件，也可以从外部文件导入数据。MySQL 提供了一些导入数据的工具，有 LOAD DATA…INFILE 语句、source 命令和 mysql 命令。LOAD DATA…INFILE 语句用于高速地从一个文本文件中读取行，并装入一个表中。文件名必须为文字字符串。

1. 使用 LOAD DATA…INFILE 导入

使用 LOAD DATA…INFILE 方式导入文本文件，LOAD DATA…INFILE 语句是 SELECT…INTO OUTFILE 语句的补语，该语句可以将一个文件中的数据导入数据库中。LOAD DATA…INFILE 的语法格式为

```
LOAD DATA [LOW_PRIORITY|CONCURRENT] [LOCAL] INFILE 'file_name. txt'
    [REPLACE|IGNORE]
    INTO TABLE tbl_name
    [FIELDS
        [TERMINATED BY 'string']
        [[OPTIONALLY] ENCLOSED BY 'char']
        [ESCAPED BY 'char']
    ]
    [LINES
        [STARTING BY 'string']
        [TERMINATED BY 'string']
    ]
    [IGNORE number LINES]
    [(col_name_or_user_var,...)]
    [SET col_name = expr,...]
```

（1）LOW_PRIORITY|CONCURRENT：若指定 LOW_PRIORITY，则延迟语句的执行；若指定 CONCURRENT，则当 LOAD DATA 正在执行时，其他线程可以同时使用该表的数据。

（2）LOCAL：若指定了 LOCAL，则文件会被客户主机上的客户端读取，并被发送到服务器上。文件会被给予一个完整的路径名称，以指定确切的位置。如果给定的是一个相对的路径名称，则此名称会被理解为相对于启动客户端时所在的目录。若未指定 LOCAL，则文件必须位于服务器主机上，并且被服务器直接读取。与让服务器直接读取文件相比，使用 LOCAL 速度略慢，这是因为文件的内容必须通过客户端发送到服务器上。

（3）file_name. txt：待载入的文件名，文件中保存了待存入数据库的数据行。输入文件可以手动创建，也可以使用其他的程序创建。载入文件时可以指定文件的绝对路径，如 D:/file/myfile. txt，则服务器根据该路径搜索文件。若不指定路径，如 myfile. txt，则服务器在默认数据库的数据库目录中读取；若文件为 ./myfile. txt，则服务器直接在数据目录下读取，即 MySQL 的 data 目录。出于安全考虑，当读取位于服务器中的文本文件时，文件必须位于数据库目录中，或者是全体可读的。

注意：这里使用正斜杠指定 Windows 路径名称，而不是反斜杠。

（4）REPLACE|IGNORE：如果指定了 REPLACE，则当文件中出现与原有行相同的唯一关键字值时，输入行会替换原有行；如果指定了 IGNORE，则把与原有行有相同的唯一关键字值的输入行跳过。

（5）tbl_name：需要导入数据的表名，该表在数据库中必须存在，表结构必须与导入文件的数据行一致。

（6）FIELDS 子句：此处的 FIELDS 子句和 SELECT...INTO OUTFILE 语句中类似，用于判断字段之间和数据行之间的符号。

（7）LINES 子句：STARTING BY 亚子句则指定一个前缀，导入数据行时，忽略行中的该前缀和前缀之前的内容。如果某行不包括该前缀，则整个行被跳过。例如，文件 myfile.txt 中有以下内容：

```
xxx"row",1
something xxx"row",2
```

导入数据时，添加以下子句：

```
STARTING BY 'xxx'
```

最后只得到数据（"row",1）和（"row",2）。TERMINATED BY 亚子句用来指定一行结束的标志。

（8）IGNORE number LINES：这个选项可以用于忽略文件的前几行。例如，可以使用 IGNORE 1 LINES 来跳过第一行。

（9）col_name_or_user_var：如果需要载入一个表的部分列或文件中字段值的顺序与表中列的顺序不同，就必须指定一个列清单，其中可以包含列名或用户变量。例如，使用以下语句：

```
LOAD DATA INFILE 'myfile.txt'
    INTO TABLE myfile（学号,姓名,性别）;
```

（10）SET 子句：可以在导入数据时修改表中列的值。

【例 9 - 22】使用 LOAD DATA 命令将 D:\CPFILE\cfile1.txt 文件中的数据导入例 4 - 12 的 CP 数据库中的 C 表。

使用如下语句：

```
LOAD DATA INFILE 'D:\CPFILE\cfile1.txt'
    INTO TABLE CP.C;
```

2. 使用 mysqlimport 导入

使用 mysqlimport 可以导入文本文件，并且不需要登录 MySQL 客户端。mysqlimport 命令提供了许多与 LOAD DATA...INFILE 语句相同的功能，大多数选项直接对应 LOAD DATA INFILE 子句。使用 mysqlimport 语句需要指定所需的选项、导入的数据库名称以及导入的数据文件的路径和名称。mysqlimport 命令的基本语法格式为

```
mysqlimport［options］db_name filename...
```

说明：options 是 mysqlimport 命令的选项，使用 mysqlimport - help 即可查看这些选项的内容和作用。常用的选项如下：

（1）－d、－－delete：在导入文本文件前清空表格。

（2）－－lock－tables：在处理任何文本文件前锁定所有的表。这保证所有的表在服务器上同步，而对于 InnoDB 类型的表不必进行锁定。

（3）－－low－priority、－－local、－－replace、－－ignore：分别对应 LOAD DATA…INFILE 语句中的 LOW_PRIORITY、LOCAL、REPLACE、IGNORE 关键字。

对于在命令行上命名的每个文本文件，mysqlimport 剥去文件名的扩展名，并使用它决定向哪个表导入文件的内容。例如，patient. txt、patient. sql 和 patient 都会被导入名为 patient 的表中。因此，备份的文件名应根据需要恢复表命名。

【例 9 – 23】使用备份文件 c. txt 来恢复例 4 – 12 的 CP 数据库中表 C 的数据。

使用如下命令：

```
mysqlimport – u root  – p111  – – low – priority  – – replace CPc. txt
```

mysqlimport 也需要提供 – u、 – p 选项来连接服务器。需要注意的是，mysqlimport 是通过执行 LOAD DATA…INFILE 语句来恢复数据库的，所以例 9 – 23 中备份文件未指定位置是默认在 MySQL 的 data 目录中。如果不在，则要指定文件的具体路径。

{本章小结}

数据库的安全性主要是指采取措施防止不合法的使用造成的数据泄漏、更改或破坏。在 MySQL 中提供了一个被称为 root 的特殊用户，它具有最大的权限，可以创建其他的 MySQL 用户账号并为其授权，主要通过 CREATE USER 语句创建各种用户，通过 GRANT、REVOKE 语句为不同的用户授予不同的资源权限，使每一个用户在限定的权限范围内操纵数据库中的数据，分配给用户的权限资源应与用户的正常业务相当，此为安全；如果用户资源占用超越分配值，则意味着用户在做"分外"的工作了，此为不安全。MySQL 中的权限包括 CREATE、ALTER、DROP、INSERT、DELETE、UPDATE、SELECT、INDEX、REFERENCES、FILE、PROCESS、SHUTDOWN 等，可以分别为列、表（视图）、数据库、用户、服务器进行授权。

在操纵数据库的过程中，MySQL 服务器会产生许多有用的日志文件，其中，日志主要分为四类：错误日志、查询日志、慢速查询日志和二进制日志。错误日志保存了服务器上发生的每个错误的记录，当服务器需要排除错误时，可以查询错误日志；查询日志保存了客户机发给服务器的每个查询的踪迹，它可以显示客户机连接服务器以及这些客户机所做操作的细节内容；慢速查询日志可以列出超过预先设定时间量的所有查询，优化 SQL 时可以查阅该日志；二进制日志是用来记录对数据库的更新操作的文件，利用二进制日志，可以重现数据库的更新过程，从而进行数据库恢复。

和在操作系统下复制一个 .DOC 文件即可完成 Word 的备份一样，MySQL 中的数据库也对应一系列操作系统级别的文件，对这些文件进行复制，即可完成 MySQL 数据库的简单备份（直接复制数据库目录下的所有文件）。但是，MySQL 比 Word 要复杂许多，本章讲述了用 MySQL 专门的 mysqldump 工具备份数据的方法以及相应的恢复方法。特别需要注意的是，利用备份文件的恢复，只能恢复到备份时的数据库状态，通过二进制日志的恢复，才可以使数据库恢复到故障前的一致状态。

数据库中数据的导出、导入方法也有很多种，而且处理的对象有所不同，如针对整个数据库或者某个表。本章讲述了三种 MySQL 的导出方法：用 SELECT…INTO OUTFILE 导出、用 mysqldump 命令导出、用 mysql 命令导出，以及相应的导入方法：用 LOAD DATA…INFILE 方式导入和用 mysqlimport 命令导入。

{习题与思考}

1. MySQL 中的安全性控制手段有哪些？
2. MySQL 中创建用户的语句是什么？
3. MySQL 中授权和收回权限的语句是什么？
4. MySQL 中的数据备份方法有哪几种？
5. MySQL 中的日志总共有几种？它们分别有什么作用？
6. MySQL 中数据恢复的方法有哪几种？
7. MySQL 中数据导出的方法有哪几种？
8. MySQL 中数据导入的方法有哪几种？
9. 使用 mysql 命令导出某一表中的记录。
10. 用 Excel 编辑一个产品表，并将该 Excel 编辑结果导入产品表中（可选）。

实验训练 6　数据库系统维护

实验目的

基于实验训练 1 中创建的"汽车用品网上商城"Shopping 数据库，练习创建用户，权限管理，数据库备份与恢复方法，数据导出、导入的方法，体会数据库系统维护的主要工作。

实验内容

1. 数据库安全性

【实验 6-1】创建用户。

创建一个用户名为 Teacher、密码为 T99999 的用户；创建一个用户名为 Student、密码为

S11111 的用户。

【实验6-2】给用户授权。

将 Shopping 数据库上 SELECT、INSERT、DELETE、UPDATE 的权限授予 Teacher 用户；将 Shopping 数据库上 SELECT 的权限授予 Student 用户。

【实验6-3】以 Teacher 用户身份连接 Shopping 数据库，分别执行 SELECT、INSERT、DELETE、UPDATE、CREATE 操作，查看执行结果；以 Student 用户身份连接 Shopping 数据库，执行 SELECT、INSERT、DELETE、UPDATE 操作，查看执行结果。

2. 数据库备份与恢复

【实验6-4】使用 mysqldump 工具对 Shopping 数据库进行备份，查看备份文件。

【实验6-5】对 Shopping 数据库启用二进制日志，并且查看日志。

【实验6-6】使用 mysqldump 工具对 Shopping 数据库进行恢复，查看恢复前后 Shopping 数据库的数据状态。

3. 数据的导出、导入

【实验6-7】分别使用 SELECT…INTO、mysql 命令、MySQL Workbench 完成 Shopping 数据库中用户表和汽车配件表的导出，查看导出结果。

【实验6-8】分别使用 LOAD DATA、mysqlimport、MySQL Workbench 完成 Shopping 数据库中用户表和汽车配件表的导入，查看导入结果。

实验要求

1. 所有操作都必须通过命令行和 MySQL Workbench 完成。

2. 将操作过程以屏幕抓图的方式复制，形成实验文档。

第 10 章 "汽车用品网上商城"应用系统

本章导读

第 4~9 章学习了在 MySQL 下创建基本表、视图、索引、存储过程、存储函数的方法，学习了在基本表、视图上进行数据增加、删除、修改、查询的操作语句，学习了创建用户、权限管理的安全性控制方法。本章将前面学习的技能综合运用在第 3 章给出的"汽车用品网上商城"数据库上，完全展现一个"汽车用品网上商城"的应用系统，从中体会数据库在软件中的核心作用。

正如第 3 章讲述的那样，该"汽车用品网上商城"系统主要包括前台、后台两大模块，前台支持会员（买方）完成商品搜索、购物车操作和订单提交，后台支持管理员（卖方）对商品、会员、订单的管理和各种统计报表的生成。本章讲述前台操作模块和后台管理模块的页面操作，以及这些操作与数据库之间的关系，并给出相应的数据库操纵语句。读者应当仔细领悟，页面实际上是用户（买方、卖方）与数据库进行交互的媒介，系统将数据库表的内容展示在页面中，用户根据自己的需求在页面上进行相关的操作，从而能够改变数据库中数据表的内容。

10.4 节还介绍了增加配送管理功能之后的"汽车用品网上商城"系统设计和数据库设计，属于扩展内容，目的是使读者进一步理解数据库在应用系统中的作用。

学习目标

1. 理解"汽车用品网上商城"的主要功能。
2. 理解"汽车用品网上商城"与数据库之间的关系。
3. 掌握"汽车用品网上商城"主要功能的数据库操纵。
4. 了解"汽车用品网上商城"的功能扩展与数据库变化。

第 3 章给出了"汽车用品网上商城"的数据库设计方案，第 4 章在 MySQL 下建立了 Shopping 数据库，从第 5 章开始依次介绍在该数据库下的各种 SQL 操纵，但是如果所有买方和卖方都通过 SQL 语句直接操纵数据库，则不仅需要买方、卖方有良好的数据库技能（这一点显然不可能做到），而且对于 Shopping 数据库本身很不安全。因此，数据库只能作为应用系统的后台支撑，应用系统的普通用户不能通过 SQL 语句直接与数据库服务器交互，正如 1.3.4 小节所讲，"汽车用品网上商城"还需要在 Shopping 数据库上开发应用程序。

为了使读者对数据库有更深入的理解，10.1 节～10.3 节从"汽车用品网上商城"页面展示、操作流程及与数据库的关系角度，讲述"汽车用品网上商城"主页，前台选择商品、提交订单，后台商品管理、订单管理、统计管理这些功能对应的数据库操纵；10.4 节在"汽车用品网上商城"基本功能的基础上扩展，增加了后台配送管理的功能，并给出了相应的数据库设计，方便读者自行体会。功能增加后，数据库设计方案要做相应调整。

"汽车用品网上商城"界面采用简洁的风格，网页总体的色彩以蓝色为主调，白色作为背景，网页中的标题栏、按钮等均以蓝色为主，用网页制作工具生成配色及页面的总体框架。具体开发环境如下：

（1）操作系统。使用 Windows 7 作为操作系统，它可以配合 Tomcat 作为 Web 服务器来执行 JSP 页面。

（2）页面处理。使用 9466 网页助手来生成统一的界面格式，并在 MyEclipse 上进行微调。

（3）代码处理。使用功能强大的开源软件 MyEclipse 8.5 作为代码的调试工具，它是对 EclipseIDE 的扩展。利用它，可以在数据库和 JavaEE 的开发、发布以及应用程序服务器的整合方面极大地提高工作效率。

（4）应用服务器。使用 Tomcat 7.0 作为 Web 应用服务器。Tomcat 服务器是一个免费的开放源代码的轻量级应用服务器，是开发和调试 JSP 程序的首选。

（5）数据库。使用 MySQL 5.5 数据库。

10.1 "汽车用品网上商城"主页

10.1.1 主页面

主页是"汽车用品网上商城"展示商品的门户，无须注册，任何人均可以打开主页，查看商城中的商品陈列、广告促销等信息。在"汽车用品网上商城"中，有明显的 Logo 标志"iCar 爱车网"，如图 10 – 1 所示。

1. 主页组成

"汽车用品网上商城"主页由以下几部分组成：

（1）最顶部的快速导航，包括"登录""免费注册""管理中心""我的订单""服务中心"的链接。对于一般游客，只是浏览商城的陈列信息，无须操作该导航区域。一般游客如果想购买商品，则需要首先注册成为会员，可通过"免费注册"链接完成。对于已经注册的会员，可以单击"登录"链接，进行身份验证与识别，通过后即可进入前台操作界

你好，欢迎来到爱车网！　　　　登录　免费注册　　　　　　　　　　　管理中心　我的订单　服务中心

iCar爱车网　　　　[搜索框]　搜索　　　　我的购物车

汽车用品分类　　　商城首页

电子电器
导航仪　　　GPS
车载电源　　电子狗

系统养护
润滑油　　　机油
冷却液　　　基底油

改装配件
轮胎　　　　雨刷
车灯　　　　机油滤芯

汽车美容
洗车器　　　漆面美容
美容玻璃　　洗车水枪

内饰精品
车用香水　　抱枕软靠
车用炭包　　方向盘套

安全自驾
安全座椅　　自驾照明
汽修工具　　车衣

公告
• 爱车福利，一元车辆检测
• 送女友，新车9万9
• 会聚春天礼，最高直降1万
• 爱车网汽车用品频道推广

爱车档案
• 输入爱车信息，轻松查看所有使用配件！

新品上市

WW导航仪　　　EEE导航仪　　　ZZZ润滑油　　　HK导航仪　　　AAA轮胎　　　BBB轮胎
爱车价：￥246.0　爱车价：￥321.0　爱车价：￥111.0　爱车价：￥332.0　爱车价：￥111.0　爱车价：￥200.0

热销商品

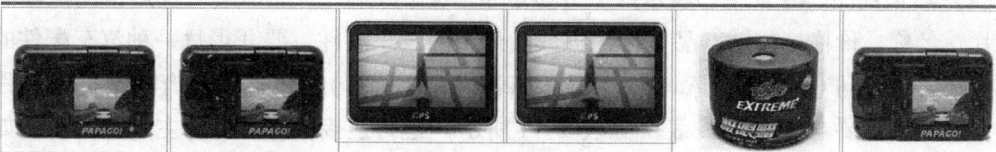

FFF导航仪　　　DDD导航仪　　　HK导航仪　　　WW导航仪　　　XXX润滑油　　　EEE导航仪
爱车价：￥365.0　爱车价：￥375.0　爱车价：￥332.0　爱车价：￥246.0　爱车价：￥143.0　爱车价：￥321.0

图 10 - 1　"汽车用品网上商城" 主页

面，参见 10.2 节。"管理中心" 链接主要是商城后台管理人员的入口，单击该链接之后，首先是身份验证，通过后即可进入后台管理界面，参见 10.3 节。通过 "我的订单" 链接可以查看已经提交的订单。"服务中心" 类似于 "联系我们" 的一个留言板。接下来是搜索框和 "我的购物车"，分别可以搜索商品信息、进行购物车操作。以上部分基本勾勒出商城的主要功能菜单，对所有页面都是通用的。

（2）中间由若干购物袋组成的区域为中心展示区，用于显示搜索到的商品信息。

（3）中心展示区的左侧为 "汽车用品分类"，单击各类别，中心展示区即可显示该类别

的汽车用品。最左侧是汽修服务（本文不做详细介绍）的链接，右侧为商城公告以及按车型（品牌）搜索的模块。

（4）中心展示区下方则按照"新品上市""热销商品"进行展示。

2. 主页中的数据库操纵

（1）类别呈现。中心展示区的左侧为汽车用品的分类列表，该列表中的数据来源于 Shopping 数据库中的 Category 表（如表 3 – 5 所示）。打开主页时，执行如下命令：

```
SELECT Category_ID，Name
FROM Category；
```

获得商品类别编号（Category_ID）和类别名称（Name）。因为单击类别名称还可以查询该类别下的汽车配件，而根据类别查询配件是通过类别编号完成的，因此，尽管在分类列表中只显示了类别名称，但是系统还应该记录每个类别名称的类别编号。

（2）新品上市。主页中心展示区下方显示了"新品上市"，展示了一些新上架的汽车配件的图片、名称、价格，来源于 Autoparts 表（如表 3 – 4 所示）。打开主页时，执行如下命令：

```
SELECT Apname，image_link1，Price
FROM Autoparts
ORDER BY shelve_ate DESC
LIMIT 20；
```

获得汽车配件表中按照上架日期降序排列的前 20 条配件信息，将配件名称和价格显示在该区域中。同时，按照 image_link1 中的路径，将照片显示出来。

（3）热销商品。主页中心展示区下方显示了"热销商品"，展示了一些热销的汽车配件的图片、名称、价格。热销商品是指销售数量最多的汽车配件，要获得每一种汽车配件的销售数量，需要访问 Order_has_Autoparts 表（如表 3 – 10 所示），该表中没有汽车配件名称等信息，因此，需要与 Autoparts 表（如表 3 – 4 所示）进行连接运算。打开主页时，执行如下命令：

```
SELECT Apid，Apname，image_link1，Price，SUM（Order_has_Autoparts. number）AS shuliang
FROM Autoparts，Order_has_Autoparts
WHERE Autoparts. Apid = Order_has_Autoparts. Autoparts_apid
GROUP BY Apid
ORDER BY shuliang DESC
LIMIT 20；
```

获得每一种汽车配件销售数量之和按照降序排列的前 20 条记录，将汽车配件名称和价格显示在该区域中。同时，按照 image_link1 中的路径，将照片显示出来。

10.1.2 商品陈列与查询

商品列表页是用户在单击汽车用品分类，或者利用搜索框进行搜索之后显示的商品陈列页面，如图 10-2 所示。该页面最上方是通用部分，左侧是"汽车用品分类"，中间及右侧是商品列表的展示区，显示了商品名称、商品编号、市场价格及商城价格等信息。在这里单击商品图片或者商品名称，可以查看商品的详细信息（包括商品名称、商品图片、现价、原价、生产日期、上架日期、是否促销、是否通用等），每页显示八个商品，可以进行翻页。

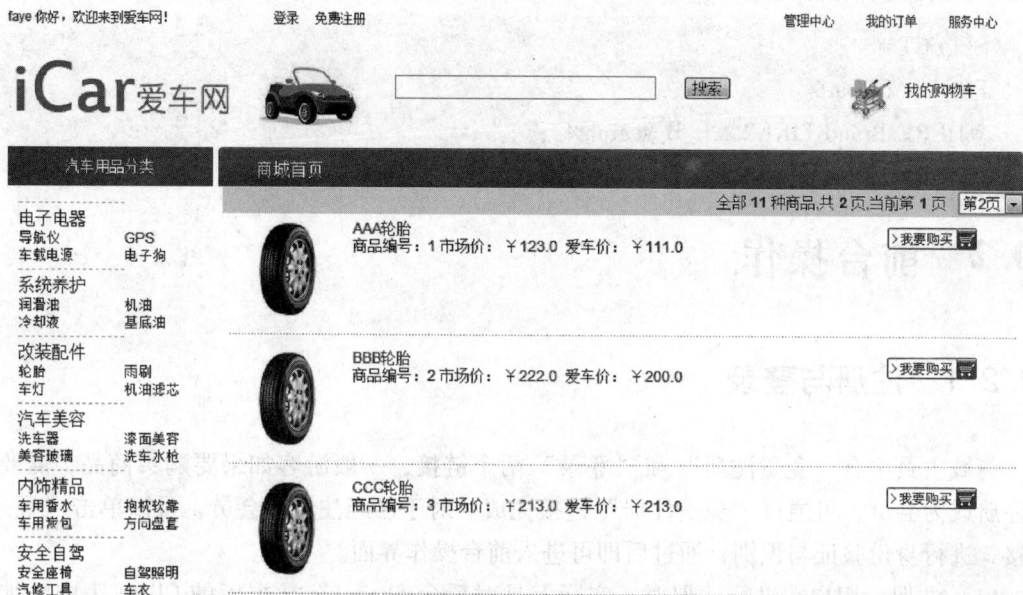

图 10-2 商品陈列页面

（1）搜索商品。商城主页中，在搜索框中输入商品名称，实际上是进行商品查询。在搜索框中没有输入信息而单击"搜索"按钮时，默认查询所有商品的信息。在搜索框中输入商品信息后，再单击"搜索"按钮，会在数据库中查询出汽车配件表的商品名称中含有搜索框中信息的所有商品信息。如果查询结果为空集，则提示"没有您搜索的商品信息"。搜索框的变量为 L_N_search，执行如下 SQL 语句：

```
SELECT *
FROM Autoparts
WHERE Apname LIKE '% L_N_search% ';
```

（2）类别查询。在商城主页中，单击"汽车用品分类"也可以进行商品查询。单击某一类别，会在数据库中查询出汽车配件表的商品类别等于该类别的所有商品信息。单击类别名称对应的类别编号变量为 L_C_search，执行如下 SQL 语句：

```
SELECT *
FROM Autoparts
WHERE SecondClass_scid = L_C_search;
```

（3）车型查询。在商城主页中，右侧有"我的爱车"按车型（品牌）搜索，单击后也可以进行商品查询。在车型对话框中输入要查询的汽车品牌，然后单击"搜索"按钮，会在数据库中查询出汽车配件表的汽车品牌中含有对话框中信息的所有商品信息。如果查询结果为空集，则提示"没有您搜索的车型"。对话框的变量为 L_B_search，执行如下 SQL 语句：

```
SELECT *
FROM Autoparts
WHERE Brand LIKE '% L_B_search% ';
```

10.2 前台操作

10.2.1 注册与登录

商城主页中有"免费注册"和"登录"两个链接，一般游客如果要购买商品，需要首先注册成为会员，可通过"免费注册"链接完成。对于已经注册的会员，可以单击"登录"链接，进行身份验证与识别，通过后即可进入前台操作界面。

（1）注册。用户在进行注册时，实际上是对后台 Shopping 数据库的 Client 表中添加了一条新的记录，注册界面如图 10 - 3 所示。注册过程需要在注册界面填写会员的用户名、密码、电话、邮箱信息。如果用户愿意，还可以上传自己的头像照片至后台服务器，会员登录成功后，即可将自己的头像显示在页面中（Client 表中的头像照片字段可以为空）。注册信息中的会员账户名、密码、电话为必填项，如果没填写齐全，则系统提示继续填写。密码必须二次校验，填写齐全后提交实际上是往 Shopping 数据库的 Client 表（如表 3 - 6 所示）中添加记录的过程，用户编号为整型自增的字段，由系统自动生成，创建时间通过 NOW（）函数获取，用户类别为 1（普通会员）。填写的用户名、密码、电话、邮箱信息分别放在临时变量 L_Cname，L_Password，L_Phone，L_Email 中，对应的 SQL 操纵如下：

```
INSERT INTO Client（Cname,Password,phone_number,Email,Createtime,Ckind）
    VALUES( L_Cname,L_Password,L_Phone,L_Email,NOW（）,1）;
```

上传照片成功后，服务器端就有了该照片的存储路径，然后将 Client 表中头像字段 Image 的值改为该存储路径（本书不再详述）。

账户名：	小明	
请设置密码：	●●●●●●	密码格式正确
请确认密码：	●●●●●●	两次密码一致
电话号码：	13718585786	电话格式正确
E-mail：	xiaoming@126.com	邮件格式正确

注册　重设

图 10 – 3　注册页面

（2）登录。会员登录时要进行判断，在 Client 表中如果能找到该用户名和密码的记录，则登录成功；否则，登录失败。登录界面如图 10 - 4 所示。当前登录的会员名称为 L_Cname，密码为 L_Password，登录相应的 SQL 操作如下：

账号 *

1

密码 *

●●●

身份 *

◉客户　○管理员

登录　　　　　重设

图 10 – 4　登录页面

```
SELECT *
FROM Client
WHERE CName = L_Cname AND Password = L_Password;
```

判断返回集是否为空，如果不为空，则登录成功；如果为空，则登录失败。

10.2.2　操作购物车

1. 添加至购物车

会员已登录的情况下，在商品陈列页中找到有意购买的商品后，可以选择加入购物车中。单击"我要购买"，可以将该商品添加至购物车。用户添加商品至购物车时，要进行判断。当购物车中已经存在该商品时，商品数量加1；当购物车中没有该商品时，将该商品添加至购物车（如表3-8所示）。当前登录的会员编号为 L_Clientid，选中的汽车配件编号为 L_Autupartid，添加商品至购物车流程控制和相应的 SQL 操作如下：

```
SELECT *
FROM Shoppingcart
WHERE Autoparts_apid = L_Autopartid AND Client_cid = L_Clientid;
```

判断返回集是否为空。如果为空，执行如下语句：

```
INSERT INTO Shoppingcart
    VALUES(L_Autopartid,L_clientid,1,NOW())
```

否则，执行如下语句：

```
UPDATE Shoppingcart
SET Number = Number + 1 , Add_time = NOW()
WHERE Autoparts_apid = L_Autopartid AND Client_cid = L_Clientid;
```

结束。

2. 查看购物车

在任何页面上单击"我的购物车"可以查看购物车的详情，购物车中的商品以列表形式展现，购物车中的商品是以添加的时间进行排序的，包含商品图片、商品名称、市场价、商城价、数量、总价等信息，用户可以对商品数量进行增减操作，也可以删除某个商品；单击"去结算"按钮，可以进入填写订单页面，如图10-5所示。

查看购物车，实际上是对购物车表 Shoppingcart 的查询过程。首先执行如下语句：

```
SELECT *
FROM Shoppingcart
WHERE Client_cid = L_Clientid;
```

faye 你好，欢迎来到爱车网！　　　登录　免费注册　　　　　　　　　　　　　　　　　　　管理中心　我的订单　服务中心

iCar 爱车网

1 ————— 2 ————— 3
1.我的购物车　　2.填写核对订单信息　　3.成功提交订单

汽车用品分类	商城首页					
	商品	商品名称	市场价	价格	数量	删除
电子电器		HK导航仪	￥555.0元	￥332.0元	1	删除
导航仪　　GPS						
车载电源　电子狗						
系统养护		YYY润滑油	￥533.0元	￥400.0元	1	删除
润滑油　　机油						
冷却液　　基底油						
改装配件		FFF导航仪	￥365.0元	￥365.0元	1	删除
轮胎　　　雨刷						
车灯　　　机油滤芯						
汽车美容				总计（不含运费）：￥1097.0元		
洗车器　　漆面美容						
美容玻璃　洗车水枪						
内饰精品		去结算>				
车用香水　抱枕软垫						
车用炭包　方向盘套						
安全自驾						

图 10 - 5　查看购物车页面

查看当前登录会员的购物车记录，如果购物车中没有记录，则系统提示"购物车中没有商品，先去逛逛"；如果购物车中有当前会员的购物记录，则通过购物车表 Shoppingcart 与商品表 Autoparts 进行连接运算，计算每一种汽车配件的总价（数量乘以价格）。执行如下语句：

```
SELECT Apid,Apname,image_link1,old_price,Price,Number,Number * Price AS
FROM Autoparts,Shoppingcart
WHERE Autoparts. Apid = Shoppingcart. Autoparts_apid
AND Shoppingcart. Client_cid = L_Clientid;
```

将商品图片、商品名称、市场价、商城价、数量、总价显示在页面上。

3. 购物车更新

在购物车查看页面，不仅可以浏览已经添加在购物车中的商品名称、价格、数量以及总价，还可以修改购物车中的商品数量、删除购物车中的商品等操作。在修改商品数量的过程中，当商品数量为 1 而用户还想减少商品时，系统要给予提示"是否删除商品"；在用户选择删除商品时，系统也要向用户进行二次确认。

当前登录的会员编号为 L_Clientid，修改的汽车配件编号为 L_Autopartid，修改后的数量为 L_Number，修改商品数量相应的 SQL 操作如下：

判断修改后数量是否为 0。如果不是，执行如下语句：

```
UPDATE Shoppingcart
SET Number = L_Number,Add_time = NOW( )
WHERE Autoparts_apid = L_Autopartid AND Client_cid = L_Clientid;
```

如果修改后数量为0，会员确认要删除商品，则执行如下语句：

```
DELETE FROM Shoppingcart
WHERE Autoparts_apid = L_Autopartid AND Client_cid = L_Clientid;
```

10.2.3 订单提交查看与取消

登录用户在购物车页面上单击"去结算"按钮，进入填写订单页。在此页面上，用户需要填写并核对收货人信息、支付和配送方式以及即将购买的商品信息。核实后，可以单击"提交"按钮，订单被创建，进入已提交阶段。如图10-6所示。

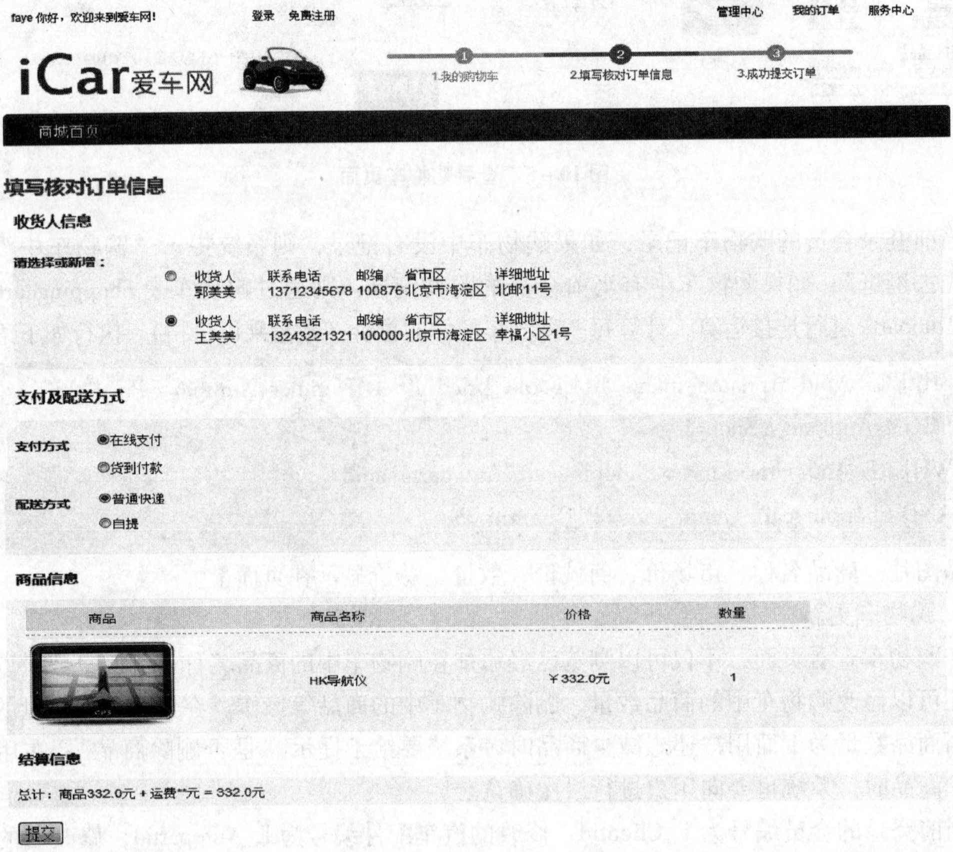

图10-6 填写订单页页面

本模块包括了提交订单、查看订单、修改订单等操作。订单是网上商城应用系统的核心数据，在订单表 Order 中，订单编号是自动生成的，卖方可以根据订单表中的用户编号进行组织，将属于同一个用户的订单信息汇总到一个表中。后期会员用户可以根据订单编号查看订单中商品的运送速度、预计商品到达的时间等。订单表 Order 中有 Status 字段记录了一个订单的状态变迁，包括已提交（submit）、已取消（cancel）、已确认付款方式（pay，留给第三方支付平台的接口，如果确认支付，则进入配货流程）、已发货（out，当配送员将快递包裹交付给第三方快递公司并获得了相应的快递单号后，订单进入"已发货"状态）、已收货（finish，客户收到配件后在系统中确认收货）、退货中（return，当客户发现商品存在问题时，可以选择退货，可能需要与客服人员协商，然后选择需要退的商品，并填写退货的快递单号，提交之后即进入"退货中"状态）、退货完成（return_finish，仓库收到用户退货后，需要确认收到的商品与提交的申请是否一致，并将相应退款支付给客户，此时订单"退货完成"）。本实例中只涉及订单的提交、取消和发货状态，订单的提交、取消是针对前台会员提交和修改订单的功能，发货用于后台订单管理。

1. 提交订单

用户在购物车中单击"去结算"按钮之后，判断购物车是否为空。如果购物车为空，则提示用户"购物车为空，不能进行结算"，因为对空购物车进行结算是没有意义的；如果购物车不为空，则进入订单提交页面。订单提交之前，页面要求用户填写收货人姓名、收货人地址、支付方式、配送方式。如果用户填写的收货人姓名、收货人地址为空，则不能提交订单。在用户填写并核实订单信息无误之后，单击"提交订单"按钮，系统将正式生成用户的订单。

生成订单的数据库处理过程包括在订单表 Order 中添加记录，将购物车中该用户的商品信息添加到订单明细表 Order_has_Autoparts 中。

首先计算购物车表 Shoppingcart 中当前登录用户的商品总价，生成订单号，订单状态为 submit，用户编号为当前登录的用户编号，页面获取收货人姓名、收货人地址、支付方式、配送方式，订单表中添加一条记录，执行如下语句：

```
INSERT INTO Order…;
```

获取订单号，将购物车表 Shoppingcart 中当前登录客户的商品信息记录添加到订单明细表中，执行如下语句：

```
INSERT INTO Order_has_Autoparts…
    SELECT *
    FROM Shoppingcart
    WHERE Client_cid = L_Clientid;
```

2. 查看订单

单击"我的订单"，如图 10-7 所示，查看订单是对订单表 Order 查询，查看当前客户的订单信息，执行如下语句：

```
SELECT *
FROM Order
WHERE Client_cid = L_Clientid;
```

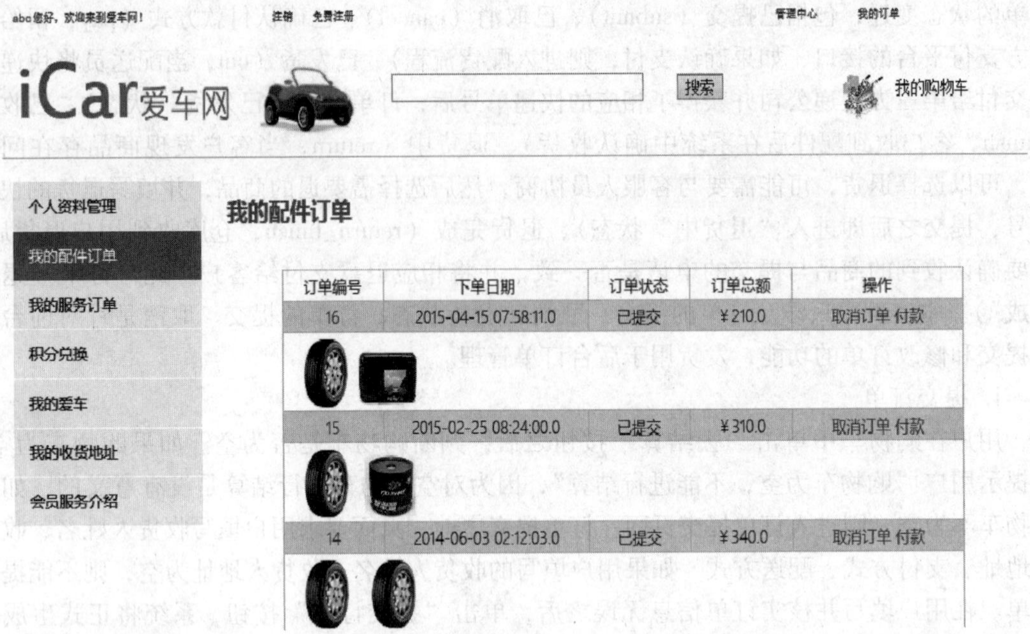

图 10 - 7　前台订单查看页界

如果返回为空集，则提示"您还没有订单，请尽快提交订单！"。进一步可以查看该订单中的明细，执行如下语句：

```
SELECT *
FROM Order_has_Autoparts
WHERE Order_oid = L_Orderid;
```

3. 修改订单

对于已经提交的客户订单，可以进行取消操作，执行如下语句：

```
UPDATE Order
SET status = 'cancel' WHERE Oid = L_Orderid;
```

进一步可以删除该订单的明细，执行如下语句：

```
DELETE FROM Order_has_Autoparts
WHERE Order_oid = L_Orderid;
```

10.2.4　评论

在购买某件商品之后，收到货品的用户可以对商品进行评价。用户可以对每一次购买的商品进行评价，当完成商品的签收后，在原来的购买记录以及订单表信息中将会出现"评价"按钮,用户通过单击此按钮实现对商品的评价。前台会员可以对状态为"已收货"的订单表中的商品进行评论,页面获取当前会员编号 L_Clientid、商品编码 L_Autopartid、评论信息 L_Comment,写在评论表 Comment 中。执行如下语句:

```
INSERT INTO Comment
    VALUES( LAST_INSERT_ID( ) + 1,L_Comment,L_Client,L_Autopartid);
```

10.3 后台管理

一个完整的网上商城系统,从功能的角度,主要分为前台展示和后台管理。

在前台展示中,大致分为商品分类检索、用户注册与登录、购物车、订单生成、订单查询。前台展示的主要服务对象是使用该网上商城进行购物的注册用户。

后台管理涉及的数据库操纵比前台要多很多,可以说,在前台界面显示的数据都是管理员通过后台管理界面添加到数据库中的。因此,后台管理的重要性显而易见,对后台数据的维护也是至关重要的。网站的后台管理系统主要用于对网站前台的信息管理,如文字、图片和其他日常使用文件的发布、更新、删除等操作。在"汽车用品网上商城"的后台,管理员可以进行会员管理、商品管理、类别管理、订单管理等。后台管理页使用统一的框架,左侧是管理内容的导航,右侧是展示区。以"商品管理"为例,在展示区上方,管理员可以根据商品分类和商品名称对商品进行搜索,可以进行商品的添加;下方是搜索出来的商品列表,对具体商品还可以进行修改、删除或查看详情。如图 10 - 8 所示。

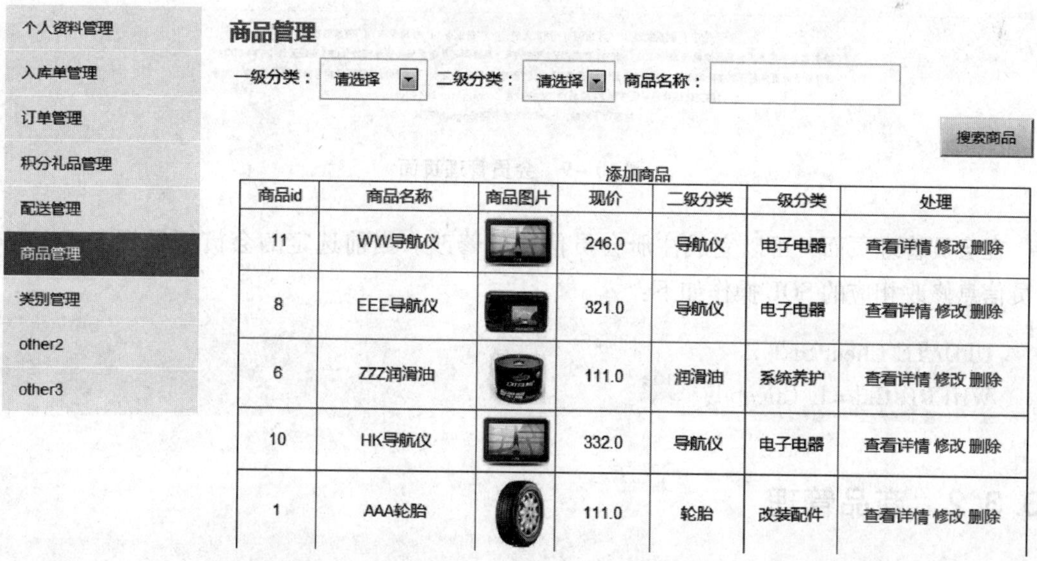

图 10 - 8 后台管理页页面

10.3.1 会员管理

会员管理就是对注册会员表的管理，单击"会员资料管理"，可在展示区列出已经注册的会员列表，如图 10 - 9 所示。对应的 SQL 操作如下：

```
SELECT * FROM Client;
```

仓库管理员 您好，欢迎来到爱车网！　　　　注销　免费注册　　　　　　　　　　　　　管理中心

iCar爱车网　　　　　　　　　　　　[　　　　　　] 搜索　　　　　　　　我的购物车

会员资料管理	**个人资料管理**
入库单管理	
订单管理	
积分礼品管理	
配送管理	
商品管理	
类别管理	
供应商管理	
other3	

ID	用户名	密码	电话号码	邮箱	积分值	会员等级	实体店	操作
1	abc	111	13718484765	573496844@qq.com	62	1		修改
2	花花	111	13718484765	573496844@qq.com	100	1		修改
3	abc	111	13718484765	57@11.com	0	1		修改
4	小灰灰	111	13718484765	573496844@qq.com	0	1		修改
5	aa	111	13718484765	573496844@qq.com	0	1		修改

关于我们 | 联系我们 | 人才招聘 | 商家入驻 | 广告服务 | 手机爱车 | 友情链接
北京市公安局朝阳分局备案编号110105014669 | 京ICP证070359号 | 互联网药品信息服务资格证编号(京)-非经营性-2014-0001
音像制品经营许可证苏宿音005号 | 出版物经营许可证编号新出发(苏沈)字第N-012号 | 互联网出版许可证编号出网证(京)字150号
网络文化经营许可证京网文[2011]0168-061号 Copyright © 2014 icar.com 版权所有
爱车旗下网站：icarTOP 迷你携 English Site

图 10 - 9　会员管理页面

在会员管理页面，可以完成注册会员信息的修改。当前选定的会员编号为 L_Clientid，会员信息修改相应的 SQL 操作如下：

```
UPDATE Client SET...
WHERE Cid = L_Clientid;
```

10.3.2 商品管理

商品管理页面如图 10 - 10 所示，在该页面上，系统显示所有商品列表，有"搜索商品""添加商品""查看详情""修改""删除"等按钮，可以完成汽车配件表中记录的增加、删除、修改和查询。商品搜索的 SQL 操作见 10.1.2 小节。

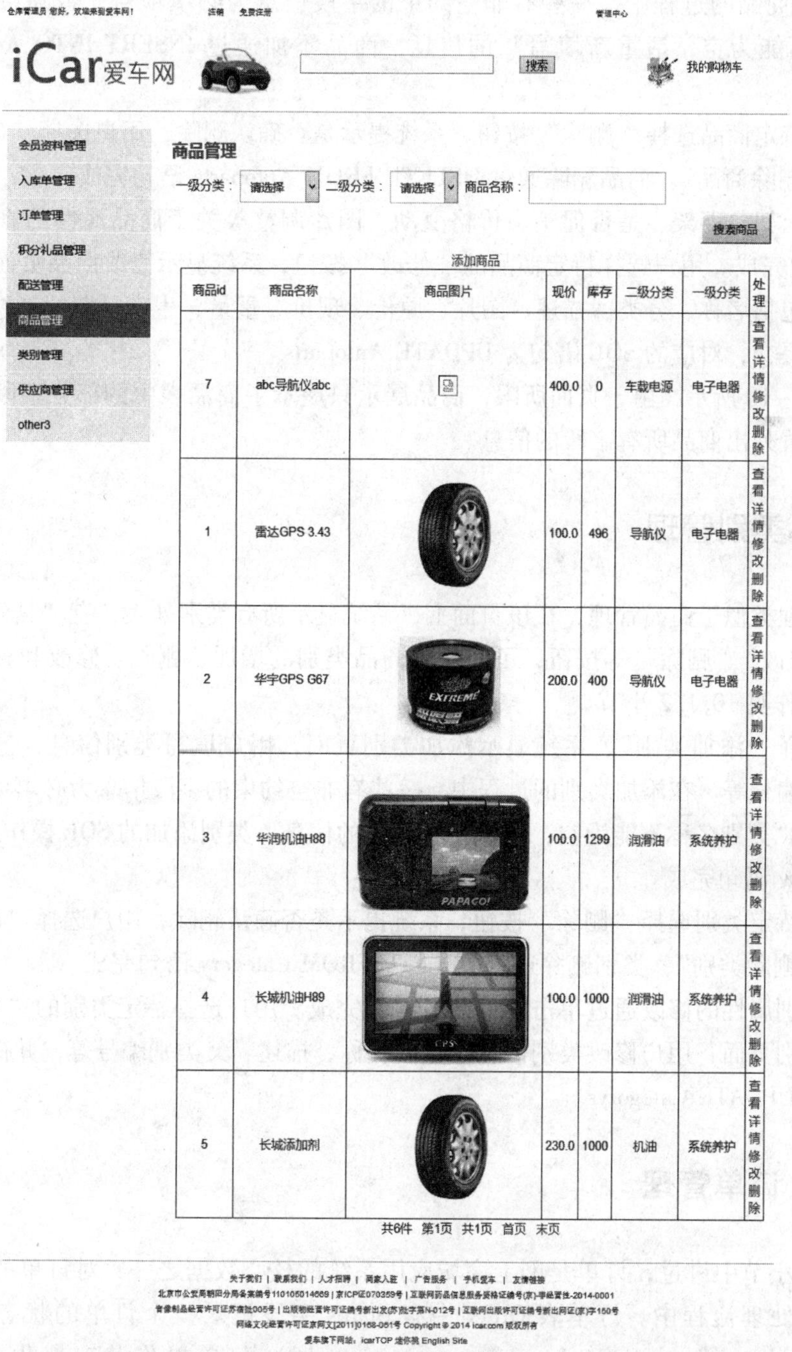

图 10 - 10 商品管理页面

用户单击"添加商品"按钮，系统显示添加商品页面。用户填写商品信息，包括名称、分类、描述、图片、原价、现价、重量、生产日期、是否通用、是否促销等（如表3-4所示）。在添加商品的过程中，一些有非空约束的字段信息为必填项目，否则系统提示类似"商品名称不能为空，请重新填写"的信息，商品添加通过 INSERT INTO Autoparts 语句完成。

用户对特定商品选择"删除"按钮，系统提示是否确认删除，用户选择"确认"，系统显示"成功删除商品"。商品删除通过 DELETE FROM Autoparts 语句完成。

商品的上架、下架、是否促销、价格变动、图片调整等关于商品属性的修改通过单击"修改"按钮完成。用户选择特定商品的"修改"按钮，系统显示修改商品页面，用户修改商品信息，包括名称、分类、描述、图片、原价、现价、重量、生产日期、是否通用、是否促销等，并提交，对应的 SQL 语句为 UPDATE Autoparts。

如图10-10所示，由于页面所限，商品展示只展示了商品表中的部分字段信息，查看详情则意味着列出商品所有字段的信息。

10.3.3 类别管理

类别管理类似于商品管理，在该页面上，系统显示所有类别列表，有"搜索类别""添加类别""修改""删除"等按钮，可以完成商品类别的增加、删除、修改和查询，类别搜索的 SQL 操作见 10.1.2 小节。

用户选择"添加类别"，系统显示添加类别页面，用户填写类别信息，包括名称、描述、父类别编号等。在添加类别的过程中，一些有非空约束的字段信息为必填项目，否则系统提示类似"类别名称不能为空，请重新填写"的信息。类别添加的 SQL 操作通过 INSERT INTO Category 语句完成。

用户对特定类别选择"删除"按钮，系统提示是否确认删除，用户选择"确认"，系统显示"成功删除类别"，类别删除通过 DELETE FROM Category 语句完成。

关于类别属性的修改通过单击"修改"按钮完成。用户选择特定类别的"修改"，系统显示修改类别页面，用户修改类别信息，包括名称、描述、父类别编号等，并提交，对应的 SQL 语句为 UPDATE Categorys。

10.3.4 订单管理

10.2.3 小节中讲过，订单是网上商城应用系统的核心数据之一，对订单的管理贯穿于订单的各种处理流程中。订单表 Order 中有 Status 字段记录一个订单的状态变迁，包括 submit、cancel、pay、out、finish、return、return_finish。订单操作状态变化如图10-11所示。

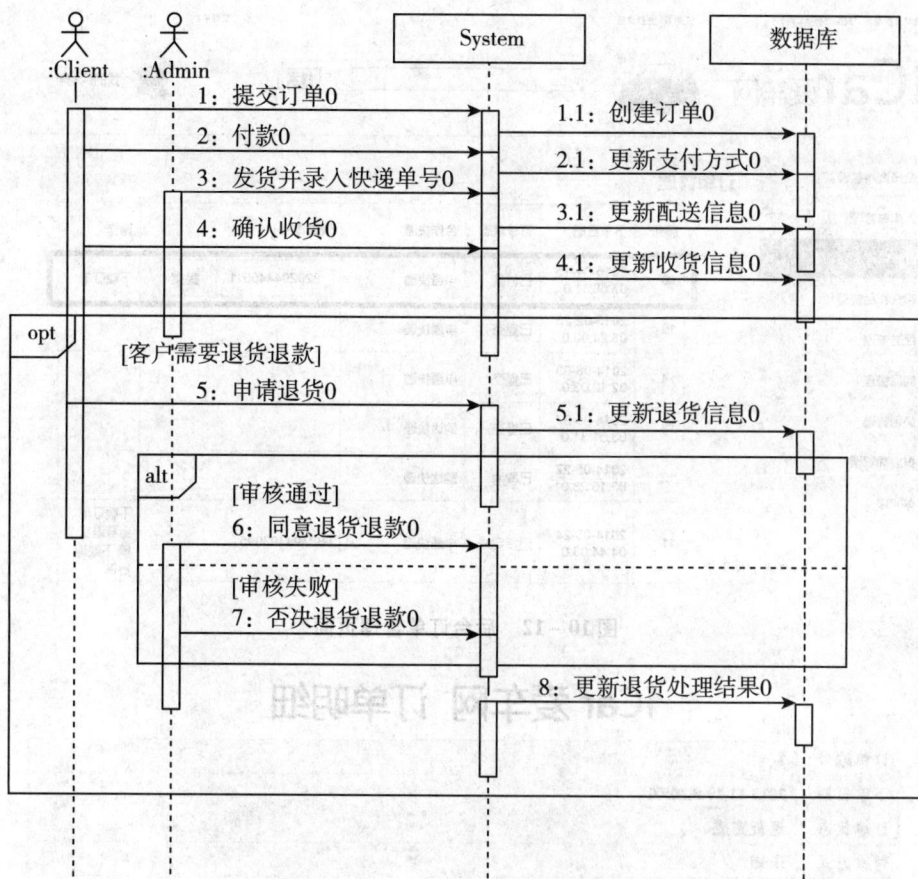

图 10 – 11 订单操作状态变化图

本实例中只用到了三种状态：submit 表示前台会员提交了订单；cancel 表示前台会员取消了订单；out 表示后台下载了订单并且发货。会员提交订单就意味着完成了支付，下载订单则意味着发货，省略了 "支付" "会员签收" "退货" 等。单击 "订单管理"，直接列出各种订单及其状态，如图 10 – 12 所示。在此页面中，可以单击订单编号查看订单详情，可以下载订单，然后打印，以供工作人员配货，这时订单状态转为 "已发货"。

下载订单的过程如下：首先在 Order 表中查询选定订单，在 Order_has_Autoparts 表中查询该订单明细，给配货员生成可打印的文档，同时修改订单状态为 out。虽然配货员可以在商城后台查看完整的订单详情，但在实际的工作场合中，纸媒介的订单更为重要，这样也便于配货员与仓库管理人员交互（出入库签字）与存档。因此，在后台管理中，需要提供订单下载的功能（保存为 Word 文档供相关工作人员下载，然后可以直接打印）。下载打印后的订单效果如图 10 – 13 所示。

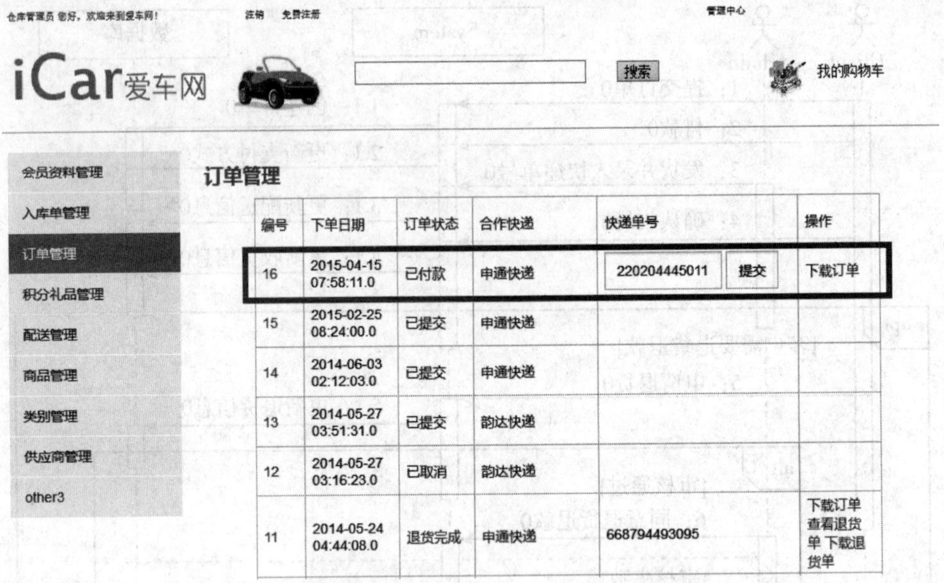
仓库管理员 您好，欢迎来到爱车网！
注销 免费注册
管理中心
iCar爱车网
搜索
我的购物车
会员资料管理
入库单管理
订单管理
积分礼品管理
配送管理
商品管理
类别管理
供应商管理
other3
订单管理

编号	下单日期	订单状态	合作快递	快递单号	操作
16	2015-04-15 07:58:11.0	已付款	申通快递	220204445011 提交	下载订单
15	2015-02-25 08:24:00.0	已提交	申通快递		
14	2014-06-03 02:12:03.0	已提交	申通快递		
13	2014-05-27 03:51:31.0	已提交	韵达快递		
12	2014-05-27 03:16:23.0	已取消	韵达快递		
11	2014-05-24 04:44:08.0	退货完成	申通快递	668794493095	下载订单 查看退货单 下载退货单

图 10－12　后台订单管理页面

iCar 爱车网 订单明细

订单编号	1
下单日期	2013-11-10 8:20:40
订单状态	退货完成
付款方式	未知

会员信息

会员编号	昵称	联系电话	邮箱
1	李华	13718484765	

收货地址

收货人	联系电话	邮政编码	详细地址
李华	13700000000	100,876	北京市 海淀区 西土城路 10 号北京邮电大学

配送信息

承运公司	快递单号
申通快递	668794493095

商品清单

商品编号	名称	单价（¥）	单重（g）	数量	货位
AP 1	雷达 GPS 3.43	100.0	200	2	防潮位 A1
AP 2	华宇 GPS G67	200.0	300	1	一般位 B1
AP 3	华润机油 H88	100.0	500	1	易碎品 C1

商品总价	¥500.0
运费总价	¥18
商品总价	¥518.0

配货：________
审核：________
日期：________

图 10－13　下载打印后的订单效果

10.3.5 统计分析

前面展示了 "汽车用品网上商城" 的页面布局，叙述了前台用户从注册成为会员、查找商品、操作购物车，到提交订单的过程以及数据库的操纵，同时展现了后台管理员对商品、会员、商品类别、订单的管理内容，完成了前台提交订单到后台订单处理的业务。

随着前台会员网上购物业务量的增大，后台数据库中会积累大量的购物信息，这对于商家而言无疑是一笔资产。通过对会员购物信息的统计分析，会产生很多有利于商家的信息，如哪些品牌的汽车配件最受欢迎，哪些汽车配件的销售量最大，哪些会员的购物次数最多、采购金额最大等。因此，后台应该能够支持统计分析，产生各种报表，便于商家进行经营性决策，这样的统计分析称为经营数据分析。

对于商家而言，经营数据分析的内容往往是不固定的，形式也是多样的，通常根据市场变化情况，频繁进行非固定格式的数据分析。为了方便商家进行各种类型的经营数据分析，将 Shopping 数据库中八个表的 SELECT 权限授予后台数据库维护人员，使后台维护人员可以随时在数据库中通过 SELECT 语句完成各种类型的查询统计。有些查询比较复杂，可以先创建视图，在视图上进行查询，所以还得授予创建视图的权限。新建用户 king 的密码为 queen，授权对应的 SQL 语句如下：

```
CREATE USER
    'king'@ 'localhost' IDENTIFIED BY 'queen',
GRANT SELECT,CREATE VIEW
    ON Shopping. *
    TO king@ localhost;
```

这样，king 用户就可以成为数据库 Shopping 的后台维护人员，可以在本数据库上进行各种临时或者固定的查询统计，开展营销背后的数据分析，精确定位有效的客户群，分析各类群体的网购活动轨迹。知道目标客户群在商城中通常采购什么类型的汽车配件，追踪网络营销的全过程，通过数据分析，可以随时调整投放商品的方式。

数据分析实质上就是对数据库中已有数据的查询统计，然后根据查询统计结果，指导下一步的经营方向（包括客户维系、产品创新、人力布局、广告投放等）。查询统计的维度大体包括时间、数量、客户、销售商品等。

（1）时间维度，如日、周、旬、月、季、半年、年等。

（2）数量维度，如频次、数量、金额等。

（3）客户维度，如普通客户、VIP 客户、老客户、新客户、消费时间、消费频次、消费数量、消费金额等。

（4）销售商品维度，如商品名称、类别、品牌、生产厂家、生产日期、上架日期、是否促销、销售时间、销售频次、销售数量、销售金额等。

以下列举几种常用的统计分析以及相应的 SQL 操纵：

1. 日报

（1）销售额日报。它统计当日的销售总额。要获得销售总额，需要访问 Order 表，对状态 Status 为 submit、下单日期 order_date 为当日的订单记录在商品总价 goods_price 上求和。执行如下 SQL 语句：

```
SELECT SUM(goods_price)
FROM Order
WHERE Status = 'submit' AND order_date = CURDATE();
```

（2）订单日报。它统计每一笔订单金额，从大到小降序排列。需要访问 Order 表，对状态 Status 为 submit、下单日期 order_date 为当日的订单记录按照商品总价 goods_price 降序排列。执行如下 SQL 语句：

```
SELECT Oid, Client_cid, Address_aid, goods_price
FROM Order
WHERE Status = 'submit' AND order_date = CURDATE()
ORDER BY goods_price DESC;
```

（3）汽车配件销售数量日报。它统计每一种汽车配件当日的销售数量，从大到小降序排列。要获得每一种汽车配件的销售数量，需要访问 Order_has_Autoparts 表。该表中既没有汽车配件名称等信息，也没有下单日期和订单状态，因此，需要订单表、订单明细表、汽车配件表三个表进行连接运算。执行如下 SQL 语句：

```
SELECT Apid, Apname, SUM(Order_has_Autoparts. number) AS shuliang
FROM Order, Order_has_Autoparts, Autoparts,
WHERE Order. Oid = Order_has_Autoparts. Order_oid
        AND Order_has_Autoparts. Autoparts_apid = Autoparts. Apid
        AND Order. Status = 'submit' AND Order. order_date = CURDATE()
GROUP BY Apid
ORDER BY shuliang DESC;
```

（4）汽车配件销售金额日报。它统计每一种汽车配件当日的销售金额，从大到小降序排列。要获得每一种汽车配件的销售金额，需要访问 Order_has_Autoparts 表，但是该表中只有单价和数量，需要首先获得在订单明细中每一种汽车配件的销售金额，可以通过创建视图获得。执行如下 SQL 语句：

```
CREATE VIEW View_Order_has_Autoparts
(Autoparts_apid, Order_oid, Deal_price, Number, Deal_N_price, Return_Number, Time)
```

AS

SELECT Autoparts_apid, Order_oid, Deal_price, Number, Deal_price * Number, Return_

Number, Time

FROM Order_has_Autoparts;

然后通过订单表、订单明细视图、汽车配件表进行连接运算，执行如下 SQL 语句：

SELECT Apid, Apname, SUM(View_Order_has_Autoparts. Deal_N_price) AS jine

FROM Order, View_Order_has_Autoparts, Autoparts,

WHERE Order. Oid = View_Order_has_Autoparts. Order_oid

   AND View_Order_has_Autoparts. Autoparts_apid = Autoparts. Apid

   AND Order. Status = 'submit' AND Order. order_date = CURDATE( )

GROUP BY Apid

ORDER BY jine DESC;

（5）会员消费排名。它统计当日会员消费排名。订单表中有商品总价和用户编号，在 Order 表和 Client 表上进行连接运算，按照用户编号分组，执行如下 SQL 语句：

SELECT Cid, CName, SUM(goods_price) as C_jine

FROM Client, Order

WHERE Client. Cid = Order. Client_cid

   AND Order. Status = 'submit' AND Ordcr. ordcr_date = CURDATE( );

GROUP BY Cid

ORDER BY C_jine DESC;

2. 周报

周报可以是日报的累计，也可以直接通过 SELECT 语句完成。在统计周报的过程中，应当注意的是，Order 表中的订单状态可能已经变化为 out，也可能还是 submit，统计时段不能是当日，应该采用 MySQL 中的星期函数 WEEK( )完成。

（1）销售额周报。它统计当周的销售总额。要获得销售总额，需要访问 Order 表，对状态 Status 为 submit 或者 out、下单日期 order_date 为当周的订单记录在商品总价 goods_price 上求和，执行如下 SQL 语句：

SELECT SUM(goods_price)

FROM Order

WHERE (Status = 'submit' OR Status = 'out')

   AND WEEK(order_date) = WEEK(CURDATE( ));

（2）订单周报。它统计每一笔订单金额，从大到小降序排列。需要访问 Order 表，对状态 Status 为 submit 或者 out、下单日期 order_date 为当周的订单记录按照商品总价 goods_price
降序排列，执行如下 SQL 语句：

```
SELECT Oid, Client_cid, Address_aid, goods_price
FROM Order
WHERE (Status = 'submit' OR Status = 'out')
        AND WEEK(order_date) = WEEK(CURDATE())
ORDER BY goods_price DESC;
```

（3）订单平均周报。它统计每一笔订单金额的平均数。需要访问 Order 表，对状态
Status 为 submit 或者 out、下单日期 order_date 为当周的订单记录求均值，执行如下 SQL
语句：

```
SELECT AVG(goods_price)
FROM Order
WHERE (Status = 'submit' OR Status = 'out')
        AND WEEK(order_date) = WEEK(CURDATE());
```

（4）汽车配件销售数量周报。它统计每一种汽车配件当周的销售数量，从大到小降序
排列。要获得每一种汽车配件的销售数量，需要访问 Order_has_Autoparts 表，该表中既没有
汽车配件名称等信息，也没有下单日期和订单状态，因此，需要订单表、订单明细表、汽车
配件表三个表进行连接运算，执行如下 SQL 语句：

```
SELECT Apid, Apname, SUM(Order_has_Autoparts. Number) AS shuliang
FROM Order, Order_has_Autoparts, Autoparts,
WHERE Order. Oid = Order_has_Autoparts. Order_oid
        AND Order_has_Autoparts. Autoparts_apid = Autoparts. Apid
        AND(Status = 'submit' OR Status = 'out')
        AND WEEK(Order. order_date) = WEEK(CURDATE())
GROUP BY Apid
ORDER BY shuliang DESC;
```

（5）汽车配件销售金额周报。它统计每一种汽车配件当周的销售金额，从大到小降序
排列。要获得每一种汽车配件的销售金额，需要访问 View_Order_has_Autoparts 视图，然后
通过订单表、订单明细视图、汽车配件表进行连接运算，执行如下 SQL 语句：

```
SELECT Apid, Apname, SUM(View_Order_has_Autoparts. Deal_N_price) AS jine
FROM Order, View_Order_has_Autoparts, Autoparts,
WHERE Order. Oid = View_Order_has_Autoparts. Order_oid
        AND View_Order_has_Autoparts. Autoparts_apid = Autoparts. Apid
```

```
        AND( Status = 'submit' OR Status = 'out')
        AND WEEK( Order. order_date) = WEEK( CURDATE( ) )
GROUP BY Apid
ORDER BY jine DESC;
```

（6）会员消费排名。它统计当周会员消费排名。订单表中有订单总价和用户编号，在 Order 表和 Client 表上进行连接运算，按照用户编号分组，执行如下 SQL 语句：

```
SELECT Cid, CName, SUM( goods_price) AS C_jine
FROM Client, Order
WHERE Client. Cid = Order. Client_cid
        AND ( Status = 'submit' OR Status = 'out')
        AND WEEK( Order. order_date) = WEEK( CURDATE( ) );
GROUP BY Cid
ORDER BY C_jine DESC;
```

（7）汽车配件类别销售金额周报。它统计每一类别汽车配件当周的销售金额，从大到小降序排列。要获得每一汽车类别的销售金额，需要访问 Category 表，然后通过订单表、订单明细视图、汽车配件表、商品类别表进行连接运算，执行如下 SQL 语句：

```
SELECT Category_ID, Category. Name, SUM( View_Order_has_Autoparts. Deal_N_price)
AS jine
FROM Order, View_Order_has_Autoparts, Autoparts, Category
WHERE Order. Oid = View_Order_has_Autoparts. Order_oid
        AND View_Order_has_Autoparts. Autoparts_apid = Autoparts. Apid
        AND Category. Category_ID = Autoparts. SecondClass_scid
        AND ( Order. Status = 'submit' OR Order. Status = 'out')
        AND WEEK( Order. order_date) = WEEK( CURDATE( ) )
GROUP BY Category_ID
ORDER BY jine DESC;
```

3. 旬报、月报、季报、半年报和年报

仿照前面的做法，在时间跨度大的范围内，不仅可以得到各类统计值，如一年内日平均销售金额、一年内汽车配件的销售平均数量、高于平均销售数量的汽车配件及其类别、一年内会员的平均消费金额、一年内高于平均消费金额的会员等，而且可以在时间维度上生成曲线图、直方图等，更好地便于商家进行经营分析。

10.4 扩展商城功能后的数据库

前面叙述了为会员提供多种分类下的商品查询展示、添加商品到购物车、下单购买等基本商城功能，后台管理仅仅局限在商品增加、删除、修改和订单下载（订单处理）两个业务。对于一个全业务的汽车商城而言，还有许多功能有待扩展，如前台要求能够方便会员对应自己的车型信息选购商品，能够在网上进行汽修保养项目的预约（因为汽车的特殊性，有些汽车配件不是客户采购后就可以安装，必须在店内进行购买和安装保养，所以通过本商城可以进行服务预约）；后台要求能够进行配送管理、采购管理、库存管理等。从整体上，可划分为五大模块：商城、会员、库存、配送、服务。各模块的业务需求如下：

（1）商城，包括商品分类管理及陈列展示、购物车管理、订单管理、服务转接。

（2）会员，包括会员及管理员的分类验证登录，会员个人资料管理、等级管理、车型管理、积分兑换。

（3）库存，包括供应商管理、入库单管理、出入库流程控制、仓库及货架管理。

（4）配送，包括地址管理、合作快递公司管理、订单下载打印、商品出入库、包裹分类寄付、物流明细查询。

（5）服务，包括钣金喷漆、汽车机修、汽车保养等项目的预约，预约订单管理，预约项目的总体统筹。

本着循序渐进的原则，下面在商城前台基本功能和后台会员管理、商品管理、类别管理、订单管理的基础上，将配送环节进行细化，扩展前面"汽车用品网上商城"的功能，并描述数据库。

10.4.1 配送管理的功能需求

扩展汽车用品的配送功能，使得配送人员能够通过系统完成对目标配送地址进行订单分类，可选择使用不同的物流公司进行配送，对配货人员提供配货单下载、物流登记、配送信息回填功能；使会员能够查询自己的订单配送跟踪信息，并且有选择性地完成退货操作。

1. 订单配送流程分析

当会员完成订单提交并选择支付方式后，订单进入配送阶段。系统按照订单提交顺序对所需商品进行出库操作，订单即相应的出库单。工作人员将配件从库房中取出，完成相应的出库手续，然后按照规程进行统一打包。同时，系统将根据用户地址找到与之对应的配送类型（合作快递公司），使用对应快递公司的快递单进行打印，并将快递单粘贴于相应的包裹上,记录相应的快递单号并录入系统。现在对包裹的配送转入第三方流程中,只需要根据合作公司提供的跟踪服务来显示配送过程。会员签收完成并在系统中确认收货后,订单的首次交易完成。会员可以对商品添加评分及评论,作为其他会员购买的参考。当商品有质量问题时,订单进入可选的退货流程,这就又产生了从会员到商城仓库的物流过程。订单状态变化如图 10 – 11 所示。

2. 功能需求

实际的配送活动包括接收并下载订单、订单分类、递交第三方快递公司、单号回填、退货签收处理等,使用第三方快递公司的服务作为运送手段,主要包含的功能如图 10 – 14 所示。

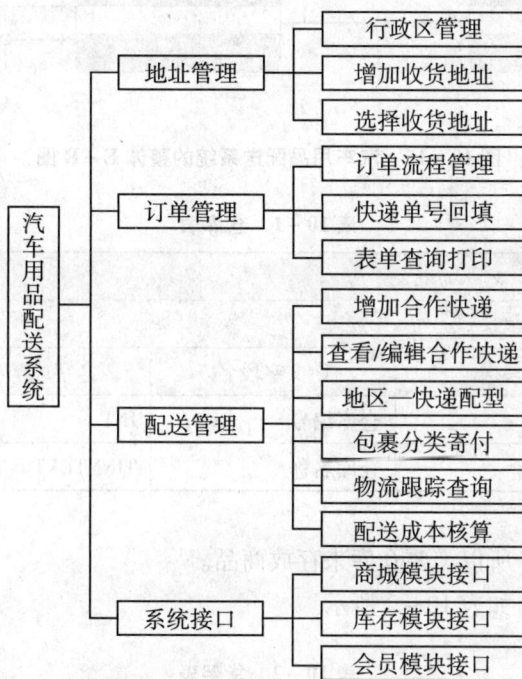

图 10 – 14 汽车用品配送系统的功能

10.4.2 配送管理数据库设计

根据配送需要,汽车用品配送系统的整体 E – R 图如图 10 – 15 所示。

在图 10 – 15 中,各表的详细设计如下:

(1) Repository 仓库表,如表 10 – 1 所示。

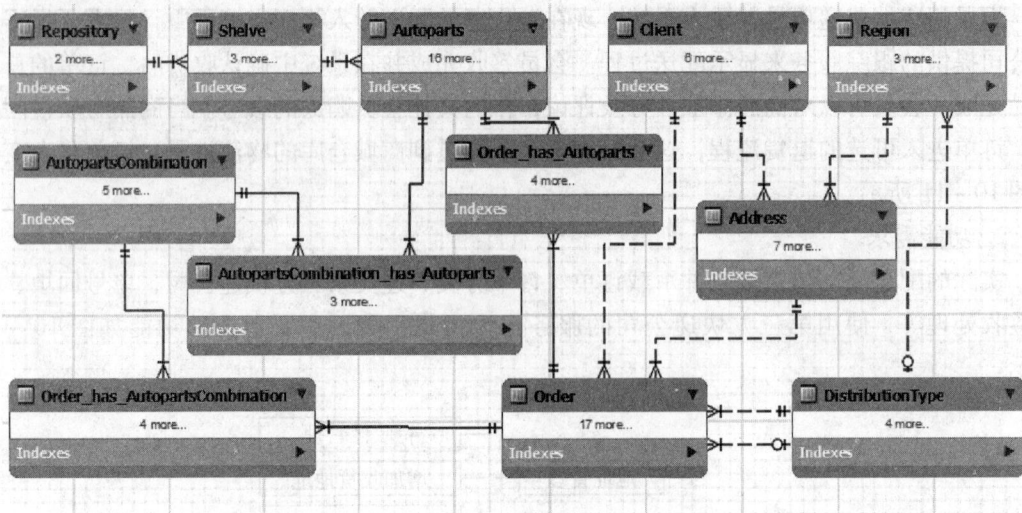

图 10 - 15 汽车用品配送系统的整体 E - R 图

表 10 - 1 仓库表

基本表英文名称：Repository				
基本表中文名称：仓库表				
字段编号	英文字段名	中文字段名	字段类型	可为空
1	Rid	仓库编号	INT	N
2	Rname	仓库名称	TINYTEXT	N

商城需要管理配件，所以需要仓库来存放商品。

（2）Shelve 货架表，如表 10 - 2 所示。

表 10 - 2 货架表

基本表英文名称：Shelve				
基本表中文名称：货架表				
字段编号	英文字段名	中文字段名	字段类型	可为空
1	Sid	货架编号	INT	N
2	Location	货位描述	TINYTEXT	Y
3	Repository_rid	仓库编号	INT	N

将配件置于不同编号的货架上，便于配货员定位并实现迅速配货。同时，仓库与货架形成一对多联系，即每个仓库可以安置多个货架，货架所属的仓库编号由 Repository_rid 指定。

（3）Autoparts 汽车配件表，如表 10 – 3 所示。

表 10 – 3　汽车配件表

基本表英文名称：Autoparts				
基本表中文名称：汽车配件表				
字段编号	英文字段名	中文字段名	字段类型	可为空
1	Apid	汽车配件编号	INT	N
2	Apname	汽车配件名称	TINYTEXT	N
3	image_link1	商品图片链接 1	VARCHAR(50)	Y
4	image_link2	商品图片链接 2	VARCHAR(50)	Y
5	image_link3	商品图片链接 3	VARCHAR(50)	Y
6	Introduction	商品描述	TEXT	Y
7	is_sale	是否促销	BOOL	N
8	old_price	原价（￥）	DECIMAL(5,2)	Y
9	Price	现价（￥）	DECIMAL(5,2)	N
10	Weight	重量（g）	INT	N
11	is_general	是否通用	BOOL	N
12	virtual_inventory	虚拟库存	INT	N
13	Inventory	实际库存	INT	N
14	productive_year	生产日期	DATETIME	N
15	shelve_date	上架日期	DATETIME	N
16	hot_product	可销售件数	INT	N
17	SecondClass_scid	分类编号	INT	N
18	Brand	配件品牌	TINYTEXT	N
19	Shelve_sid	货架编号	INT	N

　　汽车配件是商城配送的主体，除商品介绍、价格、图片等基本信息以外，还有汽车配件重量的估计，是运费的计算依据。给配件添加两个库存字段：虚拟库存用于商城显示，即可供会员购买的库存数量；实际库存为仓库管理所用，记录实际的在架库存。货架与配件形成一对多联系，每种配件都有一个相应的货架编号 Shelve_sid，便于查找。

（4）Client 用户表，如表 10 - 4 所示。

表 10 - 4　用户表

基本表英文名称：Client				
基本表中文名称：用户表				
字段编号	英文字段名	中文字段名	字段类型	可为空
1	cid	用户编号	INT	N
2	Image	用户头像	VARCHAR(50)	Y
3	Cname	用户名称	CHAR(50)	N
4	Password	密码	CHAR(10)	N
5	phone_number	电话	VARCHAR(20)	N
6	Email	邮箱	VARCHAR(50)	Y
7	Createtime	创建日期	DATETIME	Y
8	Ckind	类别编号	INT	N
9	total_point	总积分值	INT	N
10	Discount_grade	会员等级	INT	N

商城消费的主体，数据库实现其个人信息的存储，包括基本信息及等级信息。在配送过程中，系统可以根据会员提供的联系电话或邮箱，发送各种提醒信息给会员。

（5）DistributionType 配送类型表，如表 10 - 5 所示。

表 10 - 5　配送类型表

基本表英文名称：DistributionType				
基本表中文名称：配送类型表				
字段编号	英文字段名	中文字段名	字段类型	可为空
1	Dtid	配送类型编号	INT	N
2	express_company_name	快递公司名称	TINYTEXT	N
3	first_price	首重价格	INT	Y
4	second_price	续重价格	INT	Y
5	Code	快递公司简码	VARCHAR(20)	Y

不同快递公司、不同价位的快递服务即为一个配送类型。同一快递公司在此表中可存在多个项，但一般对其指定不同的首重和续重价格。首重和续重价格用于运费计算。快递公司简码 Code 用于快递查询 API，用此简码区别不同的快递服务。

（6）Region 行政区表，如表 10 – 6 所示。

表 10 – 6　行政区表

基本表英文名称：Region				
基本表中文名称：行政区表				
字段编号	英文字段名	中文字段名	字段类型	可为空
1	Rid	行政区划代码	INT	N
2	Rname	行政区名称	TINYTEXT	N
3	DistributionType_dpid	配送类型编号	INT	N

行政区表用于存储我国所有的行政区划信息。其主键"行政区划代码"在编码行政区的同时，表示了各行政区之间的归属关系。配送类型与行政区形成一对多联系，使用 DistributionType_dpid 表示对当前行政区采用的配送方式。

（7）Address 地址表，如表 10 – 7 所示。

表 10 – 7　地址表

基本表英文名称：Address				
基本表中文名称：地址表				
字段编号	英文字段名	中文字段名	字段类型	可为空
1	Aid	地址编号	INT	N
2	Receiver	收货人姓名	TINYTEXT	N
3	phone_number	电话	VARCHAR(20)	N
4	Postcode	邮编	INT	Y
5	Region_rid	行政区划代码	INT	N
6	streetAddress	详细地址	TEXT	N
7	Client_cid	会员编号	INT	N

地址表详细存储了收货地址信息。每个会员可以在数据库中保存多个收货地址，下单时随意选取；会员也可以随时添加新的收货地址。行政区与地址形成一对多联系，Region_rid

表示当前地址所属行政区的区划代码。

（8） AutopartsCombination 配件套餐表，如表 10 - 8 所示。

表 10 - 8　配件套餐表

基本表英文名称：AutopartsCombination				
基本表中文名称：配件套餐表				
字段编号	英文字段名	中文字段名	字段类型	可为空
1	Acid	汽车配件套餐编号	INT	N
2	Acname	汽车配件套餐名称	TINYTEXT	N
3	Introduction	介绍	TEXT	Y
4	Total_price	套餐总价	DOUBLE	N
5	Total_weight	套餐总重	INT	N
6	Image_link	图片	VARCHAR(100)	Y

配件的组合形成配件套餐，它拥有独立的总价和配件重量相加形成的总重。

（9） AutopartsCombination_has_Autoparts 套餐含有的配件表，如表 10 - 9 所示。

表 10 - 9　套餐含有的配件表

基本表英文名称：AutopartsCombination_has_Autoparts				
基本表中文名称：套餐含有的配件表				
字段编号	英文字段名	中文字段名	字段类型	可为空
1	AutopartsCombination_acid	汽车配件套餐编号	INT	N
2	Autoparts_apid	汽车配件编号	INT	N
3	Number	数量	INT	N

每个配件套餐中都有多种配件，而一种配件可存在于多种配件套餐中，所以配件与配件套餐形成多对多联系表，即配件套餐含有的配件表。在此表中保存其对应关系，并指定某套餐中某种配件的个数。

（10） Order 订单表，如表 10 - 10 所示。

表 10 – 10　订单表

基本表英文名称：Order	
基本表中文名称：订单表	

字段编号	英文字段名	中文字段名	字段类型	可为空
1	Oid	订单编号	INT	N
2	Status	订单状态	CHAR(20)	N
3	order_date	下单日期（付款）	DATETIME	Y
4	Client_cid	用户编号	INT	N
5	goods_price	商品总价	DECIMAL(5,2)	N
6	carriage_price	运费	DECIMAL(5,2)	N
7	total_price	订单总价	DECIMAL(5,2)	Y
8	total_weight	总重量	INT	N
9	DistributionType_dpid	配送类型	VARCHAR(50)	N
10	courier_number	快递单号	VARCHAR(50)	Y
11	ReDistributionType_dpid	退货配送类型	VARCHAR(50)	Y
12	return_courier_number	退货快递单号	VARCHAR(50)	Y
13	is_carriage_free	是否包邮	BOOL	Y
14	has_paied	是否已付款	BOOL	Y
15	is_arayacak	是否自提	BOOL	Y
16	Name	收货人姓名	VARCHAR(50)	Y
17	Telephone	电话	VARCHAR(50)	Y
18	Arrivetime	送达时间	DATE	N
19	Address_aid	地址编号	INT	N
20	pay_type	支付类型	VARCHAR(45)	Y
21	return_price	退款金额	DOUBLE	Y

　　每个订单有多个状态：已提交（submit）、已取消（cancel）、已确认付款方式（pay）、已发货（out）、已收货（finish）、退货中（return）、退货完成（return_finish）、退货失败（return_fail）。由于配送的需要，每个订单对应一个收货地址。每个订单涉及一个或两个物流过程，分别归属于送货流程和退货流程，对应每个流程，有一个配送类型（承运快递）和快递单号。运费的计算依赖包裹总重和承运公司的报价。

　　（11）Order_hasAutoparts 订单明细表，如表 10 – 11 所示。

表 10 - 11　订单明细表

基本表英文名称：Order_has_Autoparts				
基本表中文名称：订单明细表				
字段编号	英文字段名	中文字段名	字段类型	可为空
1	Autoparts_apid	汽车配件编号	INT	N
2	Order_oid	订单编号	INT	N
3	deal_price	商品单价	DECIMAL(5,2)	N
4	Number	数量	INT	N
5	return_number	退货数量	INT	Y
6	Time	添加时间	DATETIME	N
7	Score	评分	INT	Y
8	Comment	评价	TEXT	Y
9	Time	评论时间	DATETIME	Y

　　每个订单中都可包含多种配件，而一种配件可存在于多个订单中，所以订单与配件形成多对多联系表，即订单含有的配件表。每个订单可以包含任意数目的某种配件，此数目由 Number 字段指定。配件发生退货时，此表的 return_number 可表示退货数量。商品交易完成时可添加商品评论信息。

　　（12）Order_has_AutopartsCombination 订单含有的套餐表，如表 10 - 12 所示。

表 10 - 12　订单含有的套餐表

基本表英文名称：Order_has_AutopartsCombination				
基本表中文名称：订单含有的套餐表				
字段编号	英文字段名	中文字段名	字段类型	可为空
1	Order_oid	订单编号	INT	N
2	AutopartsCombination_acid	汽车配件套餐编号	INT	N
3	deal_price	成交价格	DOUBLE	N
4	Number	数量	INT	N
5	return_number	退货数量	INT	Y
6	Score	评分	INT	Y
7	Comment	评价	TEXT	Y
8	Time	评论时间	DATETIME	Y

每个订单中都可包含多种配件套餐，而一种配件套餐可存在于多个订单中，所以订单与配件套餐形成多对多联系表，即订单含有的配件套餐表。同样，可使用 Number 及 return_number 分别表示此订单中该配件套餐的购买数量和退货数量，并添加评分和评价信息。

{本章小结}

　　本章介绍了一个"汽车用品网上商城"应用系统，展示了商城中的主要操作页面，以及页面上单击按钮对应的数据库操纵。"汽车用品网上商城"页面是用户和管理员与数据库进行交互的媒介，系统通过将数据库表的内容展示在页面中，使得用户可以看到数据信息，用户根据自己的需求在页面上进行相关的操作，从而能够改变数据库中数据表的内容。

　　"汽车用品网上商城"应用系统主要包括前台操作和后台管理两大模块，其中，前台操作包括会员注册、登录、操作购物车、提交订单；后台管理包括管理员对会员、商品、类别、订单的管理等功能。

　　在商城主页面，为了充分体现商城特色，不仅有色调、布局、Logo 这样鲜明的元素，而且直接展示了"新品上市""热销商品"，以吸引用户，而这些信息的展示就是对后台数据库表中内容的查询统计过程。用户注册是对数据库中用户表的数据添加过程，登录则是根据用户名、密码在用户表中查询判断的过程。用户通过查询商品，可以实现往购物车表中添加商品，还可以修改购物车中的记录信息，提交订单则是在订单表中添加记录、将购物车中的记录复制到订单明细表中的过程。

　　在管理员的后台管理中，管理员可以通过页面完成会员表、商品表、类别表中数据的增加、删除、修改和查询，还可以下载订单。下载订单用于商品配送，在数据库中，实际上就是修改订单状态的过程。管理员还有一个十分重要的职责，就是对网上购物业务中产生的大量数据信息进行查询统计、数据分析，产生各种报表，便于商家进行经营性决策。10.3.5 小节给出了经营数据分析的手段，使在第 5 章所学的复杂的 SELECT 查询技能得到了很好的应用。

　　为了使读者能够更深入地理解数据库在"汽车用品网上商城"中的作用，在 10.1 节 ~10.3 节"汽车用品网上商城"基本功能的基础上，对商城功能进行了扩充，增加了配送的管理。10.4 节分析了后台在拿到会员订单之后，进行配送的组织管理环节，给出了配送管理的功能设计以及相应的数据库设计。可以想象，仅仅增加配送管理功能就带来数据库结构设计的很多变化，如果再增加支付管理、采购管理、库存管理等功能，数据库结构会更加复杂。

{习题与思考}

1. "汽车用品网上商城"主页中对哪些表使用了哪些 SQL 语句？

2. "汽车用品网上商城"注册和登录的数据库操纵过程分别是什么？

3. 购物车操作对应的数据库操纵是什么？

4. "汽车用品网上商城"商品管理对应的数据库操作是什么？您认为商品信息可以随意删除吗？为什么？

5. "汽车用品网上商城"后台统计分析可以在哪些维度上展开？

6. 描述"汽车用品网上商城"的统计分析中日报的 SQL 语句。

7. 结合实际，给出"汽车用品网上商城"的几种后台统计分析语句。

8. 本章实例"汽车用品网上商城"可扩展的功能还有哪些？如果扩展功能，数据库应该做何种调整？

实验训练 7 "汽车用品网上商城"项目实验

实验目的

结合实验训练 1～实验训练 6，参照第 10 章"汽车用品网上商城"应用系统的展现，完整地了解"汽车用品网上商城"系统的前台功能、后台功能，以及页面功能操作与数据库操纵之间的关系，充分理解数据库的核心作用，掌握面对实际应用设计数据库、操纵数据库的技能。

实验内容

1. "汽车用品网上商城"的前台功能

【实验 7-1】在主页中查询汽车配件对应的 SQL 操纵，编写一个存储过程，实现查询特定汽车配件信息的功能。

【实验 7-2】操作购物车，往购物车表中添加记录，并对购物车中的某一条记录进行删除操作。

【实验 7-3】提交订单，编写一个存储过程，给定会员编号、收货人姓名、收货人地址后在订单表中生成订单信息，同时，将购物车中已有的该会员的购物记录添加到订单明细表中。

2. "汽车用品网上商城"的后台功能

【实验 7-4】管理会员，对会员表中的数据进行增加、删除、修改和查询。

【实验 7-5】管理商品，对汽车配件表中的数据进行增加、删除、修改和查询。

【实验 7-6】管理类别，对商品类别表进行增加、删除、修改和查询。

【实验 7-7】管理订单，修改订单表中的状态字段。

【实验7-8】查询统计，通过查询视图或者基本表等手段，完成如下统计：

本月销售汽车配件总数量、销售总金额、订单总数量、发生订单的会员数；最大的订单、最小的订单、消费金额最多的会员、消费金额最少的会员；卖得最好的汽车配件、卖得最差的汽车配件。

3. 数据库备份与恢复

【实验7-9】对 Shopping 数据库进行备份。

4. 数据的导出导入

【实验7-10】以文本格式导出汽车配件表，在 Excel 下完成汽车配件表的编辑（可选），将编辑后的汽车配件信息导入 Shopping 数据库汽车配件表中。

实验要求

1. 完成实验文档，至少包括以下内容："汽车用品网上商城"系统概述、功能结构图、页面展示形式、每个功能点的数据库操纵语句。

2. 在 MySQL Workbench 中完成实验训练1~实验训练7的所有操作，将操作过程以屏幕抓图的方式复制，形成实验文档。

参 考 文 献

［1］ 王珊，萨师煊. 数据库系统概论. 4 版. 北京：高等教育出版社，2006.

［2］ THOMAS M. CONNOLLY，CAROLYN E. BEGG. 数据库系统：设计、实现与管理. 5 版，英文版. 北京：电子工业出版社，2012.

［3］ ABRAHAM SILBERSCHATZ，HENRY F. KORTH，S. SUDARSHAN. 数据库系统概念. 原书第 4 版. 杨冬青，唐世渭，等，译. 北京：机械工业出版社，2003.

［4］ PATRICK O' NEIL. 数据库原理、编程与性能. 原书第 2 版. 周傲英，俞荣华，季文赟，等，译. 北京：机械工业出版社，2002.

［5］ 胡荷芬，张帆，高斐. UML 系统建模基础教程. 北京：清华大学出版社，2010.

［6］ （荷）HANS VAN VLIET. 软件工程：原理与实践. 3 版. 郭文明，译. 北京：电子工业出版社，2011.

［7］ 宋茂强. 信息系统开发案例分析与课程设计. 北京：中央广播电视大学出版社，2005.

［8］ ALAN BEAULIEU. SQL 学习指南. 2 版. 张伟超，林青松，译. 北京：人民邮电出版社，2010.

［9］ 郑阿奇. MySQL 实用教程. 2 版. 北京：电子工业出版社，2014.

［10］ 秦婧，刘存勇，等. 零点起飞学 MySQL. 北京：清华大学出版社，2013.

［11］ 王雨竹，高飞，等. MySQL 入门经典. 北京：机械工业出版社，2013.

［12］ 刘增杰，张少军. MySQL 5.5 从零开始学. 北京：清华大学出版社，2012.